"十四五"职业教育土建及水利类新形态规划教材

建设工程监理概论

主　编　胡红亮　王玉丽
副主编　李　宁　白俊峰　熊芳金
　　　　李　响　万林华　熊建平

本书立体化资源

黄河水利出版社
·郑州·

内容提要

本书采用新形态活页式教材形式，根据高职高专教育的特点，立足于基本理论，结合工程岗位需要和考证需求，引入课程思政元素，配套相关考证真题及教学视频，并以知识“够用”“实用”为主，模块化设计了建设工程监理的基本知识，注册监理工程师与工程监理企业，建设工程监理的相关法律法规与规范，建设工程监理招标投标，建设工程监理组织，建设工程质量控制，建设工程进度控制和投资控制，建设工程施工合同管理，建设工程信息、安全生产与资料管理，监理规划与监理实施细则等十个教学模块。

本书可作为高等职业院校土建及水利类专业的教材，同时可供从事工程监理、工程建设项目管理的技术人员参考。

图书在版编目（CIP）数据

建设工程监理概论 / 胡红亮，王玉丽主编. —郑州：黄河水利出版社，2023. 9

ISBN 978 - 7 - 5509 - 3585 - 3

Ⅰ. ①建… Ⅱ. ①胡… ②王… Ⅲ. ①建筑工程-监理工作-高等职业教育-教材 Ⅳ. ①TU712.2

中国国家版本馆 CIP 数据核字(2023)第 094241 号

出 版 社：黄河水利出版社　　网址：www.yrcp.com

地址：河南省郑州市顺河路黄委会综合楼 14 层　　邮编：450003

发行单位：黄河水利出版社

发行部电话：0371 - 66026940、66020550、66028024、66022620（传真）

E-mail：hhslcbs@126.com

承印单位：河南匠心印刷有限公司

开本：787 mm × 1 092 mm　1/16

印张：20

字数：462 千字

版次：2023 年 9 月第 1 版　　印　次：2023 年 9 月第 1 次印刷

定价：59.00 元

前　言

党的二十大报告强调“统筹职业教育、高等教育、继续教育协同创新，推进职普融通、产教融合、科教融汇，优化职业教育类型定位”，明确将“职”摆在了首位，充分彰显了国家对职业教育的重视达到了新的历史高度，职业教育为全面建设社会主义现代化国家、实现中华民族伟大复兴的中国梦培养高素质技术技能人才、能工巧匠、大国工匠的初心使命更加突显，这就客观迫切需要我们牢牢抓住国家深化职业教育改革和加快构建现代职业教育体系的重大机遇，积极贯彻落实《国家职业教育改革实施方案》等职教精神，全面推进教材改革与建设。党的二十大报告还对深入实施科教兴国和人才强国做出了战略部署，全面贯彻党的教育方针，落实立德树人的根本任务，培养德智体美劳全面发展的社会主义建设者和接班人，关键在育人。

为此，本书编写人员深刻领会党的二十大报告对职业教育提出的新要求，认真梳理研究专家提出的意见和建议，基于产教融合，注重技术技能型人才和工匠精神培养，根据高职院校的教学特点及对建设工程监理专业学生的岗位基本要求，以突出培养实践应用能力为核心，在总结多年教学和生产经验的基础上，充分吸纳一线教师及行业技术能手反馈的意见建议，对本书的选材范围及其深度和广度进行了重新定位，按照“必需、够用和可持续发展”的原则，力求贴近生产实际，做到简明扼要、深入浅出，编写出更加适合高等职业技术教育改革方向的专业教材。

本书与同类书相比有以下特色：一是采用活页式教材形式，方便读者自行组装、增减内容；二是引入课程思政元素，强化“立德树人”的教学要求；三是对接注册监理工程师考试，课后习题全为考证真题；四是配套教学视频，可通过扫码进行自学或巩固。

本书依据我国最新的工程建设管理的法律法规和建设监理制度的规定，在现有建设工程监理理论成果的基础上，结合工程项目监理的实践认识，设计了十个教学模块，比较全面地阐述了建设工程监理的基本原理、方法和手段。本书除作为高等职业院校工程类专业的教材外，还可作为工程监理单位、建设单位、勘察设计单位、施工单位和政府各级建设主管部门有关人员及大专院校的工程管理、工程造价、土木工程类专业学生学习的参考书,也可作为全国监理工程师培训考试参考书。

本书编写人员及编写分工如下:模块一、模块六、模块八由江西水利职业学院胡红亮编写;模块二由江西水利职业学院李宁编写;模块三、模块四、模块五由江西水利职业学院王玉丽编写;模块七由江西恒信项目管理有限公司万林华编写;模块九由江西恒信项目管理有限公司熊建平编写;模块十由江西水利职业学院白俊峰编写;附录一由江西水利职业学院熊芳金编写,附录二由江西水利职业学院李响编写。全书由胡红亮、王玉丽担任主编,胡红亮负责全书统稿;由李宁、白俊峰、熊芳金、李响、万林华、熊建平担任副主编。本书为校企合作开发教材,在此对江西恒信项目管理有限公司及各合作者表示衷心的感谢!

在编写本书的过程中,编者参阅了建设工程监理方面大量的文献资料,谨向这些文献的作者致以诚挚的谢意。鉴于建设工程监理体制正在逐步完善,建设工程监理的工程实战和课程教学正在深化,本书大量引用了有关专业文献和资料,未在书中一一注明出处,在此对这些文献的作者表示诚挚的谢意!

由于编者水平有限,不足之处在所难免,恳请广大读者予以批评指正。

编 者

2023 年 6 月

目　录

模块一　建设工程监理的基本知识

【任务导入】 本模块学习建设工程监理的基本知识，共有四个学习任务。任务一学习了解监理发展史，不忘历史，学习历史，不断从历史的经验和教训中汲取养分，为未来的发展提供强大的精神动力；任务二主要学习什么样的工程要强制实行监理；任务三主要学习工程从无到有都要经历哪些阶段；任务四主要了解目前我国监理的发展现状及未来应在哪些方面做努力。

任务一　建设工程监理制产生的背景

一、建设监理的历史沿革

建设工程监理制产生的背景

对工程建设活动进行管理是一项专业性很强的工作。对于工程项目法人（项目业主）而言，他们通常缺乏工程建设方面的专业知识，缺乏工程项目管理方面的经验，因此需委托社会监理为其提供专业化的项目管理服务，这就是工程建设监理的基本思想。

建设监理制度历史悠久，其起源可追溯到16世纪前的欧洲，建筑师受业主聘用，负责设计、采购材料、雇用工匠，并组织管理工程施工，起总营造师的作用。16世纪后，随着社会对建筑技术要求的不断提高，传统的建筑师队伍出现了专业分工，一部分建筑师转向社会传授技艺，为业主提供建筑咨询、工程管理等服务，建设监理应运而生，但其业务范围仅限于施工过程中的质量监督、计算工程量和验方。

进入18世纪60年代，社会上大兴土木带来了建筑业的空前繁荣，技术日趋复杂，工程建设规模不断扩大，建设监理的必要性逐步为人们所认识。19世纪初，总承包制度的实行，导致了招标交易方式的出现，促进了建设监理的发展，帮助业主计算标底，协助招标，控制工程投资、进度、质量，进行合同管理以

学习笔记

及项目的组织和协调等，使建设监理业务范围进一步扩充。

20 世纪 50 年代末和 60 年代初，由于科学技术的发展，工业和国防建设以及人民生活水平的不断提高，需要建设许多大型、巨型工程，如水利工程、航天工程、大型钢铁企业、石油化工企业以及新型城市开发等，这些工程投资多、规模大、技术复杂，无论对投资者还是承建者都难以承担由于投资不当或项目管理失误造成的损失。巨大的风险迫使业主重视项目的科学决策，建设前期可行性研究得到了广泛应用，帮助业主进行决策分析，使建设监理的业务范围由项目实施阶段向前延伸至项目决策阶段，建设监理工作贯穿于建设活动的全过程。

进入 20 世纪 70 年代后，西方发达国家对建设监理的内容、方法以及从事监理的社会组织以法规的形式做了详尽的规定，使建设监理向制度化、程序化、法治化方向发展。工程建设活动中形成了业主、承包商和监理工程师三足鼎立的基本格局。

20 世纪 80 年代后，建设监理制度在国际上有了很大的发展，一些发展中国家结合国情开展建设监理活动，世界银行的贷款条件之一就是要实行建设监理制和招标投标制，工程建设监理国际化，并已形成了国际惯例。例如，国际咨询工程师联合会编制的土木工程施工合同条件(FIDIC 条件)，已被国际工程承包市场普遍认可和采用，为建设监理制度的规范化和国际化起到了重要作用。

二、工程建设监理在我国的形成背景

自新中国成立至改革开放前，我国社会主义建设过程中曾实行多种管理模式。

在我国国民经济三年恢复时期，工程建设实行的是企业自营的管理模式，这种模式的主要特点是设计、施工及生产一体化，由生产企业集中统一领导和管理。这是以行政命令为调制手段，以隶属关系为联系纽带，责、权、利主要集中在建设单位的单一模式的集中统一领导的管理方式。建筑生产被认为是“来料加工”活动，是“吃”国家投资和建筑材料的单纯消费行为，否定其物资生产和商品交易的属性，形成了一种自然经济色彩浓厚的工程建设管理格局。在这种格局中，建设单位和设计单位只是被动的任务执行者，是行政部门的附属物。

“一五”期间，由于大规模经济建设展开，一些重点工程项目聚集了相当大规模的施工队伍，当时又受苏联联合企业管理模式的影响，逐渐形成了在企业内部统一领导和管理下的建设单位、施工单位、设计单位“三单位分工”的管理模式。由建设单位、施工单位、设计单位向现场派驻质量监督人员，三方在一个企业领导下而又保持相对独立的条件下，以合同为纽带将三方联系起来。由于同在一个企业领导下，行政手段干预多，再加之强调独立和分工，三方对工程质量验收标准不一致，常常出现摩擦和矛盾，甚至造成工程中断。

1955 年起，我国实行的是建设单位、施工单位、设计单位合而为一，形成了由施工单位全面负责的工程建设投资大包干的管理模式。这种模式虽有一定的优点，如可以尽快地把工程进度搞上去，但由于工程质量监督工作在同一行政领导下，当工期和质量要求发生矛盾时，往往牺牲质量，致使不能有效地开展工程监督工作。另外，施工单位不是工程的受益单位，所以责任心差，工程质量下降严重，工程受益者无法尽建设责任，设计者也无法把关，从而造成既不能有效地控制造价，又不能保证工程质量的现象时有发生。

1961 年以后，由于国民经济处于调整阶段，建筑工业加强了工程质量监督工作的领导，要求建筑安装企业必须建立独立的技术监督机构，加强对施工全过程的技术监督工作。提出了谁施工谁负责质量，要求对每一工序实行自检、互检、交接检验制度，尽量把不合格的工程消灭在施工过程中。

直至 20 世纪 80 年代初，我国的固定资产投资仍然是由国家拨付，施工任务由行政部门向施工单位直接下达。这在我国当时经济基础薄弱、资金和物资相对匮乏的情况下，对国家集中有限的人力、物力、财力进行经济建设，迅速建立国民经济体系和工业体系起到了不可估量的作用。但是，对于一些重大工程建设，却是从与该工程相关的单位临时抽调人员组成工程建设指挥部，由指挥部统一进行管理，相当一部分人员不具备建设工程管理的知识和经验，他们只能在工作实践中摸索，而一旦工程完工，指挥部便随之被撤销。这种体系使工程建设没有长期稳定的专业管理机构，管理人员的素质难以稳定提高，相当数量的管理人员只有一次教训，没有二次经验，因而难以保证工程质量。而工程预算和开支一再追加，致使工程造价严重失控，工期一再延长，“胡子”工程一大片。在工程建设过程中，工程质量保证主要依靠施工单位自觉的自我管理，其弊端引起了政府的高度重视，新型的管理模式呼之欲出。

我国的工程建设监理是通过世界银行贷款项目的实施引入的。鲁布革水电站位于云南省罗平县与贵州省兴义县交界处，其中引水系统工程是利用世界银行贷款的工程项目。1982 年国际上共有 8 家大承包商进行投标，标底为 14 958 万元，最后日本大成公司以 8 463 万元中标，比标底低 43%，这与我国参加投标的中国水利水电第十四工程局有限公司（水电十四局）形成了相当大的反差。该项工程于 1984 年开工，1986 年 7 月竣工。在此项目中，日本大成

学习笔记

公司用了 30 人组成鲁布革工程事务所进行管理。按照贷款的要求,该工程在建设单位——鲁布革工程管理局内划出了一个专司建设监理职能的工程师机构,该工程师机构由工程师代表、驻地工程师和若干名检查员组成,按国际合同管理方式对该合同工程进行现场综合管理。日本大成公司仅用 11 个月就打通了我国石灰岩地区断面最大的导流隧洞,创造了大型水电工程当年准备、当年截流的国内新纪录,而施工单位仍是我国的中国水利水电第十四工程局有限公司。在 4 年多的时间里创造了著名的“鲁布革效应”,此项目无论是在质量上,还是在速度上都为我国建筑企业做出了非常好的示范。鲁布革经验给我们建筑业带来了深思,并引起了国务院高度重视。当时国务院指示国家发展计划委员会总结鲁布革经验,改变当时建筑施工企业体制中不适应生产力发展的局面,提出要借鉴国外先进经验对中国施工管理体制进行改革。这一工程实例震动了我国建筑界,对我国传统的政府专业监督体制造成了冲击,此后,我国许多利用外资、外贷建筑的工程项目,都按照这一国际惯例组织建设,多数由外国监理单位承担监理。云南漫滩电站与广西龙滩、湖北隔河岩等一批中央和地方合资的大型水电站,也组建了专司建设监理职能的工程师机构,以工程施工承包合同为依据,按 FIDIC 模式对合同工程项目进行以工程进度、施工质量和工程费用控制为目标的现场施工监督和建设项目管理。

三、我国建设监理的发展历程

(一)工程建设监理的试点阶段(1988~1992 年)

建设部 1988 年 7 月颁布了《关于开展建设监理工作的通知》,1988 年 11 月颁布《关于开展建设监理试点工作的若干意见》,确定了北京、上海、天津、南京、宁波、沈阳、哈尔滨、深圳八市和能源部、交通部两部的水电和公路系统作为全国开展建设监理工作的试点单位。1989 年 7 月建设部又颁布了《建设监理试行规定》,随后又颁布了一系列建设监理行政文件,推进了我国工程项目建设领域改革的过程。一些勘测设计院凭借自身技术密集和人才优势,纷纷申报成立建设监理公司。与此同时,一些实力强劲、技术力量雄厚的大型施工企业,以及一些大专院校、科研机构也申报及组建了工程建设监理公司参与工程建设监理市场的竞争。

推行建设监理制初期,由于长期受计划经济思维模式的影响,一些建设单位仍习惯于靠行政手段来管理工程建设,一些施工企业则抱怨实行建设监理制多此一举,一些监理机构则片面认为建设监理主要是加强工程施工质量的管理。国务院有关部委针对上述错误思想，大力开展建设监理培训工作，依靠大专院校和管理机构，举办了建设监理培训班、FIDIC 培训班、项目经理培训班等，还聘请国外咨询专家来华举办讲座，及时培训了一大批既通晓国际模式，又熟悉建设监理特色的监理骨干和基本队伍。

（二）工程建设监理的稳步发展阶段(1993~1995 年)

经过几年的建设监理试点工作，建设部于 1993 年在天津召开了第五次全国建设监理工作会议，决定在全国结束建设监理制度的试点工作，工程建设监理转入稳步发展阶段。

（三）工程建设监理的全面推行阶段(1996 年至今)

1995 年 12 月 15 日，建设部、国家计划委员会共同颁布了《工程建设监理规定》，至此，初步建立了我国的工程建设监理制度。但因为工程建设监理制度在我国起步较晚，有些部门和单位对实行工程建设监理认识不足，一些应当实行工程建设监理的项目没有实行建设监理；有些监理单位行为不规范，没有完全发挥建设监理应起到的作用。为了完善和规范工程建设监理制度，1997 年 11 月全国人民代表大会通过了《中华人民共和国建筑法》(简称《建筑法》)，2000 年 1 月 10 日国务院第 25 次常务会议通过了《建设工程质量管理条例》，明确了工程建设监理的法律地位。2001 年 1 月 17 日建设部发布了《建设工程监理范围和规模标准规定》，要求在规定的范围内必须强制性地实行建设监理。2006 年 4 月 1 日开始实行的《注册监理工程师管理规定》，对促进我国建设工程项目管理健康发展，规范建设工程监理人员的行为具有重要意义。

随着我国监理体制改革，监理企业得到了迅速发展，监理人员素质得到了明显提高。监理工作覆盖了房屋建筑、市政工程、冶炼、石油化工、水利水电、电力、公路等工程项目。

【思政园地】

“基建狂魔”

曾几何时，我国建设工程领域的确落后，但是经过几十年的发展，已经发生了翻天覆地的变化，如今我们国家被赋予“基建狂魔”的称号。

截至 2020 年底，中国高铁的总里程达到了 3.79 万 km，相比 2015 年的 1.98 万 km 差不多是翻倍增长，稳居世界第一。全球最高的 100 座桥梁中超过 80% 的桥梁在中国，包括世界“桥面最高桥”——北盘江第一桥。由中国南方电网公司投资建设的昆柳龙直流工程，是世界首个特高压柔性直流输电工程，共创下 19 项电力技术的世界第一。类似这样的成绩不胜枚举。

我们总说中国有“基建狂魔”，其实哪有什么“魔”，全都是一个个朴实而善良的中国劳动者，因为有了他们，我们才有了超越人类极限、缔造世界奇迹的“魔力”。

任务二　建设工程监理概述

一、建设工程监理的含义

工程监理企业与工程建设各方的关系

建设工程监理的概念

建设工程监理是指工程监理单位受建设单位委托，根据法律法规、工程建设标准、勘察设计文件及合同，在施工阶段对建设工程质量、造价、进度进行控制，对合同、信息进行管理，对工程建设相关方的关系进行协调，并履行建设工程安全生产管理法定职责的服务活动。

建设单位（业主、项目法人）是建设工程监理任务的委托方，工程监理单位是监理任务的受托方。工程监理单位在建设单位的委托授权范围内从事专业化服务活动。与国际上一般的工程项目管理咨询服务不同，建设工程监理是一项具有中国特色的工程建设管理制度，目前的工程监理不仅定位于工程施工阶段，而且法律法规将工程质量、安全生产管理方面的责任赋予工程监理单位。

建设工程监理的含义需要从以下几方面理解。

（一）建设工程监理行为主体

《建筑法》第三十一条明确规定，实行监理的建筑工程，由建设单位委托具有相应资质条件的工程监理单位实施监理。建设工程监理应当由具有相应资质的工程监理单位实施，由工程监理单位实施工程监理的行为主体是工程监理单位。

建设工程监理不同于政府主管部门的监督管理。后者属于行政性监督管理，其行为主体是政府主管部门。同样，建设单位自行管理、工程总承包单位或施工总承包单位对分包单位的监督管理都不是工程监理。

（二）建设工程监理实施前提

《建筑法》第三十一条明确规定，建设单位与其委托的工程监理单位应当以书面形式订立书面委托监理合同。也就是说，建设工程监理的实施需要建设单位的委托和授权。工程监理单位只有与建设单位以书面形式订立建设工程监理合同，明确监理工作的范围、内容、服务期限和酬金，以及双方的义务、违约责任后，才能在规定的范围内实施监理。工程监理单位在委托监理的工程中拥有一定管理权限，是建设单位授权的结果。

（三）建设工程监理实施依据

建设工程监理实施依据包括法律法规、工程建设标准、勘察设计文件及合同。

(1)法律法规。包括:《建筑法》、《中华人民共和国民法典》（简称《民法典》）第三编合同、《中华人民共和国安全生产法》、《中华人民共和国招标投标法》（简称《招标投标法》）、《建设工程质量管理条例》、《建设工程安全生产管理条例》、《中华人民共和国招标投标法实施条例》（简称《招标投标法实施条例》）等法律法规;《工程监理企业资质管理规定》、《注册监理工程师管理规定》、《建设工程监理范围和规模标准规定》等部门规章，以及地方性法规等。

(2)工程建设标准。包括:有关工程技术标准、规范、规程以及《建设工程监理规范》(GB/T 50319—2013)、《建设工程监理与相关服务收费标准》等。

(3)勘察设计文件及合同。包括:批准的初步设计文件、施工图设计文件、建设工程监理合同以及与所监理工程相关的施工合同、材料设备采购合同等。

（四）建设工程监理实施范围

目前，建设工程监理定位于工程施工阶段，工程监理单位受建设单位委托，按照建设工程监理合同约定，在工程勘察、设计、保修等阶段提供的服务活动均为相关服务。工程监理单位可以拓展自身的经营范围，为建设单位提供包括建设工程项目策划决策和建设实施全过程的项目管理服务。

（五）建设工程监理基本职责

建设工程监理是一项具有中国特色的工程建设管理制度。工程监理单位的基本职责是在建设单位委托授权范围内，通过合同管理和信息管理，以及协调工程建设相关方的关系，控制建设工程质量、造价和进度三大目标，即三控两管一协调，此外，还需履行建设工程安全生产管理的法定职责，这是《建设工程安全生产管理条例》赋予工程监理单位的社会责任。

二、强制实施监理的工程范围

《建筑法》第三十条规定，国家推行建筑工程监理制度。国务院可以规定实行强制监理的建筑工程的范围。《建设工程质量管理条例》第十二条规定，五类工程必须实行监理：①国家重点建设工程；②大中型公用事业工程；③成片开发建设的住宅小区工程；④利用外国政府或者国际组织贷款、援助资金的工程；⑤国家规定必须实行监理的其他工程。

《建设工程监理范围和规模标准规定》（建设部令第86号）又进一步细化了必须实行监理的工程范围和规模标准：

(1) 国家重点建设工程。指依据《国家重点建设项目管理办法》所确定的对国民经济和社会发展有重大影响的骨干项目。

(2) 大中型公用事业工程。指项目总投资额在3 000万元以上的下列工程项目：

①供水、供电、供气、供热等市政工程项目；

②科技、教育、文化等项目；

③体育、旅游、商业等项目；

④卫生、社会福利等项目；

⑤其他公用事业项目。

(3) 成片开发建设的住宅小区工程。建筑面积在5万m^2以上的住宅建设工程必须实行监理；5万m^2以下的住宅建设工程，可以实行监理，具体范围和规模标准，由省、自治区、直辖市人民政府建设行政主管部门规定。

为了保证住宅质量，对高层住宅及地基、结构复杂的多层住宅应当实行监理。

(4) 利用外国政府或者国际组织贷款、援助资金的工程。范围包括：

①使用世界银行、亚洲开发银行等国际组织贷款资金的项目；

②使用国外政府及其机构贷款资金的项目；

③使用国际组织或者国外政府援助资金的项目。

(5) 国家规定必须实行监理的其他工程。是指：

①项目总投资额在3 000万元以上关系社会公共利益、公众安全的下列基础设施项目：

a. 煤炭、石油、化工、天然气、电力、新能源等项目；

b. 铁路、公路、管道、水运、民航以及其他交通运输业等项目；

c. 邮政、电信枢纽、通信、信息网络等项目；

学习笔记

d. 防洪、灌溉、排涝、发电、引（供）水、滩涂治理、水资源保护、水土保持等水利建设项目；

e. 道路、桥梁、地铁和轻轨交通、污水排放及处理、垃圾处理、地下管道、公共停车场等城市基础设施项目；

f. 生态环境保护项目；

g. 其他基础设施项目。

②学校、影剧院、体育场馆项目。

三、建设工程监理的性质

建设工程监理的性质

建设工程监理的性质可概括为服务性、科学性、独立性和公平性四个方面。

（一）服务性

在工程建设中，工程监理人员利用自己的知识、技能和经验以及必要的试验、检测手段，为建设单位提供管理和技术服务。工程监理单位既不直接进行工程设计，也不直接进行工程施工；既不向建设单位承包工程造价，也不参与施工单位的利润分成。

工程监理单位的服务对象是建设单位，但不能完全取代建设单位的管理活动。工程监理单位不具有工程建设重大问题的决策权，只能在建设单位授权范围内采用规划、控制、协调等方法，控制建设工程质量、造价和进度，并履行建设工程安全生产管理的监理职责，协助建设单位在计划目标内完成工程建设任务。

（二）科学性

科学性是由建设工程监理的基本任务决定的。工程监理单位以协助建设单位实现其投资目的为己任，力求在计划目标内完成工程建设任务。由于工程建设规模日趋庞大，建设环境日益复杂，功能需求及建设标准越来越高，新技术、新工艺、新材料、新设备不断涌现，工程建设参与单位越来越多，工程风险日渐增加，工程监理单位只有采用科学的思想、理论、方法和手段，才能驾驭工程建设。

为了满足建设工程监理实际工作需求，工程监理单位应由组织管理能力强、工程建设经验丰富的人员担任领导；应有足够数量的、有丰富管理经验和较强应变能力的注册监理工程师组成的骨干队伍；应有健全的管理制度、科学

学习笔记

的管理方法和手段；应积累丰富的技术、经济资料和数据；应有科学的工作态度和严谨的工作作风，能够创造性地开展工作。

（三）独立性

《建设工程监理规范》(GB/T 50319—2013)明确要求，工程监理单位应公平、独立、诚信、科学地开展建设工程监理与相关服务活动。独立是工程监理单位公平地实施监理的基本前提。为此，《建筑法》第三十四条规定，工程监理单位与被监理工程的承包单位以及建筑材料、建筑构配件和设备供应单位不得有隶属关系或者其他利害关系。

按照独立性要求，工程监理单位应严格按照法律法规、工程建设标准、勘察设计文件、建设工程监理合同及有关建设工程合同等实施监理。在建设工程监理工作过程中，必须建立项目监理机构，按照自己的工作计划和程序，根据自己的判断，采用科学的方法和手段，独立地开展工作。

（四）公平性

国际咨询工程师联合会(FIDIC)《土木工程施工合同条件》(红皮书)自1957年第1版发布以来，一直都保持着一个重要原则，要求(咨询)工程师“公正”(impartiality)，即不偏不倚地处理施工合同中的有关问题。该原则也成为我国建设工程监理制度建立初期的一个重要性质。然而，在FIDIC《土木工程施工合同条件》(1999年第1版)中，(咨询)工程师的公正性要求不复存在，而只要求“公平”(fair)。(咨询)工程师不充当调解人或仲裁人的角色，只是接受业主报酬负责进行施工合同管理的受托人。

与FIDIC《土木工程施工合同条件》中的(咨询)工程师类似，我国工程监理单位受建设单位委托实施建设工程监理，也无法成为公正或不偏不倚的第三方，但需要公平地对待建设单位和施工单位。公平性是建设工程监理行业能够长期生存和发展的基本职业道德准则。特别是当建设单位与施工单位发生利益冲突或者矛盾时，工程监理单位应以事实为依据，以法律法规和有关合同为准绳，在维护建设单位合法权益的同时，不能损害施工单位的合法权益。例如，在调解建设单位与施工单位之间争议，处理费用索赔和工程延期、进行工程款支付控制及结算时，应尽量客观、公平地对待建设单位和施工单位。

【思政园地】

公平和公正

举个例子，一个高个子和一个矮个子没钱买票，但是又非常想看围墙里面的球赛，现在给他俩各递了一个箱子垫脚，现在高个子能看到了，但是矮个子还看不到，此时做到了公平。如果给高个子递一个箱子，但给矮个子递两个箱子，这样他俩都能看到了，此时做到了公正。

党的十八大提出的社会主义核心价值观中就包含“公正”一词，公正即社会公平和正义，它以人的解放、人的自由平等权利的获得为前提，是国家、社会应然的根本价值理念。“自由、平等、公正、法治”是对美好社会的生动表述，也是从社会层面对社会主义核心价值观基本理念的凝练。它反映了中国特色社会主义的基本属性，是我们党矢志不渝、长期实践的核心价值理念。

学习笔记

任务三　工程建设程序

工程建设程序是指建设工程从策划、决策、设计、施工，到竣工验收、投入生产或交付使用的整个建设过程中，各项工作必须遵循的先后顺序。工程建设程序是建设工程策划决策和建设实施过程客观规律的反映，是建设工程科学决策和顺利实施的重要保证。

建设工程监理的作用与任务

按照工程建设的内在规律，每一项建设工程都要经过策划决策和建设实施两个发展时期。这两个发展时期又可分为若干阶段，各阶段之间存在着严格的先后次序，可以进行合理交叉，但不能任意颠倒次序。

一、策划决策阶段的工作内容

建设工程策划决策阶段的工作内容主要包括项目建议书和可行性研究报告的编报和审批。

（一）编报项目建议书

项目建议书是拟建项目单位向政府投资主管部门提出的要求建设某一工程项目的建议文件，是对工程项目建设的轮廓设想。项目建议书的主要作用是推荐一个拟建项目，论述其建设的必要性、建设条件的可行性和获利的可能性，供政府投资主管部门选择并确定是否进行下一步工作。

项目建议书的内容视工程项目的不同而有繁有简，但一般应包括以下几方面内容：

（1）项目提出的必要性和依据；

(2)产品方案、拟建规模和建设地点的初步设想；

(3)资源情况、建设条件、协作关系和设备技术引进国别、厂商的初步分析；

(4)投资估算、资金筹措及还贷方案设想；

(5)项目进度安排；

(6)经济效益和社会效益的初步估计；

(7)环境影响的初步评价。

对于政府投资工程，项目建议书按要求编制完成后，应根据建设规模和限额划分报送有关部门审批。项目建议书经批准后，可进行可行性研究工作，但并不表明项目非上不可，批准的项目建议书不是工程项目的最终决策。

(二)编报可行性研究报告

可行性研究是指在工程项目决策之前，通过调查、研究、分析建设工程在技术、经济等方面的条件和情况，对可能的多种方案进行比较论证，同时对工程项目建成后的综合效益进行预测和评价的一种投资决策分析活动。

可行性研究应完成以下工作内容：

(1)进行市场研究，以解决工程项目建设的必要性问题；

(2)进行工艺技术方案研究，以解决工程项目建设的技术可行性问题；

(3)进行财务和经济分析，以解决工程项目建设的经济合理性问题。

可行性研究工作完成后，需要编写出反映其全部工作成果的可行性研究报告。凡经可行性研究未通过的项目，不得进行下一步工作。

二、建设实施阶段的工作内容

建设工程实施阶段的工作内容主要包括勘察设计、建设准备、施工安装、生产准备及竣工验收。对于生产性工程项目，在施工安装后期，还需要进行生产准备工作。

(一)勘察设计

1. 工程勘察

工程勘察通过对地形、地质及水文等要素的测绘、勘探、测试及综合评定，提供工程建设所需的基础资料。工程勘察需要对工程建设场地进行详细论证，保证建设工程合理进行，促使建设工程取得最佳的经济效益、社会效益和环境效益。

2. 工程设计

工程设计工作一般划分为两个阶段，即初步设计阶段和施工图设计阶段。重大工程和技术复杂工程,可根据需要增加技术设计阶段。

学习笔记

(1)初步设计。初步设计是根据可行性研究报告的要求进行具体实施方案设计,目的是阐明在指定的地点、时间和投资控制数额内,拟建项目在技术上的可行性和经济上的合理性,并通过对建设工程所做出的基本技术经济规定,编制工程总概算。

初步设计不得随意改变被批准的可行性研究报告所确定的建设规模、产品方案、工程标准、建设地址和总投资等控制目标。如果初步设计提出的总概算超过可行性研究报告总投资的10%或其他主要指标需要变更,应说明原因和计算依据,并重新向原审批单位报批可行性研究报告。

(2)技术设计。技术设计应根据初步设计和更详细的调查研究资料编制,以进一步解决初步设计中的重大技术问题,如工艺流程、建筑结构、设备选型及数量确定等,使工程设计更具体、更完善,技术指标更好。

(3)施工图设计。根据初步设计或技术设计的要求,结合工程现场实际情况,完整地表现建筑物外形、内部空间分割、结构体系、构造状况以及建筑群的组成和周围环境的配合。施工图设计还包括各种运输、通信、管道系统、建筑设备的设计。在工艺方面,应具体确定各种设备的型号、规格及各种非标准设备的制造加工图。

3. 施工图设计文件的审查

根据《房屋建筑和市政基础设施工程施工图设计文件审查管理办法》(住房和城乡建设部令第13号),建设单位应当将施工图送施工图审查机构审查。施工图审查机构按照有关法律法规,对施工图涉及公共利益、公众安全和工程建设强制性标准的内容进行审查。审查主要包括以下内容:

(1)是否符合工程建设强制性标准;

(2)地基基础和主体结构的安全性;

(3)勘察设计企业和注册执业人员以及相关人员是否按规定在施工图上加盖相应的图章和签字;

(4)其他法律法规、规章规定必须审查的内容。

任何单位或者个人不得擅自修改审查合格的施工图。确需修改的,凡涉及上述审查内容的,建设单位应当将修改后的施工图送原审查机构审查。

(二)建设准备

1. 建设准备工作内容

工程项目在开工建设之前要切实做好各项准备工作,其主要内容包括:

(1)征地、拆迁和场地平整;

学习笔记

(2)完成施工用水、用电、通信、道路等接通工作;

(3)组织招标选择工程监理单位、施工单位及设备、材料供应商;

(4)准备必要的施工图纸;

(5)办理工程质量监督和施工许可手续。

2. 工程质量监督手续的办理

建设单位在领取施工许可证或者开工报告前,应当到规定的工程质量监督机构办理工程质量监督注册手续。办理质量监督注册手续时需提供下列资料:

(1)施工图设计文件审查报告和批准书;

(2)中标通知书和施工、监理合同;

(3)建设单位、施工单位和监理单位工程项目的负责人和机构组成;

(4)施工组织设计和监理规划(监理实施细则);

(5)其他需要的文件资料。

3. 施工许可证的办理

从事各类房屋建筑及其附属设施的建造、装修装饰和与其配套的线路、管道、设备的安装,以及城镇市政基础设施工程的施工,建设单位在开工前应当向工程所在地县级以上人民政府建设主管部门申请领取施工许可证。必须申请领取施工许可证的建筑工程未取得施工许可证的,一律不得开工。

工程投资额在 30 万元以下或者建筑面积在 300 m^2 以下的建筑工程,可以不申请办理施工许可证。

(三)施工安装

建设工程具备开工条件并取得施工许可后才能开始土建工程施工和机电设备安装。

按照相关规定,建设工程新开工时间是指工程设计文件中规定的任何一项永久性工程第一次正式破土开槽的开始日期。不需要开槽的工程,以正式开始打桩的日期作为开工日期。铁路、公路、水库等需要进行大量土石方工程的,以开始进行土石方工程施工的日期作为正式开工日期。工程地质勘察、平整场地、旧建筑物拆除、临时建筑、施工用临时道路和水、电等工程开始施工的日期不能算作正式开工日期。分期建设的工程分别按各期工程开工的日期计算,如二期工程应根据工程设计文件规定的永久性工程开工的日期计算。

施工安装活动应按照工程设计要求、施工合同及施工组织设计,在保证工程质量、工期、成本及安全、环保等目标的前提下进行。

学习笔记

（四）生产准备

对于生产性工程项目而言，生产准备是工程项目投产前由建设单位进行的一项重要工作。生产准备是衔接建设和生产的桥梁，是工程项目建设转入生产经营的必要条件。建设单位应适时组成专门机构做好生产准备工作，确保工程项目建成后能及时投产。

生产准备的主要工作内容包括：组建生产管理机构，制定有关管理制度和规定；招聘和培训生产人员，组织生产人员参加设备的安装、调试和工程验收工作；落实原材料、产品、燃料、水、电、气等的来源和其他需协作配合的条件，并组织工装、器具、备品、备件等的制造或订货等。

（五）竣工验收

建设工程按设计文件的规定内容和标准全部完成，并按规定将施工现场清理完毕后，达到竣工验收条件时，建设单位即可组织工程竣工验收。工程勘察、设计、施工、监理等单位应参加工程竣工验收。工程竣工验收要审查工程建设的各个环节，审阅工程档案、实地查验建筑安装工程实体，对工程设计、施工和设备质量等进行全面评价。不合格的工程不予验收。对遗留问题要提出具体解决意见，限期落实完成。

工程竣工验收是投资成果转入生产或使用的标志，也是全面考核工程建设成果、检验设计和施工质量的关键步骤。工程竣工验收合格后，建设工程方可投入使用。

建设工程自竣工验收合格之日起即进入工程质量保修期。建设工程自办理竣工验收手续后，发现存在工程质量缺陷的，应及时修复，费用由责任方承担。

【思政园地】

“三边工程”

将本来有先后顺序的工作并行来做是要冒风险的，比较典型的案例就是我们现实中经常听说的“三边工程”——“边立项、边设计、边实施”。项目立项是一个非常重要的决策，需要从技术、经济、政治、环境等各个角度评估项目的风险状况，但是往往为了抢机会、争利益或者其他原因，项目还没有正式批准就开始组织人马提前进入了设计甚至实施阶段，最后的结果可能是大量的设计变更、返工、索赔、争议，甚至项目中途终止，所以说，这种现象国家也在严厉整治。

学习笔记

任务四 现阶段我国监理的特点和未来发展趋势

一、现阶段我国监理的特点

我国工程建设监理无论在管理理论和方法上，还是在业务内容和工作程序上，与国外的建设项目管理没有什么不同。但是在现阶段，由于发展时间和条件不尽相同，特别是需求方对监理的认知度较低，市场发育不成熟，我国的工程建设监理与发达国家相比还有一些差距，呈现出以下特点。

（一）建设工程的服务对象和服务内容具有单一性

在国际上，建设项目管理按服务对象主要分为：为建设单位服务的项目管理和为承建单位服务的项目管理。而我国的工程建设监理制规定，工程监理企业只接受建设单位的委托，即只为建设单位服务，而不能接受承建单位的委托为其提供管理服务。从这个意义上看，可以认为我国的工程建设监理就是为建设单位服务的项目管理。目前，我国的监理企业大部分停留在施工阶段的管理服务上，且侧重质量管理，离全方位、全过程服务还有较大的距离。

（二）工程建设监理制属于强制推行的监理制度

国外的建设项目管理是适应建筑市场中建设单位需求的产物，其发展过程也是整个建筑市场发展的一个方面，没有来自政府部门的行政指导或干预。而我国的工程建设监理从一开始就是作为计划经济条件下所形成的建设工程管理体制改革的一项新制度提出来的，也是依靠行政手段和法律手段在全国范围推行的。为此，不仅在各级政府部门中设立了主管建设工程监理有关工作的专门机构，而且制定了有关的法律法规、规章，明确提出国家推行工程建设监理制度，并明确规定了必须实行工程建设监理的工程范围。其结果是在较短的时间内促进了工程建设监理在我国的发展，形成了一批专业化、社会化的工程监理企业和监理工程师队伍，缩小了与发达国家建设项目管理的差距，但是要达到真正的市场化和完善还有很长的路要走。

（三）工程建设监理具有监督功能

我国的工程建设监理企业有一定的特殊地位，它与建设单位构成委托与被委托的关系，与承建单位虽无任何经济关系，但根据建设单位授权，有权对其不当建设行为进行监督，或者预先防范，或者指令其及时改正，或者向有关部门反映，请求纠正。不仅如此，在我国的工程建设监理中还强调对承建单位的施工过程和施工工序的监督、检查和验收，而且在实践中又进一步提出了旁站监理的规定。我国监理工程师在质量控制方面的工作所达到的深度和细度，应当说远远超过国际上建设项目管理人员工作的深度和细度，这对保证工程质量起到了很好的作用。

学习笔记

（四）市场准入的双重控制

在建设项目管理方面，一些发达国家只对专业人员的执业资格提出要求，却没有对企业的资质管理做出规定，而我国对工程建设监理的市场准入采取了人员资格和单位资质的双重控制。我国要求专业监理工程师以上的监理人员要取得监理工程师资格证书，不同资质等级的工程监理企业至少要有一定数量取得监理工程师资格证书并经注册的人员。应当说，这种市场准入的双重控制，对于保证我国工程建设监理队伍的基本素质，规范我国工程建设监理市场起到了积极的作用。

二、我国工程建设监理的发展趋势

（一）加强法治建设，走法治化的道路

目前，我国颁布的法律法规中有关工程建设监理的条款不少，部门规章和地方性法规的数量更多，这充分反映了工程建设监理的法律地位。但是，我国在法治建设方面还比较薄弱，突出表现在市场规则和市场机制方面，而且合同管理意识不强，无法可依，或有法不依。监理工程师合同管理的水平还比较低，监理行为也经常不规范，还不能适应发展的需要。应当在总结经验的基础上，借鉴国际上通行的做法，逐步建立和健全起来。只有这样，才能使我国的工程建设监理走上有法可依、有法必依的轨道，才能使建设工程监理向规范化和法制化方向发展。

（二）以市场需求为导向，向全方位、全过程监理发展

我国实行工程建设监理时间短，目前仍然以施工阶段监理为主。造成这种状况既有体制上、认识上的原因，也有建设单位需求和监理企业素质及能力等原因。但是应当看到，随着项目法人责任制的不断完善，以及民营企业和私

人投资项目的大量增多，建设单位将对工程投资效益愈加重视，工程前期决策阶段的监理将日益增多。从发展趋势看，代表建设单位进行全方位、全过程的工程项目管理，将是我国工程监理行业发展的方向。当前，应当按照市场需求多样化的规律，积极扩展监理服务内容。要从现阶段以施工阶段为主，向全过程、全方位监理发展，即不仅要进行施工阶段质量、造价和进度控制，做好合同管理、安全管理、信息管理和组织协调工作，而且要进行决策阶段和设计阶段的监理。只有实施全方位、全过程监理，才能更好地发挥工程建设监理的作用。

（三）适应市场需求，优化工程监理企业结构

在市场经济条件下，任何企业的发展都必须与市场需求相适应，工程监理企业的发展也不例外。建设单位对工程建设监理的需求是多种多样的，工程监理企业所能提供的监理服务也应当是多种多样的。前面所述工程建设监理应当向全方位、全过程监理发展，是从建设工程监理整个行业而言的，并不意味着所有的工程监理企业都应朝着这个方向发展。因此，应当通过市场机制和必要的行业政策引导，在工程监理行业逐步建立起综合性监理企业与专业性监理企业相结合、大中小型监理企业相结合的合理的企业结构。按工作内容分，建立起能承担全过程、全方位监理任务的综合性监理企业与能承担某一专业监理任务（如招标代理、工程造价咨询）的监理企业相结合的企业结构。按工作阶段分，建立起能承担工程建设全过程监理的大型监理企业与能承担某一阶段工程监理任务的中型监理企业和只提供旁站监理劳务的小型监理企业相结合的企业结构。这样，既能满足建设单位的各种需求，又能使各类监理企业各得其所，都能有合理的生存和发展空间。一般来说，大型、综合素质较高的监理企业应当向综合监理方向发展，而中小型监理企业则应当逐渐形成自己的专业特色。

（四）加强培训工作，不断提高从业人员素质

从全方位、全过程监理的要求来看，我国建设工程监理从业人员的素质还不能与之相适应，迫切需要加以提高。另外，工程建设领域的新技术、新工艺、新材料层出不穷，工程技术标准、规范、规程也时有更新，信息技术日新月异，都要求建设工程监理从业人员与时俱进，不断提高自身的业务素质和职业道德素质，这样才能为建设单位提供优质服务。从业人员的素质是整个工程监理行业发展的基础。只有培养和造就大批高素质的监理人员，才可能形成相当数量的高素质的工程监理企业，才能形成一批公信力强、有品牌效应的工程监理企业，才能提高我国建设工程监理的总体水平及其效果，才能推动建设工

学习笔记

程监理事业更好更快地发展。

（五）与国际惯例接轨，走向世界

我国已加入世界贸易组织(WTO)，建设工程监理领域要向国际市场开放，同时我国的工程监理企业也应走向世界市场，与国外同行公平竞争。要在竞争中取胜，除有实力、业绩、信誉外，还应掌握国际上通行的规则。我国的监理工程师和工程监理企业应当做好充分准备，不仅要迎接国外同行进入我国后的竞争挑战，而且要把握进入国际市场的机遇，敢于到国际市场与国外同行竞争。

【思政园地】

全过程工程咨询

2017 年 2 月，《国务院办公厅关于促进建筑业持续健康发展的意见》（国发办〔2017〕19 号）首次提出，要“培育全过程工程咨询”，这一要求在工程建设领域引起极大的反响，也成为工程监理企业转型升级的重要发展方向。

“培育全过程工程咨询”的提出，有其鲜明的时代背景。首先，是为了完善工程建设组织模式，将传统“碎片化”咨询服务整合为整体集成化咨询服务。其次，是为了适应投资咨询、工程设计、监理、造价咨询等工程咨询类企业转型升级、拓展业务领域的实际需求。最后，是为了更好地适应国际化发展需求。建筑市场国际化不仅是国内企业要更好地“走出去”，还要考虑国内建筑市场进一步开放、更多国际公司进入国内市场带来的挑战。

考证知识训练

模块一考证
知识训练

学习笔记

模块二　注册监理工程师与工程监理企业

【任务导入】本模块主要学习注册监理工程师与工程监理企业相关知识。在任务一中介绍全国注册监理工程师执业资格考试，让在校生提前了解，好让有意向监理方面发展的同学提前做好谋划和准备。任务三详细给大家讲解到各种不同等级的监理企业资质及其申报条件。任务四学习监理取费标准。

任务一　注册监理工程师资格考试、注册和继续教育

一、注册监理工程师资格考试和注册

监理工程师是指通过职业资格考试取得中华人民共和国监理工程师职业资格证书，并经注册后从事建设工程监理与相关业务活动的专业技术人员。

监理工程师注册及继续教育

（一）监理工程师资格考试

监理工程师执业资格考试

1. 监理工程师资格制度的建立和发展

监理工程师是实施工程监理制的核心和基础。1990 年，建设部和人事部按照有利于国家经济发展、得到社会公认、具有国际可比性、事关社会公共利益四项原则，率先在工程建设领域建立了监理工程师执业资格制度，以考核形式确认了监理工程师执业资格 100 名。随后，又相继认定了两批监理工程师执业资格，前后共认定了

1 059 名监理工程师。实行监理工程师执业资格制度的意义在于：一是与工程监理制度紧密衔接；二是统一监理工程师执业能力标准；三是强化工程监理人员执业责任；四是促进工程监理人员努力钻研业务知识，提高业务水平；五是合理建立工程监理人才库，优化调整市场资源结构；六是便于开拓国际工程监理市场。1992 年 6 月，建设部发布《监理工程师资格考试和注册试行办法》（建设部第 18 号令），明确了监理工程师考试、注册的实施方式和管理程序，我国从此开始实施监理工程师资格考试。

1993 年，建设部、人事部印发《关于〈监理工程师资格考试和注册试行办法〉实施意见的通知》（建监〔1993〕415 号），提出加强对监理工程师资格考试和注册工作的统一领导与管理，并提出实施意见。1994 年，建设部与人事部在北京市、天津市、上海市、山东省、广东省 5 省（直辖市）组织了监理工程师资格试点考试。1996 年 8 月，建设部、人事部发布《建设部、人事部关于全国监理工程师执业资格考试工作的通知》（建监〔1996〕462 号），从 1997 年开始，监理工程师资格考试实行全国统一管理、统一考纲、统一命题、统一时间、统一标准的办法，考试工作由建设部、人事部共同负责。监理工程师执业资格考试合格者，由各省、自治区、直辖市人事（职改）部门颁发人事部统一印制的原人事部与原建设部共同用印的“中华人民共和国监理工程师执业资格证书”，该证书在全国范围内有效。

2020 年，住房和城乡建设部、交通运输部、水利部、人力资源和社会保障部联合印发《监理工程师职业资格制度规定》及《监理工程师职业资格考试实施办法》，明确规定：国家设置监理工程师准入类职业资格，纳入国家职业资格目录。住房和城乡建设部、交通运输部、水利部、人力资源和社会保障部共同制定监理工程师职业资格制度，并按照职责分工分别负责监理工程师职业资格制度的实施与监管。

监理工程师职业资格考试合格者，由各省、自治区、直辖市人力资源和社会保障行政主管部门颁发中华人民共和国监理工程师职业资格证书（或电子证书）。该证书由人力资源和社会保障部统一印制，住房和城乡建设部、交通运输部、水利部按专业类别分别由人力资源和社会保障部用印，在全国范围内有效。

2. 监理工程师职业资格考试科目及报考条件

（1）监理工程师职业资格考试科目。监理工程师职业资格考试原则上每年举行一次，考试设 4 个科目，即“建设工程监理基本理论和相关法规”“建设工程合同管理”“建设工程目标控制”“建设工程监理案例分析”。其中，“建设工程监理基本理论和相关法规”“建设工程合同管理”为基础科目，“建设工程目标控制”“建设工程监理案例分析”为专业科目。“建设工程监理案例分析”科目为主观题，在试卷上作答；其余3个科目均为客观题，在答题卡上作答。考试分3个专业类别，分别为土木建筑工程、交通运输工程、水利工程。考生在报名时可根据实际工作需要选择。土木建筑工程专业由住房和城乡建设部负责，交通运输工程专业由交通运输部负责，水利工程专业由水利部负责。

监理工程师职业资格考试成绩实行4年为一个周期的滚动管理办法，在连续的4个考试年度内通过全部考试科目，方可取得监理工程师职业资格证书。

已取得监理工程师一种专业职业资格证书的人员，报名参加其他专业科目考试的，可免考基础科目。考试合格后，核发人力资源和社会保障部门统一印制的相应专业考试合格证明。该证明作为注册时增加执业专业类别的依据。免考基础科目和增加专业类别的人员，专业科目成绩按照2年为一个周期滚动管理。

(2) 监理工程师职业资格报考条件。凡遵守《中华人民共和国宪法》和相关法律法规，具有良好的业务素质和道德品行，具备下列条件之一者，可以申请参加监理工程师职业资格考试：

①具有各工程大类专业大学专科学历（或高等职业教育），从事工程施工、监理、设计等业务工作满6年；

②具有工学、管理科学与工程类专业大学本科学历或学位，从事工程施工、监理、设计等业务工作满4年；

③具有工学、管理科学与工程一级学科硕士学位或专业学位，从事工程施工、监理、设计等业务工作满2年；

④具有工学、管理科学与工程一级学科博士学位。

经批准同意开展试点的地区，申请参加监理工程师职业资格考试的，应当具有大学本科及以上学历或学位。

(3) 免试基础科目的条件。具备以下条件之一的，参加监理工程师职业资格考试可免考基础科目：①已取得公路水运工程监理工程师资格证书；②已取得水利工程建设监理工程师资格证书。申请免考部分科目的人员在报名时应提供相应材料。

3. 内地监理工程师与香港建筑测量师资格互认

根据《关于建立更紧密经贸关系的安排》(CEPA 协议)，为加强内地监理工程师和香港建筑测量师的交流与合作，促进两地共同发展，2006年，中国建设监理协会与香港测量师学会就内地监理工程师和香港建筑测量师资格互认工作进行了考察评估，双方对资格互认工作的必要性及可行性取得了共识，同意在互惠互利、对等、总量与户籍控制等原则下，实施内地监理工程师与香港建

Study 学习笔记

筑测量师资格互认，签署《内地监理工程师和香港建筑测量师资格互认协议》，内地255名监理工程师及香港228名建筑测量师取得了双方互认资格。

（二）监理工程师注册

国家对监理工程师职业资格实行执业注册管理制度，监理工程师注册是政府对工程监理执业人员实行市场准入控制的有效手段。取得监理工程师职业资格证书且从事工程监理及相关业务活动的人员，经过注册方可以注册监理工程师名义执业。住房和城乡建设部、交通运输部、水利部按专业类别分别负责监理工程师注册及相关工作。

二、监理工程师执业和继续教育

（一）监理工程师执业

住房和城乡建设部、交通运输部、水利部按照职责分工建立健全监理工程师诚信体系，制定相关规章制度或从业标准规范，并指导监督信用评价工作。

监理工程师不得同时受聘于两个或两个以上单位执业，不得允许他人以本人名义执业，严禁“证书挂靠”。出租、出借注册证书的，依据相关法律法规进行处罚；构成犯罪的，依法追究刑事责任。

监理工程师可以从事建设工程监理、全过程工程咨询及工程建设某一阶段或某一专项工程咨询，以及国务院有关部门规定的其他业务。

监理工程师依据职责开展工作，在本人执业活动中形成的工程监理文件上签章，并承担相应责任。

监理工程师未执行法律法规和工程建设强制性标准实施监理，造成质量安全事故的，依据相关法律法规进行处罚；构成犯罪的，依法追究刑事责任。

（二）监理工程师继续教育

随着现代科学技术日新月异的发展，监理工程师不能一劳永逸地停留在原有知识水平上，要随着时代的进步不断更新知识、扩大知识面，学习新的理论知识、法规政策及标准，了解新技术、新工艺、新材料、新设备，这样才能不断提高执业能力和工作水平，以适应工程建设事业发展及监理实务的需要。

取得监理工程师注册证书的人员，应当按照国家专业技术人员继续教育的有关规定接受继续教育，更新专业知识，提高业务水平。

学习笔记

【思政园地】

"证书挂靠"

证书挂靠，是指个人将自己的资质证书挂靠到企业名下的行为；若挂靠人为企业员工，则企业名正言顺地运用证书；若不是，挂靠人一般都会要求企业支付一定的费用。

证书挂靠行规之一是挂证不挂章：一般而言挂靠单位为"资质升级""资质换证""保资质"的企事业单位，持证人(尤其是全国注册证书)与用证单位达成协议注册成功后，注册证(职称证)由用证单位保管，个人可合理借用后返还(如考试等)；执业印章由个人保管，单位可合理借用后返还。

现实中，"挂证"现象在会计、建筑、环评、水利等领域都存在。一些职业受到青睐，折射着相关行业蓬勃发展的态势。但也应看到，挂证人头多、在岗人数少，不仅违背执业规范和诚信原则，也影响工作效率与质量。特别是在医药、消防、监理等与生命健康、公共安全关系紧密的行业，如果因为"挂证"而造成隐患，后果不堪设想。据报道，一些行业挂靠费与风险高低成正比。

任务二　注册监理工程师的权利、义务和职业道德

一、注册监理工程师的权利和义务

监理工程师概述

监理工程师的主要业务是受聘于工程监理企业从事监理工作，受建设单位委托，代表工程监理企业完成委托监理合同约定的委托事项。因此，监理工程师的法律地位主要表现为受托人的权利和义务。监理工程师一般享有下列权利：

(1)使用注册监理工程师称谓；

(2)在规定范围内从事执业活动；

(3)依据本人能力从事相应的执业活动；

(4)保管和使用本人的注册证书和执业印章；

(5)对本人执业活动进行解释和辩护；

(6)接受继续教育；

(7)获得相应的劳动报酬；

(8)对侵犯本人权利的行为进行申诉。

同时，监理工程师还应当履行下列义务：

学习笔记

(1)遵守法律法规和有关管理规定。

(2)履行管理职责,执行技术标准、规范和规程。

(3)保证执业活动成果的质量,并承担相应责任。

(4)接受继续教育,努力提高执业水准。

(5)在本人执业活动所形成的工程监理文件上签字、加盖执业印章。

(6)保守在执业中知悉的国家秘密和他人的商业、技术秘密。

(7)不得涂改、倒卖、出租、出借或者以其他形式非法转让注册证书或者执业印章。

(8)不得同时在两个或者两个以上单位受聘或者执业。

(9)在规定的执业范围和聘用单位业务范围内从事执业活动。

(10)协助注册管理机构完成相关工作。

二、监理工程师的职业道德

国际咨询工程师联合会(FIDIC)等组织都规定有职业道德准则。FIDIC 的道德准则要求咨询工程师具有正直、公平、诚信、服务等工作态度和敬业精神,充分体现了 FIDIC 对咨询工程师要求的精髓。

监理工程师在执业过程中也要公平,不能损害工程建设任何一方的利益。为此,监理工程师应严格遵守以下职业道德守则:

(1)遵法守规,诚实守信。维护国家的荣誉和利益,遵守法规和行业自律公约,讲信誉,守承诺,坚持实事求是,“公平、独立、诚信、科学”地开展工作。

(2)严格监理,优质服务。执行有关工程建设法律法规、标准和制度,履行工程监理合同规定的义务,提供专业化服务,保障工程质量和投资效益,改进服务措施,维护业主权益和公共利益。

(3)恪尽职守,爱岗敬业。遵守建设工程监理人员职业道德行为准则,履行岗位职责,做好本职工作,热爱监理事业,维护行业信誉。

(4)团结协作,尊重他人。树立团队意识,加强沟通交流,团结互助,不损害各方的名誉。

(5)加强学习,提升能力。积极参加专业培训,努力学习专业技术和工程监理知识,不断提高业务能力和监理水平。

(6)维护形象,保守秘密。抵制不正之风,廉洁从业,不谋取不正当利益。不为所监理工程指定承包商、建筑构配件、设备、材料生产厂家;不收受施工单位的任何礼金、有价证券等;不转借、出租、伪造、涂改监理证书及其他相关资信证明,不以个人名义承担监理业务;不同时在两个或两个以上工程监理单

学习笔记

位注册和从事监理活动；不在政府部门和施工、材料设备的生产供应等单位兼职。树立良好的职业形象。保守商业秘密，不泄露所监理工程各方认为需要保密的事项。

【思政园地】

职业道德

各行各业的人员都应遵守基本的职业道德，从事监理行业的人员也应如此。在社会主义核心价值观中，也提到了“敬业”“诚信”，“敬业”是对公民职业行为准则的价值评价，要求公民忠于职守，克己奉公，服务人民，服务社会，充分体现了社会主义职业精神。“诚信”即诚实守信，是人类社会千百年传承下来的道德传统，也是社会主义道德建设的重点内容，它强调诚实劳动、信守承诺、诚恳待人。

任务三　工程监理企业资质管理

工程监理企业的资质等级标准和业务范围

工程监理企业的资质申请—审批程序—管理

工程监理企业的组织形式

一、工程监理企业的资质等级标准和业务范围

（一）工程监理企业资质

工程监理企业资质是企业技术能力、管理水平、业务经验、经营规模、社会信誉等综合性实力指标。对工程监理企业进行资质管理的制度是我国政府实行市场准入控制的有效手段。

工程监理企业应当按照所拥有的注册资本、专业技术人员数量和工程监理业绩等资质条件申请资质，经审查合格，取得相应等级的资质证书后，才能在其资质等级许可的范围内从事工程监理活动。

工程监理企业的注册资本不仅是企业从事经营活动的基本条件，也是企业清偿债务的保证。工程监理企业所拥有的专业技术人员数量主要体现在注

学习笔记

册监理工程师的数量上，这反映企业从事监理工作的工程范围和业务能力。工程监理业绩则反映工程监理企业开展监理业务的经历和成效。

工程监理企业的资质按照等级分为综合资质、专业资质和事务所资质。其中，专业资质按照工程性质和技术特点划分为若干工程类别。综合资质、事务所资质不分级别。专业资质分为甲级、乙级；其中，房屋建筑、水利水电、公路和市政公用专业资质可设立丙级。

甲级、乙级和丙级，按照工程性质和技术特点分为14个专业工程类别，每个专业工程类别按照工程规模或技术复杂程度又分为3个等级。

（二）工程监理企业的资质等级标准

1. 综合资质标准

(1)具有独立法人资格且注册资本不少于600万元。

(2)具有5个以上工程类别的专业甲级工程监理资质。

(3)注册监理工程师不少于60人，注册造价工程师不少于5人，一级注册建造师、一级注册建筑师、一级注册结构工程师及其他勘察设计注册工程师累计不少于15人次。

(4)企业具有完善的组织结构和质量管理体系，有健全的技术、档案等管理制度。

(5)企业具有必要的工程试验检测设备。

(6)申请工程监理资质之日前1年内没有规定禁止的行为。

(7)申请工程监理资质之日前1年内没有因本企业监理责任造成质量事故。

(8)申请工程监理资质之日前1年内没有因本企业监理责任发生三级以上工程建设重大安全事故或者发生2起以上四级工程建设安全事故。

2. 专业资质标准

1)甲级

(1)具有独立法人资格且注册资本不少于300万元。

(2)企业技术负责人应为注册监理工程师，并具有15年以上从事工程建设工作的经历或者具有工程类高级职称。

(3)注册监理工程师、注册造价工程师、一级注册建造师、一级注册建筑师、一级注册结构工程师及其他勘察设计注册工程师累计不少于25人次；其中，相应专业注册监理工程师不少于表2-1中要求配备的人数，注册造价工程师不少于2人。

表 2-1　专业资质注册监理工程师人数配备　　单位：人

序号	工程类别	甲级	乙级	丙级
1	房屋建筑工程	15	10	5
2	冶炼工程	15	10	
3	矿山工程	20	12	
4	化工石油工程	15	10	
5	水利水电工程	20	12	5
6	电力工程	15	10	
7	农林工程	15	10	
8	铁路工程	23	14	
9	公路工程	20	12	5
10	港口与航道工程	20	12	
11	航空航天工程	20	12	
12	通信工程	20	12	
13	市政公用工程	15	10	5
14	机械电子工程	15	10	

注：表中各专业资质注册监理工程师人数配备是指企业取得本专业工程类别注册的注册监理工程师人数。

(4)企业近 2 年内独立监理过 3 个以上相应专业的二级工程项目。

(5)企业具有完善的组织结构和质量管理体系，有健全的技术、档案等管理制度。

(6)企业具有必要的工程试验检测设备。

(7)申请工程监理资质之日前 1 年内没有规定禁止的行为。

(8)申请工程监理资质之日前1年内没有因本企业监理责任造成质量事故。

(9)申请工程监理资质之日前 1 年内没有因本企业监理责任发生三级以上工程建设重大安全事故或者发生 2 起以上四级工程建设安全事故。

2)乙级

(1)具有独立法人资格且注册资本不少于 100 万元。

(2)企业技术负责人应为注册监理工程师，并具有 10 年以上从事工程建设工作的经历。

(3)注册监理工程师、注册造价工程师、一级注册建造师、一级注册建筑师、一级注册结构工程师及其他勘察设计注册工程师累计不少于 15 人次。其中，相应专业注册监理工程师不少于表 2-1 中要求配备的人数，注册造价工程师

学习笔记

不少于 1 人。

(4)有较完善的组织结构和质量管理体系,有技术、档案等管理制度。

(5)有必要的工程试验检测设备。

(6)申请工程监理资质之日前 1 年内没有规定禁止的行为。

(7)申请工程监理资质之日前1年内没有因本企业监理责任造成质量事故。

(8)申请工程监理资质之日前 1 年内没有因本企业监理责任发生三级以上工程建设重大安全事故或者发生 2 起以上四级工程建设安全事故。

3)丙级

(1)具有独立法人资格且注册资本不少于 50 万元。

(2)企业技术负责人应为注册监理工程师,并具有 8 年以上从事工程建设工作的经历。

(3)相应专业的注册监理工程师不少于表 2–1 中要求配备的人数。

(4)有必要的质量管理体系和规章制度。

(5)有必要的工程试验检测设备。

3. 事务所资质标准

(1)取得合伙企业营业执照,具有书面合作协议书。

(2)合伙人中有 3 名以上注册监理工程师,合伙人均有 5 年以上从事建设工程监理的工作经历。

(3)有固定的工作场所。

(4)有必要的质量管理体系和规章制度。

(5)有必要的工程试验检测设备。

(三)业务范围

1. 综合资质

可以承担所有专业工程类别建设工程项目的工程监理业务。

2. 专业资质

(1)专业甲级资质:可承担相应专业工程类别建设工程项目的工程监理业务。

(2)专业乙级资质:可承担相应专业工程类别二级以下(含二级)建设工程项目的工程监理业务。

(3)专业丙级资质:可承担相应专业工程类别三级建设工程项目的工程监理业务。

3. 事务所资质

可承担三级建设工程项目的工程监理业务,但是国家规定必须实行监理的工程除外。

此外，工程监理企业都可以开展相应类别建设工程的项目管理、技术咨询等业务。

学习笔记

【思政园地】

出借资质案

2022年4月，赣州市某县住房和城乡建设局在开展专项整治检查时发现，2020年3月，林某通过借用江西省某建设有限公司和江西某建筑工程有限公司的资质中标某县城区生猪屠宰场外接排污工程项目，江西省某建设有限公司收取工程款的1.5%作为管理费，扣除税费等成本费用后将拨付的工程款转至林某银行账户，涉嫌出借资质，涉及金额221.53万元。经赣州市某县住房和城乡建设局调查核实，江西省某建设有限公司和江西某建筑工程有限公司出借资质行为属实。

处理结果：2022年4月，赣州市某县住房和城乡建设局依法对江西省某建设有限公司处人民币4.43万元罚款，并没收违法所得2.32万元；依法对江西某建筑工程有限公司处人民币4.43万元罚款。

依据《关于对建筑施工企业开展信用信息评价的通知》（赣建字〔2020〕4号）规定，按程序扣除江西省某建设有限公司和江西某建筑工程有限公司信用分各2分；依据《建筑业企业资质管理规定》，自行政处罚决定做出之日起1年内，依法不予批准该企业的资质升级申请和增项申请。

任务四　监理费的构成和计算方法

一、工程建设监理费

（一）监理费的构成

工程监理与相关服务计费方式

作为企业，监理企业要负担必要的支出，监理企业的活动应达到收支平衡，且略有节余。所以，概略地说，监理费的构成是指监理企业在工程项目建设监理活动中所需要的全部成本（包括直接成本和间接成本），再加上应缴纳的税金和合理的利润。

学习笔记

1. 直接成本

直接成本是指监理企业在完成某项具体监理业务中所发生的成本。主要包括：

(1)监理人员和监理辅助人员的工资、津贴、附加工资、奖金等。

(2)用于监理人员和监理辅助人员的其他专项开支，包括差旅费、补助费、书报费、医疗费等。

(3)用于监理工作办公设施的购置、使用费和检测仪器购置、使用费。

(4)所需的其他外部服务支出。

2. 间接成本

间接成本也称日常管理费，包括全部业务经营开支和非工程项目监理的特定开支。主要有：

(1)管理人员、行政人员、后勤服务人员的工资，包括津贴、附加工资、奖金等。

(2)经营业务费，包括为招揽监理业务而发生的广告费、宣传费、投标费、有关契约或合同的公证费和签证费等活动经费。

(3)办公费，包括办公用具、用品的购置费，通信、邮寄费，交通费，办公室及相关设施的使用(或租用)费，维修费，以及会议费、差旅费等。

(4)其他固定资产及常用工、器具和设备的使用费。

(5)垫支资金贷款利息。

(6)业务培训费，图书、资料购置费等教育经费。

(7)新技术开发、研制、试用费。

(8)咨询费、专用技术使用费。

(9)职工福利费、劳动保护费。

(10)工会等职工组织活动经费。

(11)其他行政活动经费，如职工文化活动经费等。

(12)企业领导基金和其他营业外支出。

3. 税金

税金是指按照国家规定，监理企业应缴纳的各种税金总额，如营业税、所得税等。

4. 利润

利润是指监理企业的监理活动收入扣除直接成本、间接成本和各种税金之后的余额。由于监理企业是一个高智能群体，监理是一种高智能的技术服务，所以监理企业的利润应当高于社会平均利润。

学习笔记

二、工程监理与相关服务计费方式

（一）建设工程监理服务计费方式

铁路、水运、公路、水电、水库工程监理服务收费按建筑安装工程费分档定额计费方式计算收费。其他建设工程监理服务收费按照工程概算投资额分档定额计费方式计算收费。

1. 建设工程监理服务收费的计算

建设工程监理服务收费按式(2–1)计算：

建设工程监理服务收费＝建设工程监理服务收费基准价 ×（1 ± 浮动幅度值） (2–1)

2. 建设工程监理服务收费基准价的计算

建设工程监理服务收费基准价是按照收费标准计算出的建设工程监理服务基准收费额，建设单位与工程监理单位根据工程实际情况，在规定的浮动幅度范围内协商确定建设工程监理服务收费合同额。

建设工程监理服务收费基准价＝建设工程监理服务收费基价 × 专业调整系数 × 工程复杂程度调整系数 × 高程调整系数 (2–2)

1）建设工程监理服务收费基价

建设工程监理服务收费基价是完成法律法规、行业规范规定的建设工程监理服务内容的酬金。建设工程监理服务收费基价按表2–2确定，计费额处于两个数值区间的，采用直线内插法确定建设工程监理服务收费基价。

表2–2　建设工程监理服务收费基价　　单位：万元

序号	计费额	收费基价
1	500	16.5
2	1 000	30.1
3	3 000	78.1
4	5 000	120.8
5	8 000	181.0
6	10 000	218.6
7	20 000	393.4
8	40 000	708.2
9	60 000	991.4

学习笔记

续表

序号	计费额	收费基价
10	80 000	1 255.8
11	100 000	1 507.0
12	200 000	2 712.5
13	400 000	4 882.6
14	600 000	6 835.6
15	800 000	8 658.4
16	1 000 000	10 390.1

注：计费额大于1 000 000万元的，以计费额乘以1.039%的收费率计算收费基价。其他未包含的收费由双方协商议定。

2）建设工程监理服务收费调整系数

建设工程监理服务收费标准的调整系数包括专业调整系数、工程复杂程度调整系数和高程调整系数。

（1）专业调整系数是对不同专业工程的监理工作复杂程度和工作量差异进行调整的系数 。计算建设工程监理服务收费时，专业调整系数在表2-3中查找确定。

表2-3　建设工程监理服务收费专业调整系数

工程类型	专业调整系数
1. 矿山采选工程	
黑色、有色、黄金、化学、非金属及其他矿采选工程	0.9
选煤及其他煤炭工程	1.0
矿井工程、铀矿采选工程	1.1
2. 加工冶炼工程	
冶炼工程	0.9
船舶水工工程	1.0
各类加工工程	1.0
核加工工程	1.2
3. 石油化工工程	
石油工程	0.9
化工、石化、化纤、医药工程	1.0
核化工工程	1.2

续表

工程类型	专业调整系数
4. 水利电力工程	
风力发电、其他水利工程	0.9
火电、送变电工程	1.0
核电、水电、水库工程	1.2
5. 交通运输工程	
机场场道、助航灯光工程	0.9
铁路、公路、城市道路、轻轨及机场空管工程	1.0
水运、地铁、桥梁、隧道、索道工程	1.1
6. 建筑市政工程	
园林绿化工程	0.8
建筑、人防、市政公用工程	1.0
邮政、电信、广播电视工程	1.0
7. 农业林业工程	
农业工程	0.9
林业工程	0.9

(2) 工程复杂程度调整系数是对同一专业工程的监理复杂程度和工作量差异进行调整的系数。工程复杂程度分为一般、较复杂和复杂三个等级，其调整系数分别为：一般(Ⅰ级)0.85，较复杂(Ⅱ级)1.0，复杂(Ⅲ级)1.15。计算建设工程监理服务收费时，工程复杂程度在相应章节的“工程复杂程度表”中查找确定。

(3) 高程调整系数如下：①海拔高度 2 001 m 以下的为 1；②海拔高度 2 001~3 000 m 为 1.1；③海拔高度 3 001~3 500 m 为 1.2；④海拔高度 3 501~4 000 m 为 1.3；⑤海拔高度 4 001 m 以上的，高程调整系数由发包人和监理人协商确定。

3. 建设工程监理服务收费的计费额

建设工程监理服务收费以工程概算投资额分档定额计费方式收费，其计费额为工程概算中的建筑安装工程费、设备购置费和联合试运转费之和。对设备购置费和联合试运转费占工程概算投资额 40% 以上的工程项目，其建筑安装工程费全部计入计费额，设备购置费和联合试运转费按 40% 的比例计入计费额。但其计费额不应小于建筑安装工程费与其相同且设备购置费和联合试运转费等于工程概算投资额 40% 的工程项目的计费额。

学习笔记

工程中有利用原有设备并进行安装调试服务的，以签订建设工程监理合同时同类设备的当期价格作为建设工程监理服务收费的计费额；工程中有缓配设备的，应扣除签订建设工程监理合同时同类设备的当期价格作为建设工程监理服务收费的计费额；工程中有引进设备的，按照购进设备的离岸价格折换成人民币作为建设工程监理服务收费的计费额。

建设工程监理服务收费以建筑安装工程费分档定额计费方式收费的，其计费额为工程概算中的建筑安装工程费。作为建设工程监理服务收费计费额的工程概算投资额或建筑安装工程费均指每个监理合同中约定的工程项目范围的投资额。

4. 建设工程监理部分发包与联合承揽服务收费的计算

(1)建设单位将建设工程监理服务中的某一部分工作单独发包给工程监理单位，按照其占建设工程监理服务工作量的比例计算建设工程监理服务收费，其中质量控制和安全生产监督管理服务收费不宜低于建设工程监理服务收费总额的70%。

(2)建设工程监理服务由两个或者两个以上工程监理单位承担的，各工程监理单位按照其占建设工程监理服务工作量的比例计算建设工程监理服务收费。建设单位委托其中一家工程监理单位对工程监理服务总负责的，该工程监理单位按照各监理单位合计建设工程监理服务收费额的4%～6%向建设单位收取总体协调费。

(二)相关服务计费方式

相关服务收费一般按相关服务工作所需工日和表2-4的规定收费。

表2-4 建设工程监理与相关服务人员人工日费用标准

建设工程监理与相关服务人员职级	工日费用标准/元
一、高级专家	1 000~1 200
二、高级专业技术职称的监理与相关服务人员	800~1 000
三、中级专业技术职称的监理与相关服务人员	600~800
四、初级专业技术职称的监理与相关服务人员	300~600

注：本表适用于提供短期相关服务的人工费用标准。

【思政园地】

关于监理行业低价恶性竞争问题的思考

在监理行业中存在严重的恶性竞争现象，监理招标投标中的“低价才能中标”，造成大家不比服务质量，只比谁的投标价格低。低价恶性竞争已经成为

学习笔记

监理行业被人诟病和提升服务质量的突出障碍，亟待治理和规范。

当前监理行业存在的最大问题是监理市场秩序混乱、监理费低于成本恶性竞争的形势严峻。特别是在监理服务价格放开后，工程监理的招标投标双方都失去了明确的价格依据。建设单位设置过低的最高限价，甚至采用最低价中标的评标办法来选择监理企业。以建筑面积10万m^2、建筑安装费用2亿元的高层住宅小区为例，按照原《建设工程监理与相关服务收费标准》监理费为393万元，而当前市场价格仅为90万元，不足原标准的25%。按照市场规律，一般情况下，招标投标中的投标价或中标价不得低于成本价，然而现实中，大多数招标单位在招标环节忽视对监理服务质量的要求，唯价格论。这种“重监理价格、轻服务质量”的理念和行为，造成监理企业迫于生存压力争相低价投标，中标价低于甚至远远低于成本价，进而带来了极为严重的后果。

低于成本价中标后，监理企业为获取利润或防止赔本，只能减少对现场监理人员的投入，以压缩监理人员数量、降低监理人员标准（雇用价廉、低素质、资格不具备、专业不满足的人员）来压缩成本，以牺牲服务质量来弥补亏损，以减少服务内容来获取利润，严重影响了监理作用的正常发挥。低价恶性竞争还容易导致“优汰劣胜”，只要存在低价恶性竞争，就很难有什么工匠精神和百年老店。

低价恶性竞争容易导致质量安全法定监理职责履行得不到位，导致监理企业无法承担起保护国家利益、社会公共利益和建设单位合法权益的责任，导致工程质量安全面临严峻威胁。当然，这样的后果并不是大多数有良知的监理企业的本意，而是迫于无奈，不得不违心地突破底线。

监理价格的降低导致监理企业效益直线下降和大多数企业运行困难，进而导致监理人员收入减少，行业吸引力严重不足，优秀监理人员流失加速。收益下降，也导致了监理企业在人员培训培养方面的费用支出减少，制约了监理人员素质水平的提高。监理队伍素质的下降导致服务质量的降低，进而导致政府、社会、业主对监理行业的不认可，形成了低监理费用和低服务质量的恶性循环，严重制约了监理行业的持续健康发展。

（摘自论文《关于监理行业低价恶性竞争问题的思考》，作者庞志平）

考证知识训练

模块二考证
知识训练

学习笔记

模块三　建设工程监理的相关法律法规与规范

【任务导入】 本模块学习和建设工程监理密切相关的几部法律法规，因本模块篇幅太大，以及部分知识内容需要拓展，所以本模块只讲《建筑法》、《建设工程质量管理条例》、《建设工程安全生产管理条例》、《生产安全事故报告和调查处理条例》以及监理规范，而将《招标投标法》、《招标投标法实施条例》和《民法典》第三编合同分出去，组成了模块四和模块八。

任务一　建设工程监理的相关法律

建设工程法律是指由全国人民代表大会及其常务委员会通过的规范工程建设活动的法律、规范，以国家主席令的形式予以公布。与建设工程监理密切相关的法律有：《建筑法》、《招标投标法》和《民法典》第三编合同。

《建筑法》是我国工程建设领域的一部大法，以建筑市场管理为中心，以建筑工程质量和安全管理为重点，主要包括建筑许可、建筑工程发包与承包、建筑工程监理、建筑安全生产管理和建筑工程质量管理等方面的内容。

一、建筑许可

建筑许可包括建筑工程施工许可和从业资格两个方面。

（一）建筑工程施工许可

建筑工程施工许可是建设行政主管部门根据建设单位的申请，依法对建筑工程所应具备的施工条件进行审查，对符合规定条件者准许其开始施工并颁发施工许可证的一种管理制度。

学习笔记

1. 施工许可证的申领

建筑工程开工前，建设单位应当按照国家有关规定向工程所在地县级以上人民政府建设主管部门申请领取施工许可证。按照国务院规定的权限和程序批准开工报告的建筑工程，不再领取施工许可证。

建设单位申请领取施工许可证，应当具备下列条件：

(1)已经办理该建筑工程用地批准手续；

(2)在城市规划区的建筑工程，已经取得规划许可证；

(3)需要拆迁的，其拆迁进度符合施工要求；

(4)已经确定建筑施工企业；

(5)有满足施工需要的施工图纸及技术资料；

(6)有保证工程质量和安全的具体措施；

(7)建设资金已经落实；

(8)法律、行政法规规定的其他条件。

2. 施工许可证的有效期

(1)建设单位应当自领取施工许可证之日起 3 个月内开工。因故不能按期开工的，应当向发证机关申请延期；延期以两次为限，每次不超过 3 个月。既不开工又不申请延期或者超过延期时限的，施工许可证自行废止。

(2)在建的建筑工程因故中止施工的，建设单位应当自中止施工之日起 1 个月内，向发证机关报告，并按照规定做好建筑工程的维护管理工作。建筑工程恢复施工时，应当向发证机关报告。中止施工满 1 年的工程恢复施工前，建设单位应当报发证机关核验施工许可证。

(二)从业资格

从业资格包括工程建设参与单位资质和专业技术人员执业资格两个方面。

(1)工程建设参与单位资质要求。从事建筑活动的建筑施工企业、勘察单位、设计单位和工程监理单位，应当具备下列条件：

①有符合国家规定的注册资本；

②有与其从事的建筑活动相适应的具有法定执业资格的专业技术人员；

③有从事相关建筑活动所应有的技术装备；

④法律、行政法规规定的其他条件。

从事建筑活动的建筑施工企业、勘察单位、设计单位和工程监理单位，按照其拥有的注册资本、专业技术人员、技术装备和已完成的建筑工程业绩等资质条件，划分为不同的资质等级，经资质审查合格，取得相应等级的资质证书后，方可在其资质等级许可的范围内从事建筑活动。

Study 学习笔记

(2) 专业技术人员执业资格要求。从事建筑活动的专业技术人员，应当依法取得相应的执业资格证书，并在执业资格证书许可的范围内从事建筑活动。如注册建筑师、注册结构工程师、注册监理工程师、注册造价工程师、注册建造师等。

二、建筑工程发包与承包

建筑工程的发包单位与承包单位应当依法订立书面合同，明确双方的权利和义务。发包单位和承包单位应当全面履行合同约定的义务。不按照合同约定履行义务的，依法承担违约责任。建筑工程造价应当按照国家有关规定，由发包单位与承包单位在合同中约定。发包单位应当按照合同的约定，及时拨付工程款项。

(一) 建筑工程发包

建筑工程实行招标发包的，发包单位应当将建筑工程发包给依法中标的承包单位。建筑工程实行直接发包的，发包单位应当将建筑工程发包给具有相应资质条件的承包单位。

提倡对建筑工程实行总承包，禁止将建筑工程肢解发包。建筑工程的发包单位可以将建筑工程的勘察、设计、施工、设备采购一并发包给一个工程总承包单位，也可以将建筑工程勘察、设计、施工、设备采购中的一项或者多项发包给一个工程总承包单位。但是，不得将应当由一个承包单位完成的建筑工程肢解成若干部分发包给几个承包单位。

按照合同约定，建筑材料、建筑构配件和设备由工程承包单位采购的，发包单位不得指定承包单位购入用于工程的建筑材料、建筑构配件和设备或者指定生产厂、供应商。

(二) 建筑工程承包

承包建筑工程的单位应当持有依法取得的资质证书，并在其资质等级许可的业务范围内承揽工程。禁止建筑施工企业超越本企业资质等级许可的业务范围或者以任何形式用其他建筑施工企业的名义承揽工程。禁止建筑施工企业以任何形式允许其他单位或者个人使用本企业的资质证书、营业执照，以本企业的名义承揽工程。

(1) 联合体承包。大型建筑工程或者结构复杂的建筑工程，可以由两个以

学习笔记

上的承包单位联合共同承包。两个以上不同资质等级的单位实行联合共同承包的，应当按照资质等级低的单位的业务许可范围承揽工程。共同承包的各方对承包合同的履行承担连带责任。

(2)禁止转包。禁止承包单位将其承包的全部建筑工程转包给他人，禁止承包单位将其承包的全部建筑工程肢解以后以分包的名义分别转包给他人。

(3)分包。建筑工程总承包单位可以将承包工程中的部分工程发包给具有相应资质条件的分包单位；但是，除总承包合同中约定的分包外，必须经建设单位认可。施工总承包的，建筑工程主体结构的施工必须由总承包单位自行完成。建筑工程总承包单位按照总承包合同的约定对建设单位负责；分包单位按照分包合同的约定对总承包单位负责。总承包单位和分包单位就分包工程对建设单位承担连带责任。禁止总承包单位将工程分包给不具备相应资质条件的单位。禁止分包单位将其承包的工程再分包。

三、建筑工程安全生产管理

建筑工程安全生产管理必须坚持安全第一、预防为主的方针，建立健全安全生产的责任制度和群防群治制度。

(一)建设单位的安全生产管理

建设单位应当向建筑施工企业提供与施工现场相关的地下管线资料，建筑施工企业应当采取措施加以保护。

有下列情形之一的，建设单位应当按照国家有关规定办理申请批准手续：

(1)需要临时占用规划批准范围以外场地的；

(2)可能损坏道路、管线、电力、邮电通信等公共设施的；

(3)需要临时停水、停电、中断道路交通的；

(4)需要进行爆破作业的；

(5)法律法规规定需要办理报批手续的其他情形。

(二)建筑施工企业的安全生产管理

建筑施工企业必须依法加强对建筑安全生产的管理，执行安全生产责任制度，采取有效措施，防止伤亡和其他安全生产事故的发生。

(1)施工现场安全管理。施工现场安全由建筑施工企业负责。实行施工总承包的，由总承包单位负责。分包单位向总承包单位负责，服从总承包单位对施工现场的安全生产管理。

(2)安全生产教育培训。建筑施工企业应当建立健全劳动安全生产教育培训制度,加强对职工安全生产的教育培训;未经安全生产教育培训的人员,不得上岗作业。

(3)安全生产防护。建筑施工企业和作业人员在施工过程中,应当遵守有关安全生产的法律法规和建筑行业安全规章、规程,不得违章指挥或者违章作业。作业人员有权对影响人身健康的作业程序和作业条件提出改进意见,有权获得安全生产所需的防护用品。作业人员对危及生命安全和人身健康的行为有权提出批评、检举和控告。

(4)工伤保险和意外伤害保险。建筑施工企业应当依法为职工参加工伤保险、缴纳工伤保险费。鼓励企业为从事危险作业的职工办理意外伤害保险,支付保险费。

(5)装修工程施工安全。涉及建筑主体和承重结构变动的装修工程,建设单位应当在施工前委托原设计单位或者具有相应资质条件的设计单位提出设计方案;没有设计方案的,不得施工。

(6)房屋拆除安全。房屋拆除应当由具备保证安全条件的建筑施工单位承担,由建筑施工单位负责人对安全负责。

(7)施工安全事故处理。施工中发生事故时,建筑施工企业应当采取紧急措施减少人员伤亡和事故损失,并按照国家有关规定及时向有关部门报告。

四、建筑工程质量管理

国家对从事建筑活动的单位推行质量体系认证制度。从事建筑活动的单位根据自愿原则可以向国务院产品质量监督管理部门或者国务院产品质量监督管理部门授权的部门认可的认证机构申请质量体系认证。经认证合格的,由认证机构颁发质量体系认证证书。

建筑工程实行总承包的,工程质量由工程总承包单位负责,总承包单位将建筑工程分包给其他单位的,应当对分包工程的质量与分包单位承担连带责任。分包单位应当接受总承包单位的质量管理。

(一)建设单位的工程质量管理

建设单位不得以任何理由,要求建筑设计单位或者建筑施工企业在工程设计或者施工作业中,违反法律、行政法规和建筑工程质量、安全标准,降低工程质量。

学习笔记

（二）勘察、设计单位的工程质量管理

建筑工程的勘察、设计单位必须对其勘察、设计的质量负责。勘察、设计文件应当符合有关法律、行政法规的规定和建筑工程质量、安全标准、建筑工程勘察、设计技术规范以及合同的约定。设计文件选用的建筑材料、建筑构配件和设备，应当注明其规格、型号、性能等技术指标，其质量要求必须符合国家规定的标准。

建筑设计单位对设计文件选用的建筑材料、建筑构配件和设备，不得指定生产厂、供应商。

（三）施工单位的工程质量管理

建筑施工企业对工程的施工质量负责。建筑施工企业必须按照工程设计图纸和施工技术标准施工，不得偷工减料。工程设计的修改由原设计单位负责，建筑施工企业不得擅自修改工程设计。

建筑施工企业必须按照工程设计要求、施工技术标准和合同的约定，对建筑材料、建筑构配件和设备进行检验，不合格的不得使用。

建筑工程竣工时，屋顶、墙面不得留有渗漏、开裂等质量缺陷；对已发现的质量缺陷，建筑施工企业应当修复。

【思政园地】

某公司转包案

2022 年 6 月，某市住房和城乡建设局在对某市应急救援保障基础项目检查时，发现施工单位某集团城建发展有限公司中标的建造师等关键岗位人员未到岗履职，且未对该工程的施工活动进行组织管理，涉嫌转包，涉及金额 3 489.7 万元。经某市住房和城乡建设局调查核实，某集团城建发展有限公司转包行为属实。

处理结果：2022 年 7 月，某市住房和城乡建设局依法对某集团城镇发展有限公司处人民币 17.45 万元罚款。依据《关于对建筑施工企业开展信用信息评价的通知》（赣建字〔2020〕4 号）规定，按程序扣除某集团城建发展有限公司信用分 2 分；依据该企业进赣信息登记时提交的《企业诚信守法承诺书》承诺条款，暂停其省外建筑施工企业进赣信息登记服务；经项目所在地设区市住房和城乡建设局确认整改完成后，方可恢复进赣信息登记服务。

Study 学习笔记

任务二　建设工程监理的相关法规

建设工程行政法规是指由国务院通过的规范工程建设活动的法律规范，以国务院令的形式予以公布。与建设工程监理密切相关的行政法规有《建设工程质量管理条例》《建设工程安全生产管理条例》《生产安全事故报告和调查处理条例》《招标投标法实施条例》。

一、《建设工程质量管理条例》的相关内容

为了加强对建设工程质量的管理，保证建设工程质量，《建设工程质量管理条例》明确了建设单位、勘察单位、设计单位、施工单位、工程监理单位的质量责任和义务，以及工程质量保修期限。

（一）建设单位的质量责任和义务

1. 工程发包

建设单位应当将工程发包给具有相应资质等级的单位。建设单位不得将建设工程肢解发包。

建设单位应当依法对工程建设项目的勘察、设计、施工、监理以及与工程建设有关的重要设备、材料等的采购进行招标。不得迫使承包方以低于成本的价格竞标，不得任意压缩合理工期；不得明示或者暗示设计单位或者施工单位违反工程建设强制性标准，降低建设工程质量。

建设单位必须向有关的勘察、设计、施工、工程监理等单位提供与建设工程有关的原始资料。原始资料必须真实、准确、齐全。

2. 报审施工图设计文件

建设单位应当将施工图设计文件报县级以上人民政府建设主管部门或者其他有关部门审查。施工图设计文件未经审查批准的，不得使用。

3. 委托建设工程监理

实行监理的建设工程，建设单位应当委托监理。

4. 工程施工阶段的质量责任和义务

(1) 建设单位在领取施工许可证或者开工报告前，应当按照国家有关规定办理工程质量监督手续。

(2) 按照合同约定，由建设单位采购建筑材料、建筑构配件和设备的，建设

单位应当保证建筑材料、建筑构配件和设备符合设计文件和合同要求。建设单位不得明示或者暗示施工单位使用不合格的建筑材料、建筑构配件和设备。

(3)涉及建筑主体和承重结构变动的装修工程,建设单位应当在施工前委托原设计单位或者具有相应资质等级的设计单位提出设计方案;没有设计方案的,不得施工。房屋建筑使用者在装修过程中,不得擅自变动房屋建筑主体和承重结构。

5. 组织工程竣工验收

建设单位收到建设工程竣工报告后,应当组织设计、施工、工程监理等有关单位进行竣工验收。建设工程经验收合格的,方可交付使用。

建设工程竣工验收应当具备下列条件:

(1)完成建设工程设计和合同约定的各项内容;

(2)有完整的技术档案和施工管理资料;

(3)有工程使用的主要建筑材料、建筑构配件和设备的进场试验报告;

(4)有勘察、设计、施工、工程监理等单位分别签署的质量合格文件;

(5)有施工单位签署的工程保修书。

建设单位应当严格按照国家有关档案管理的规定,及时收集、整理建设项目各环节的文件资料,建立健全建设项目档案,并在建设工程竣工验收后,及时向建设行政主管部门或者其他有关部门移交建设项目档案。

(二)勘察、设计单位的质量责任和义务

1. 工程承揽

从事建设工程勘察、设计的单位应当依法取得相应等级的资质证书,并在其资质等级许可的范围内承揽工程。禁止勘察、设计单位超越其资质等级许可的范围或者以其他勘察、设计单位的名义承揽工程。禁止勘察、设计单位允许其他单位或者个人以本单位的名义承揽工程。勘察、设计单位不得转包或者违法分包所承揽的工程。

2. 勘察设计过程中的质量责任和义务

勘察、设计单位必须按照工程建设强制性标准进行勘察、设计,并对其勘察、设计的质量负责。勘察单位提供的地质、测量、水文等勘察成果必须真实、准确。设计单位应当根据勘察成果文件进行建设工程设计。设计文件应当符合国家规定的设计深度要求,注明工程合理使用年限。注册建筑师、注册结构工程师等注册执业人员应当在设计文件上签字,对设计文件负责。设计单位还应当就审查合格的施工图设计文件向施工单位做出详细说明。

设计单位在设计文件中选用的建筑材料、建筑构配件和设备,应当注明

规格、型号、性能等技术指标，其质量要求必须符合国家规定的标准。除有特殊要求的建筑材料、专用设备、工艺生产线等外，设计单位不得指定生产厂、供应商。

设计单位还应当参与建设工程质量事故分析，并对因设计造成的质量事故，提出相应的技术处理方案。

（三）施工单位的质量责任和义务

1. 工程承揽

施工单位应当依法取得相应等级的资质证书，并在其资质等级许可的范围内承揽工程。禁止施工单位超越本单位资质等级许可的业务范围或者以其他施工单位的名义承揽工程；禁止施工单位允许其他单位或者个人以本单位的名义承揽工程。施工单位不得转包或者违法分包工程。

2. 工程施工质量责任和义务

施工单位对建设工程的施工质量负责。施工单位应当建立质量责任制，确定工程项目的项目经理、技术负责人和施工管理负责人。施工单位还应当建立健全教育培训制度，加强对职工的教育培训；未经教育培训或者考核不合格的人员，不得上岗作业。

建设工程实行总承包的，总承包单位应当对全部建设工程质量负责；建设工程勘察、设计、施工、设备采购的一项或者多项实行总承包的，总承包单位应当对其承包的建设工程或者采购的设备的质量负责。

总承包单位依法将建设工程分包给其他单位的，分包单位应当按照分包合同的约定对其分包工程的质量向总承包单位负责，总承包单位与分包单位对分包工程的质量承担连带责任。

施工单位必须按照工程设计图纸和施工技术标准施工，不得擅自修改工程设计，不得偷工减料。施工单位在施工过程中发现设计文件和图纸有差错的，应当及时提出意见和建议。

3. 质量检验

施工单位必须按照工程设计要求、施工技术标准和合同约定，对建筑材料、建筑构配件、设备和商品混凝土进行检验，检验应当有书面记录和专人签字；未经检验或者检验不合格的，不得使用。

施工人员对涉及结构安全的试块、试件以及有关材料，应当在建设单位或者工程监理单位监督下现场取样，并送具有相应资质等级的质量检测单位进行检测。

施工单位必须建立健全施工质量检验制度，严格工序管理，做好隐蔽工程的质量检查和记录。隐蔽工程在隐蔽前，施工单位应当通知建设单位和建设工程质量监督机构。施工单位对施工中出现质量问题的建设工程或者竣工验收不合格的建设工程，应当负责返修。

（四）工程监理单位的质量责任和义务

1. 建设工程监理业务承揽

工程监理单位应当依法取得相应等级的资质证书，并在其资质等级许可的范围内承担工程监理业务。禁止工程监理单位超越本单位资质等级许可的范围或者以其他工程监理单位的名义承担建设工程监理业务；禁止工程监理单位允许其他单位或者个人以本单位的名义承担建设工程监理业务。工程监理单位不得转让建设工程监理业务。

工程监理单位与被监理工程的施工承包单位以及建筑材料、建筑构配件和设备供应单位有隶属关系或者其他利害关系的，不得承担该项建设工程的监理业务。

2. 建设工程监理实施

工程监理单位应当依照法律法规以及有关技术标准、设计文件和建设工程承包合同，代表建设单位对施工质量实施监理，并对施工质量承担监理责任。

监理工程师应当按照建设工程监理规范的要求，采取旁站、巡视和平行检验等形式，对建设工程实施监理。

（五）工程质量保修

1. 建设工程质量保修制度

建设工程实行质量保修制度。建设工程承包单位在向建设单位提交工程竣工验收报告时，应当向建设单位出具"质量保修书"。"质量保修书"中应当明确建设工程的保修范围、保修期限和保修责任等。建设工程的保修期，自竣工验收合格之日起计算。

建设工程在保修范围和保修期限内发生质量问题的，施工单位应当履行保修义务，并对造成的损失承担赔偿责任。建设工程在超过合理使用年限后需要继续使用的，产权所有人应当委托具有相应资质等级的勘察单位、设计单位鉴定，并根据鉴定结果采取加固、维修等措施，重新界定使用期。

2. 建设工程最低保修期限

在正常使用条件下，建设工程最低保修期限为：

（1）基础设施工程、房屋建筑的地基基础工程和主体结构工程，为设计文件规定的该工程合理使用年限。

学习笔记

(2)屋面防水工程、有防水要求的卫生间、房间和外墙面的防渗漏,为5年。

(3)供热与供冷系统,为2个采暖期、供冷期。

(4)电气管道、给水排水管道、设备安装和装修工程,为2年。

其他工程的保修期限由发包方与承包方约定。

(六)工程竣工验收备案和质量事故报告

1. 工程竣工验收备案

建设单位应当自建设工程竣工验收合格之日起15日内,将建设工程竣工验收报告和规划、公安消防、环保等部门出具的认可文件或者准许使用文件报建设行政主管部门或者其他有关部门备案。

2. 工程质量事故报告

建设工程发生质量事故,有关单位应当在24 h内向当地建设行政主管部门和其他有关部门报告。对于重大质量事故,事故发生地的建设行政主管部门和其他有关部门应当按照事故类别及等级向当地人民政府、上级建设行政主管部门和其他有关部门报告,特别重大质量事故的调查程序按照国务院有关规定办理。任何单位和个人对建设工程的质量事故、质量缺陷都有权检举、控告、投诉。

二、《建设工程安全生产管理条例》相关内容

为了加强建设工程安全生产监督管理,《建设工程安全生产管理条例》明确了建设单位、勘察单位、设计单位、施工单位、工程监理单位和其他与建设工程安全生产有关单位的安全生产责任,以及生产安全事故应急救援和调查处理的相关事宜。

(一)建设单位的安全责任

1. 提供资料

建设单位应当向施工单位提供施工现场及毗邻区域内供水、排水、供电、供气、供热、通信、广播电视等地下管线资料,气象和水文观测资料,相邻建筑物和构筑物、地下工程的有关资料,并保证资料的真实、准确、完整。

2. 禁止行为

建设单位不得对勘察、设计、施工、工程监理等单位提出不符合建设工程安全生产法律法规和强制性标准规定的要求,不得压缩合同约定的工期;不得明示或者暗示施工单位购买、租赁、使用不符合安全施工要求的安全防护用

学习笔记

具、机械设备、施工机具及配件、消防设施和器材。

3. 安全施工措施及其费用

建设单位在编制工程概算时,应当确定建设工程安全作业环境及安全施工措施所需费用;在申请领取施工许可证时,应当提供建设工程有关安全施工措施的资料。

依法批准开工报告的建设工程,建设单位应当自开工报告批准之日起 15 日内,将保证安全施工的措施报送建设工程所在地的县级以上地方人民政府建设行政主管部门或者其他有关部门备案。

4. 拆除工程发包与备案

建设单位应当将拆除工程发包给具有相应资质等级的施工单位,并在拆除工程施工 15 日前,将下列资料报送建设工程所在地的县级以上地方人民政府建设行政主管部门或者其他有关部门备案:

(1)施工单位资质等级证明;

(2)拟拆除建筑物、构筑物及可能危及毗邻建筑的说明;

(3)拆除施工组织方案;

(4)堆放、清除废弃物的措施。

实施爆破作业的,应当遵守国家有关民用爆炸物品管理的规定。

(二)勘察、设计、工程监理及其他有关单位的安全责任

1. 勘察单位的安全责任

勘察单位应当按照法律法规和工程建设强制性标准进行勘察,提供的勘察文件应当真实、准确,满足建设工程安全生产的需要。

勘察单位在勘察作业时,应当严格执行操作规程,采取措施保证各类管线、设施和周边建筑物、构筑物的安全。

2. 设计单位的安全责任

设计单位应当按照法律法规和工程建设强制性标准进行设计,防止设计不合理导致生产安全事故的发生。

设计单位应当考虑施工安全操作和防护的需要,对涉及施工安全的重点部位和环节在设计文件中注明,并对防范生产安全事故提出指导意见。采用新结构、新材料、新工艺的建设工程和特殊结构的建设工程,设计单位应当在设计中提出保障施工作业人员安全和预防生产安全事故的措施建议。设计单位和注册建筑师等注册执业人员应当对其设计负责。

3. 工程监理单位的安全责任

工程监理单位和监理工程师应当按照法律法规和工程建设强制性标准实

施监理，并对建设工程安全生产承担监理责任。

学习笔记

4. 机械设备配件供应单位的安全责任

为建设工程提供机械设备和配件的单位，应当按照安全施工的要求配备齐全有效的保险、限位等安全设施和装置。出租的机械设备和施工机具及配件，应当具有生产（制造）许可证、产品合格证。出租单位应当对出租的机械设备和施工机具及配件的安全性能进行检测，在签订租赁协议时，应当出具检测合格证明。禁止出租检测不合格的机械设备和施工机具及配件。

5. 施工机械设施安装单位的安全责任

在施工现场安装、拆卸施工起重机械和整体提升脚手架、模板等自升式架设设施，必须由具有相应资质的单位承担。安装、拆卸上述机械和设施，应当编制拆装方案、制定安全施工措施，并由专业技术人员现场监督。安装完毕后，安装单位应当自检，出具自检合格证明，并向施工单位进行安全使用说明，办理验收手续并签字。上述机械和设施的使用达到国家规定的检验检测期限的，必须经具有专业资质的检验检测机构检测。检验检测机构应当出具安全合格证明文件，并对检测结果负责。经检测不合格的，不得继续使用。

（三）施工单位的安全责任

1. 工程承揽

施工单位从事建设工程的新建、扩建、改建和拆除等活动，应当具备国家规定的注册资本、专业技术人员、技术装备和安全生产等条件，依法取得相应等级的资质证书，并在其资质等级许可的范围内承揽工程。

2. 安全生产责任制度

施工单位主要负责人依法对本单位的安全生产工作全面负责。施工单位应当建立健全安全生产责任制度，制定安全生产规章制度和操作规程，保证本单位安全生产条件所需资金的投入，对所承担的建设工程进行定期和专项安全检查，并做好安全检查记录。

施工单位的项目负责人应当由取得相应执业资格的人员担任，对建设工程项目的安全施工负责，落实安全生产责任制度、安全生产规章制度和操作规程，确保安全生产费用的有效使用，并根据工程的特点组织制定安全施工措施，消除安全事故隐患，及时、如实报告生产安全事故。

建设工程实行施工总承包的，由总承包单位对施工现场的安全生产负总责。总承包单位依法将建设工程分包给其他单位的，分包合同中应当明确各自在安全生产方面的权利、义务。总承包单位和分包单位对分包工程的安全生产承担连带责任。分包单位应当服从总承包单位的安全生产管理，如分包

学习笔记

单位不服从管理导致生产安全事故，由分包单位承担主要责任。

3. 安全生产管理费用

施工单位对列入建设工程概算的安全作业环境及安全施工措施所需费用，应当用于施工安全防护用具及设施的采购和更新、安全施工措施的落实、安全生产条件的改善，不得挪作他用。

4. 施工现场安全生产管理

施工单位应当设立安全生产管理机构，配备专职安全生产管理人员。建设工程施工前，施工单位负责项目管理的技术人员应当对有关安全施工的技术要求向施工作业班组、作业人员做出详细说明，并由双方签字确认。

专职安全生产管理人员负责对安全生产进行现场监督检查。发现安全事故隐患，应当及时向项目负责人和安全生产管理机构报告；对违章指挥、违章操作应当立即制止。

5. 安全生产教育培训

施工单位的主要负责人、项目负责人、专职安全生产管理人员应当经建设行政主管部门或者其他有关部门考核合格后方可任职。施工单位应当建立健全安全生产教育培训制度，应当对管理人员和作业人员每年至少进行一次安全生产教育培训，并将教育培训情况记入个人工作档案。安全生产教育培训考核不合格的人员，不得上岗。

作业人员进入新的岗位或者新的施工现场前，应当接受安全生产教育培训。未经教育培训或者教育培训考核不合格的人员，不得上岗作业。施工单位在采用新技术、新工艺、新设备、新材料时，应当对作业人员进行相应的安全生产教育培训。

垂直运输机械作业人员、安装拆卸工、爆破作业人员、起重信号工、登高架设作业人员等特种作业人员，必须按照国家有关规定经过专门的安全作业培训，并取得特种作业操作资格证书后，方可上岗作业。

6. 安全技术措施和专项施工方案

施工单位应当在施工组织设计中编制安全技术措施和施工现场临时用电方案，对下列达到一定规模的危险性较大的分部分项工程编制专项施工方案，并附具安全验算结果，经施工单位技术负责人、总监理工程师签字后实施，由专职安全生产管理人员进行现场监督：①基坑支护与降水工程；②土方开挖工程；③模板工程；④起重吊装工程；⑤脚手架工程；⑥拆除、爆破工程；⑦国务院建设行政主管部门或者其他有关部门规定的其他危险性较大的工程。上述工程中涉及深基坑、地下暗挖工程、高大模板工程的专项施工方案，施工单位还应当组织专家进行论证、审查。

7. 施工现场安全防护

施工单位应当在施工现场入口处、施工起重机械、临时用电设施、脚手架、出入通道口、楼梯口、电梯井口、孔洞口、桥梁口、隧道口、基坑边沿、爆破物及有害危险气体和液体存放处等危险部位，设置明显的符合国家标准的安全警示标志。施工单位应当根据不同施工阶段和周围环境及季节、气候的变化，在施工现场采取相应的安全施工措施。施工现场暂时停止施工的，施工单位应当做好现场防护，所需费用由责任方承担，或者按照合同约定执行。

施工单位应当向作业人员提供安全防护用具和安全防护服装，并书面告知危险岗位的操作规程和违章操作的危害。作业人员应当遵守安全施工的强制性标准、规章制度和操作规程，正确使用安全防护用具、机械设备等。

8. 施工现场卫生、环境与消防安全管理

施工单位应当将施工现场的办公、生活区与作业区分开设置，并保持安全距离；办公、生活区的选址应当符合安全性要求。职工的膳食、饮水、休息场所等应当符合卫生标准。施工单位不得在尚未竣工的建筑物内设置员工集体宿舍。施工现场临时搭建的建筑物应当符合安全使用要求。施工现场使用的装配式活动房屋应当具有产品合格证。

施工单位对因建设工程施工可能造成损害的毗邻建筑物、构筑物和地下管线等，应当采取专项防护措施。施工单位应当遵守有关环境保护法律法规的规定，在施工现场采取措施，防止或者减少粉尘、废气、废水、固体废物、噪声、振动和施工照明对人和环境的危害和污染。在城市市区内的建设工程，施工单位应当对施工现场实行封闭围挡。

施工单位应当在施工现场建立消防安全责任制度，确定消防安全责任人，制定用火、用电、使用易燃易爆材料等各项消防安全管理制度和操作规程，设置消防通道、消防水源，配备消防设施和灭火器材，并在施工现场入口处设置明显标志。

9. 施工机具设备安全管理

施工单位采购、租赁的安全防护用具、机械设备、施工机具及配件，应当具有生产（制造）许可证、产品合格证，并在进入施工现场前进行查验。

施工现场的安全防护用具、机械设备、施工机具及配件必须由专人管理，定期进行检查、维修和保养，建立相应的资料档案，并按照国家有关规定及时报废。

施工单位在使用施工起重机械和整体提升脚手架、模板等自升式架设设施前，应当组织有关单位进行验收，也可以委托具有相应资质的检验检测机构进行验收；使用承租的机械设备和施工机具及配件的，应由施工总承包单位、

分包单位、出租单位和安装单位共同进行验收。验收合格的方可使用。《特种设备安全监察条例》规定的施工起重机械，在验收前应当经有相应资质的检验检测机构监督检验合格。

施工单位应当自施工起重机械和整体提升脚手架、模板等自升式架设设施验收合格之日起 30 日内，向建设行政主管部门或者其他有关部门登记。登记标志应当置于或者附着于该设备的显著位置。

10. 意外伤害保险

施工单位应当为施工现场从事危险作业的人员办理意外伤害保险。意外伤害保险费由施工单位支付。实行施工总承包的，由总承包单位支付意外伤害保险费。意外伤害保险期限自建设工程开工之日起至竣工验收合格止。

（四）生产安全事故的应急救援和调查处理

1. 生产安全事故应急救援

县级以上地方人民政府建设行政主管部门应当根据本级人民政府的要求，制定本行政区域内建设工程特大生产安全事故应急救援预案。

施工单位应当制定本单位生产安全事故应急救援预案，建立应急救援组织或者配备应急救援人员，配备必要的应急救援器材、设备，并定期组织演练。施工单位应当根据建设工程施工的特点、范围，对施工现场易发生重大事故的部位、环节进行监控，制定施工现场生产安全事故应急救援预案。实行施工总承包的，由总承包单位统一组织编制建设工程生产安全事故应急救援预案，工程总承包单位和分包单位按照应急救援预案，各自建立应急救援组织或者配备应急救援人员，配备救援器材、设备，并定期组织演练。

2. 生产安全事故调查处理

施工单位发生生产安全事故，应当按照国家有关伤亡事故报告和调查处理的规定，及时、如实地向负责安全生产监督管理的部门、建设行政主管部门或者其他有关部门报告；特种设备发生事故的，还应当同时向特种设备安全监督管理部门报告。接到报告的部门应当按照国家有关规定，如实上报。实行施工总承包的建设工程，由总承包单位负责上报事故。

发生生产安全事故后，施工单位应当采取措施防止事故扩大，保护事故现场。需要移动现场物品时，应当做出标记和书面记录，妥善保管有关证物。

三、《生产安全事故报告和调查处理条例》相关内容

为了规范生产安全事故的报告和调查处理，落实生产安全事故责任追究

制度,防止和减少生产安全事故,《生产安全事故报告和调查处理条例》明确规定了生产安全事故的等级划分标准、事故报告的程序和内容及调查处理相关事宜。

学习笔记

(一)生产安全事故等级

根据生产安全事故造成的人员伤亡或者直接经济损失,生产安全事故分为以下等级:

(1)特别重大生产安全事故。指造成 30 人及以上死亡,或者 100 人及以上重伤(包括急性工业中毒,下同),或者 1 亿元及以上直接经济损失的事故。

(2)重大生产安全事故。指造成 10 人及以上 30 人以下死亡,或者 50 人及以上100人以下重伤,或者5 000万元及以上1亿元以下直接经济损失的事故。

(3)较大生产安全事故。指造成 3 人及以上 10 人以下死亡,或者 10 人及以上 50 人以下重伤,或者 1 000 万元及以上 5 000 万元以下直接经济损失的事故。

(4)一般生产安全事故。指造成 3 人以下死亡,或者 10 人以下重伤,或者 1 000 万元以下直接经济损失的事故。

(二)事故报告

事故报告应当及时、准确、完整,任何单位和个人对事故不得迟报、漏报、谎报或者瞒报。

1. 事故报告程序

事故发生后,事故现场有关人员应当立即向本单位负责人报告;单位负责人接到报告后,应当于 1 h 内向事故发生地县级以上人民政府安全生产监督管理部门和负有安全生产监督管理职责的有关部门报告。

情况紧急时,事故现场有关人员可以直接向事故发生地县级以上人民政府安全生产监督管理部门和负有安全生产监督管理职责的有关部门报告。

安全生产监督管理部门和负有安全生产监督管理职责的有关部门逐级上报事故情况,每级上报的时间不得超过 2 h。

2. 事故报告内容

事故报告应当包括下列内容:

(1)事故发生单位概况;

(2)事故发生的时间、地点以及事故现场情况;

(3)事故的简要经过;

(4)事故已经造成或者可能造成的伤亡人数(包括下落不明的人数)和初

学习笔记

步估计的直接经济损失；

(5)已经采取的措施；

(6)其他应当报告的情况。

事故报告后出现新情况的，应当及时补报；自事故发生之日起30日内，事故造成的伤亡人数发生变化的，应当及时补报。道路交通事故、火灾事故自发生之日起7日内，事故造成的伤亡人数发生变化的，应当及时补报。

3. 事故报告后的处置

事故发生单位负责人接到事故报告后，应当立即启动事故相应应急预案，或者采取有效措施，组织抢救，防止事故扩大，减少人员伤亡和财产损失。

事故发生地有关地方人民政府、安全生产监督管理部门和负有安全生产监督管理职责的有关部门接到事故报告后，其负责人应当立即赶赴事故现场，组织事故救援。

事故发生后，有关单位和人员应当妥善保护事故现场以及相关证据，任何单位和个人不得破坏事故现场、毁灭相关证据。

因抢救人员、防止事故扩大以及疏通交通等原因，需要移动事故现场物件的，应当做出标志，绘制现场简图并做出书面记录，妥善保存现场重要痕迹、物证。

(三)事故调查处理

1. 事故调查组及其职责

特别重大生产安全事故由国务院或者国务院授权有关部门组织事故调查组进行调查。重大事故、较大事故、一般事故分别由事故发生地省级人民政府、设区的市级人民政府、县级人民政府负责调查。省级人民政府、设区的市级人民政府、县级人民政府可以直接组织事故调查组进行调查，也可以授权或者委托有关部门组织事故调查组进行调查。未造成人员伤亡的一般事故，县级人民政府也可以委托事故发生单位组织事故调查组进行调查。

事故调查处理应当坚持实事求是、尊重科学的原则，及时、准确地查清事故经过、事故原因和事故损失，查明事故性质，认定事故责任，总结事故教训，提出整改措施，并对事故责任者依法追究责任。

事故调查组应履行下列职责：

(1)查明事故发生的经过、原因、人员伤亡情况及直接经济损失；

(2)认定事故的性质和事故责任；

(3)提出对事故责任者的处理建议；

(4)总结事故教训，提出防范和整改措施；

(5)提交事故调查报告。

2. 事故调查的有关要求

事故调查组有权向有关单位和个人了解与事故有关的情况，并要求其提供相关文件、资料，有关单位和个人不得拒绝。

事故发生单位的负责人和有关人员在事故调查期间不得擅离职守，并应当随时接受事故调查组的询问，如实提供有关情况。

事故调查中需要进行技术鉴定的，事故调查组应当委托具有国家规定资质的单位进行技术鉴定。必要时，事故调查组可以直接组织专家进行技术鉴定。技术鉴定所需时间不计入事故调查期限。

3. 事故调查报告

事故调查组应当自事故发生之日起 60 日内提交事故调查报告；特殊情况下，经负责事故调查的人民政府批准，提交事故调查报告的期限可以适当延长，但延长的期限最长不超过 60 日。

事故调查报告应当包括下列内容：

(1)事故发生单位概况；

(2)事故发生经过和事故救援情况；

(3)事故造成的人员伤亡和直接经济损失；

(4)事故发生的原因和事故性质；

(5)事故责任的认定以及对事故责任者的处理建议；

(6)事故防范和整改措施。

事故调查报告应当附具有关证据材料。事故调查组成员应当在事故调查报告上签名。

4. 事故处理

重大事故、较大事故、一般事故，负责事故调查的人民政府应当自收到事故调查报告之日起 15 日内做出批复；特别重大事故，30 日内做出批复，特殊情况下，批复时间可以适当延长，但延长的时间最长不超过 30 日。

有关机关应当按照人民政府的批复，依照法律、行政法规规定的权限和程序，对事故发生单位和有关人员进行行政处罚，对负有事故责任的国家工作人员进行处分。事故发生单位应当按照负责事故调查的人民政府的批复，对本单位负有事故责任的人员进行处理。负有事故责任的人员涉嫌犯罪的，依法追究刑事责任。

学习笔记

【思政园地】

某发电厂施工平台倒塌事故

2016年11月24日，某发电厂三期扩建工程发生冷却塔施工平台坍塌特别重大事故，造成73人死亡、2人受伤，直接经济损失10 197.2万元。国务院某发电厂“11·24”冷却塔施工平台坍塌特别重大事故调查组26日成立，并在江西省丰城市召开第一次全体会议。2020年4月24日，江西省宜春市中级人民法院和丰城市人民法院、奉新县人民法院、靖安县人民法院对某发电厂“11·24”冷却塔施工平台坍塌特大事故所涉9件刑事案件进行了公开宣判，对28名被告人和1个被告单位依法判处刑罚。

国务院调查组查明，冷却塔施工单位某烟塔工程有限公司施工现场管理混乱，未按要求制定拆模作业管理控制措施，对拆模工序管理失控。事发当日，在7号冷却塔第50节筒壁混凝土强度不足的情况下，违规拆除模板，致使筒壁混凝土失去模板支护，不足以承受上部荷载，造成第50节及以上筒壁混凝土和模架体系连续倾塌坠落。此前，国务院安委办召开视频会议，指出该事故与压缩工期、突击生产有关。

任务三 建设工程监理规范

为了规范建设工程监理与相关服务行为，提高建设工程监理与相关服务水平，2013年5月修订后发布的《建设工程监理规范》(GB/T 50319—2013)共分9章和3个附录，主要技术内容包括：总则，术语，项目监理机构及其设施，监理规划及监理实施细则，工程质量、造价、进度控制及安全生产管理的监理工作，工程变更、索赔及施工合同争议的处理，监理文件资料管理，设备采购与设备监造，相关服务，附录等。下文具体介绍各章的主要内容。

一、总则

(1)制定目的：为规范建设工程监理与相关服务行为，提高建设工程监理与相关服务水平。

(2)适用范围：适用于新建、扩建、改建建设工程监理与相关服务活动。

(3)关于建设工程监理合同形式和内容的规定。

(4)建设单位向施工单位书面通知工程监理的范围、内容和权限及总监理工程师姓名的规定。

学习笔记

(5) 建设单位、施工单位及工程监理单位之间涉及施工合同联系活动的工作关系。

(6) 实施建设工程监理的主要依据：①法律法规及工程建设标准；②建设工程勘察设计文件；③建设工程监理合同及其他合同文件。

(7) 建设工程监理应实行总监理工程师负责制的规定。

(8) 建设工程监理宜实施信息化管理的规定。

(9) 工程监理单位应公平、独立、诚信、科学地开展建设工程监理与相关服务活动。

(10) 建设工程监理与相关服务活动应符合《建设工程监理规范》(GB/T 50319—2013) 和国家现行有关标准的规定。

二、术语

《建设工程监理规范》(GB/T 50319—2013) 解释了工程监理单位、建设工程监理、相关服务、项目监理机构、注册监理工程师、总监理工程师、总监理工程师代表、专业监理工程师、监理员、监理规划、监理实施细则、工程计量、旁站、巡视、平行检验、见证取样、工程延期、工期延误、工程临时延期批准、工程最终延期批准、监理日志、监理月报、设备监造、监理文件资料等 24 个建设工程监理常用术语。

三、项目监理机构及其设施

《建设工程监理规范》(GB/T 50319—2013) 明确了项目监理机构的人员构成和职责，规定了监理设施的提供和管理。

(一) 项目监理机构人员

项目监理机构的监理人员应由总监理工程师、专业监理工程师和监理员组成，且专业配套、数量应满足建设工程监理工作需要，必要时可设总监理工程师代表。

(1) 总监理工程师。指由工程监理单位法定代表人书面任命，负责履行建设工程监理合同、主持项目监理机构工作的注册监理工程师。总监理工程师应由注册监理工程师担任。

一名注册监理工程师可担任一项建设工程监理合同的总监理工程师。当需要同时担任多项建设工程监理合同的总监理工程师时，应经建设单位书面

学习笔记

同意，且最多不得超过三项。

(2) 总监理工程师代表。指经工程监理单位法定代表人同意，由总监理工程师书面授权，代表总监理工程师行使其部分职责和权利，具有工程类注册执业资格或具有中级及以上专业技术职称、3年及以上工程实践经验并经监理业务培训的人员。

总监理工程师代表可以由具有工程类执业资格的人员（如注册监理工程师、注册造价工程师、注册建造师、注册工程师、注册建筑师等）担任，也可由具有中级及以上专业技术职称、3年及以上工程实践经验并经监理业务培训的人员担任。

(3) 专业监理工程师。指由总监理工程师授权，负责实施某一专业或某一岗位的监理工作，有相应监理文件签发权，具有工程类注册执业资格或具有中级及以上专业技术职称、2年及以上工程实践经验并经监理业务培训的人员。

专业监理工程师可以由具有工程类注册执业资格的人员（如注册监理工程师、注册造价工程师、注册建造师、注册工程师、注册建筑师等）担任，也可由具有中级及以上专业技术职称、2年及以上工程实践经验并经监理业务培训的人员担任。

(4) 监理员。指从事具体监理工作，具有中专及以上学历并经过监理业务培训的人员。监理员需要有中专及以上学历，并经过监理业务培训。

（二）监理设施

(1) 建设单位应按建设工程监理合同约定，提供监理工作需要的办公、交通、通信、生活等设施。

(2) 项目监理机构宜妥善使用和保管建设单位提供的设施，并应按建设工程监理合同约定的时间移交建设单位。

(3) 工程监理单位宜按建设工程监理合同约定，配备满足监理工作需要的检测设备和工器具。

四、监理规划及监理实施细则

（一）监理规划

明确监理规划的编制要求、编审程序和主要内容。

（二）监理实施细则

明确监理实施细则的编制要求、编审程序、编制依据和主要内容。

五、工程质量、造价、进度控制及安全生产管理的监理工作

《建设工程监理规范》(GB/T 50319—2013)规定：项目监理机构应根据建设工程监理合同约定，遵循动态控制原理，坚持预防为主的原则，制定和实施相应的监理措施，采用旁站、巡视和平行检验等方式对建设工程实施监理。

（一）一般规定

(1) 项目监理机构监理人员应熟悉工程设计文件，并参加建设单位主持的图纸会审和设计交底会议。

(2) 工程开工前，项目监理机构监理人员应参加由建设单位主持召开的第一次工地会议。

(3) 项目监理机构应定期召开监理例会，并组织有关单位研究解决与监理相关的问题。项目监理机构可根据工程需要，主持或参加专题会议，解决监理工作范围内的工程专项问题。

(1) 项目监理机构应协调工程建设相关方的关系。

(2) 项目监理机构应审查施工单位报审的施工组织设计，并要求施工单位按已批准的施工组织设计组织施工。

(3) 总监理工程师应组织专业监理工程师审查施工单位报送的开工报审表及相关资料，报建设单位批准后，总监理工程师签发工程开工令。

(4) 分包工程开工前，项目监理机构应审核施工单位报送的分包单位资格报审表。

(5) 项目监理机构宜根据工程特点、施工合同、工程设计文件及经过批准的施工组织设计对工程风险进行分析，并提出工程质量、造价、进度目标控制及安全生产管理的防范性对策。

（二）工程质量控制

审查施工单位现场的质量管理组织机构、管理制度及专职管理人员和特种作业人员的资格；审查施工单位报审的施工方案；审查施工单位报送的新材料、新工艺、新技术、新设备的质量认证材料和相关验收标准的适用性；检查、复核施工单位报送的施工控制测量成果及保护措施；查验施工单位在施工过

程中报送的施工测量放线成果；检查施工单位为工程提供服务的试验室；审查施工单位报送的用于工程的材料、构配件、设备的质量证明文件；对用于工程的材料进行见证取样、平行检验；审查施工单位定期提交影响工程质量的计量设备的检查和检定报告；对关键部位、关键工序进行旁站；对工程施工质量进行巡视；对施工质量进行平行检验；验收施工单位报验的隐蔽工程、检验批、分项工程和分部工程；处置施工质量问题、质量缺陷、质量事故；审查施工单位提交的单位工程竣工验收报审表及竣工资料，组织工程竣工预验收；编写工程质量评估报告；参加工程竣工验收等。

（三）工程造价控制

进行工程计量和付款签证；对实际完成量与计划完成量进行比较分析；审核竣工结算款，签发竣工结算款支付证书等。

（四）工程进度控制

审查施工单位报审的施工总进度计划和阶段性施工进度计划；检查施工进度计划的实施情况；比较分析工程施工实际进度与计划进度，预测实际进度对工程总工期的影响等。

（五）安全生产管理的监理工作

审查施工单位现场安全生产规章制度的建立和实施情况；审查施工单位安全生产许可证及施工单位项目经理、专职安全生产管理人员和特种作业人员的资格；核查施工机械和设施的安全许可验收手续；审查施工单位报审的专项施工方案；处置安全生产事故隐患等。

六、工程变更、索赔及施工合同争议的处理

《建设工程监理规范》(GB/T 50319—2013)规定，项目监理机构应依据建设工程监理合同约定进行施工合同管理，处理工程暂停及复工、工程变更、索赔及施工合同争议、解除等事宜。施工合同终止时，项目监理机构应协助建设单位按施工合同约定处理施工合同终止的有关事宜。

（一）工程暂停及复工

总监理工程师签发工程暂停令的权力和情形；暂停施工事件发生时的监理职责；工程复工申请的批准或指令。

学习笔记

（二）工程变更

施工单位提出的工程变更处理程序、工程变更价款处理原则；建设单位要求的工程变更的监理职责。

（三）费用索赔

处理费用索赔的依据和程序；批准施工单位费用索赔应满足的条件；施工单位的费用索赔与工程延期要求相关联时的监理职责；建设单位向施工单位提出索赔时的监理职责。

（四）工程延期及工期延误

处理工程延期要求的程序；批准施工单位工程延期要求应满足的条件；施工单位因工程延期提出费用索赔时的监理职责；发生工期延误时的监理职责。

（五）施工合同争议

处理施工合同争议时的监理工作程序、内容和职责。

（六）施工合同解除

(1)建设单位原因导致施工合同解除时的监理职责；
(2)施工单位原因导致施工合同解除时的监理职责；
(3)非建设单位、施工单位原因导致施工合同解除时的监理职责。

七、监理文件资料管理

《建设工程监理规范》(GB/T 50319—2013)规定，项目监理机构应建立完善的监理文件资料管理制度，宜设专人管理监理文件资料。项目监理机构应及时、准确、完整地收集、整理、编制、传递监理文件资料，并宜采用信息技术进行监理文件资料管理。

（一）监理文件资料内容

《建设工程监理规范》(GB/T 50319—2013)明确了18项监理文件资料，并规定监理日志、监理月报、监理工作总结应包括的内容。

学习笔记

(二)监理文件资料归档

(1)项目监理机构应及时整理、分类汇总监理文件资料,并应按规定组卷,形成监理档案。

(2)工程监理单位应根据工程特点和有关规定,保存监理档案,并应向有关单位、部门移交需要存档的监理文件资料。

八、设备采购与设备监造

《建设工程监理规范》(GB/T 50319—2013)规定,项目监理机构应根据建设工程监理合同约定的设备采购与设备监造工作内容配备监理人员,明确岗位职责,编制设备采购与设备监造工作计划,并应协助建设单位编制设备采购与设备监造方案。

(一)设备采购

设备采购招标和合同谈判时的监理职责;设备采购文件资料应包括的内容。

(二)设备监造

(1)项目监理机构应检查设备制造单位的质量管理体系;审查内容有:设备制造单位报送的设备制造生产计划和工艺方案,设备制造的检验计划和检验要求,设备制造的原材料、外购配套件、元器件、标准件,以及坯料的质量证明文件及检验报告等。

(2)项目监理机构应对设备制造过程进行监督和检查,对主要及关键零部件的制造工序应进行抽检。

(3)项目监理机构应审核设备制造过程的检验结果,并检查和监督设备的装配过程。

(4)项目监理机构应参加设备整机性能检测、调试和出厂验收。

(5)专业监理工程师应审查设备制造单位报送的设备制造结算文件。

(6)规定了设备监造文件资料应包括的主要内容。

九、相关服务

《建设工程监理规范》(GB/T 50319—2013)规定,工程监理单位应根据建设工程监理合同约定的相关服务范围，开展相关服务工作，并编制相关服务工作计划。

（一）工程勘察设计阶段服务

协助建设单位选择勘察设计单位并签订工程勘察设计合同；审查勘察单位提交的勘察方案；检查勘察现场及室内试验主要岗位操作人员的资格、所使用设备、仪器计量的检定情况；检查勘察进度计划执行情况；审核勘察单位提交的勘察费用支付申请；审查勘察单位提交的勘察成果报告，参与勘察成果验收；审查各专业、各阶段设计进度计划；检查设计进度计划执行情况；审核设计单位提交的设计费用支付申请；审查设计单位提交的设计成果；审查设计单位提出的新材料、新工艺、新技术、新设备在相关部门的备案情况；审查设计单位提出的设计概算、施工图预算；协助建设单位组织专家评审设计成果；协助建设单位报审有关工程设计文件；协调处理勘察设计延期、费用索赔等事宜。

（二）工程保修阶段服务

(1) 承担工程保修阶段的服务工作时，工程监理单位应定期回访。

(2) 对建设单位或使用单位提出的工程质量缺陷，工程监理单位应安排监理人员进行检查和记录，并应要求施工单位予以修复，同时应监督实施，合格后应予以签认。

(3) 工程监理单位应对工程质量缺陷原因进行调查，并应与建设单位、施工单位协商确定责任归属。对非施工单位原因造成的工程质量缺陷，应核实施工单位申报的修复工程费用，并应签认工程款支付证书，同时应报建设单位。

十、附录

附录包括三类表，具体如下：

(1)A 类表，工程监理单位用表。由工程监理单位或项目监理机构签发。

(2)B 类表，施工单位报审、报验用表。由施工单位或施工项目经理部填写后报送工程建设相关方。

(3)C 类表，通用表。是工程建设相关方工作联系的通用表。

【思政园地】

建设工程监理制度自 1988 年开始实施以来，在实现建设工程质量、进度、投资目标控制和加强建设工程安全生产管理方面发挥了重要作用。随着

学习笔记

我国建设工程投资管理体制改革的不断深化和工程监理单位服务范围的不断拓展，在工程勘察、设计、保修等阶段为建设单位提供的相关服务也越来越多，为进一步规范建设工程监理与相关服务行为，提高服务水平，特在《建设工程监理规范》(GB 50319—2000)的基础上修订形成《建设工程监理规范》(GB/T 50319—2013)，详见附录一。

考证知识训练

模块三考证知识训练

学习笔记

模块四　建设工程监理招标投标

【任务导入】 招标投标制是我国引入的四项工程建设管理基本制度之一，本模块即学习建设工程监理招标投标的相关知识，先从任务一关于招标投标的相关法律法规学起，了解一下招标投标的基本知识和规则；然后在任务二中，我们学习建设工程监理评标的内容和方法；最后在任务三中学习建设工程监理投标工作内容和投标策略。

任务一　招标投标的相关法律法规

一、招标投标制

招标的工作程序

招标实施中监理工程师的工作

为了保护国家利益、社会公共利益，提高经济效益，保证工程项目质量，《招标投标法》规定，在中华人民共和国境内进行下列工程建设项目的勘察、设计、施工、监理以及与工程建设有关的重要设备、材料等的采购，必须进行招标：①大型基础设施、公用事业等关系社会公共利益、公众安全的项目；②全部或者部分使用国有资金投资或者国家融资的项目；③使用国际组织或者外国政府贷款、援助资金的项目。

（一）必须招标的工程项目

国家发展和改革委员会相关文件明确了必须招标的工程范围。

根据《必须招标的工程项目规定》（国家发展和改革委员会令第 16 号），下列工程必须招标：

（1）全部或者部分使用国有资金投资或者国家融资的项目。包括：

①使用预算资金 200 万元人民币以上，且该资金占投资额 10% 以上的项

目。这里的“预算资金”，是指《中华人民共和国预算法》规定的预算资金，包括一般公共预算资金、政府性基金预算资金、国有资本经营预算资金、社会保险基金预算资金。

②使用国有企业事业单位资金，并且该资金占控股或者主导地位的项目。这里的“占控股或者主导地位”，参照《中华人民共和国公司法》（简称《公司法》）关于控股股东和实际控制人的理解执行，即“其出资额占有限责任公司资本总额百分之五十以上或者其持有的股份占股份有限公司股本总额百分之五十以上的股东；出资额或者持有股份的比例虽然不足百分之五十，但依其出资额或者持有的股份所享有的表决权已足以对股东会、股东大会的决议产生重大影响的股东”；国有企业事业单位通过投资关系、协议或者其他安排，能够实际支配项目建设的，也属于占控股或者主导地位。

(2)使用国际组织或者外国政府贷款、援助资金的项目。包括：

①使用世界银行、亚洲开发银行等国际组织贷款、援助资金的项目。

②使用外国政府及其机构贷款、援助资金的项目。

（二）必须招标的基础设施和公用事业项目

根据《必须招标的基础设施和公用事业项目范围规定》（发改法规〔2018〕843号），不属于《必须招标的工程项目规定》情形的大型基础设施、公用事业等关系社会公共利益、公众安全的项目，必须招标的具体范围包括：

(1)煤炭、石油、天然气、电力、新能源等能源基础设施项目。

(2)铁路、公路、管道、水运，以及公共航空和A1级通用机场等交通运输基础设施项目。

(3)电信枢纽、通信信息网络等通信基础设施项目。

(4)防洪、灌溉、排涝、引(供)水等水利基础设施项目。

(5)城市轨道交通等城建项目。

（三）必须招标的单项合同估算价标准

根据《必须招标的工程项目规定》（国家发展和改革委员会令第16号），对于上述规定范围内的项目，其勘察、设计、施工、监理，以及与工程建设有关的重要设备、材料等的采购达到下列标准之一的，必须进行招标：

(1)施工单项合同估算价在400万元以上。

(2)重要设备、材料等货物的采购，单项合同估算价在200万元以上。

(3)勘察、设计、监理等服务的采购，单项合同估算价在100万元以上。同一项目中可以合并进行的勘察、设计、施工、监理，以及与工程建设有关的重要设备、材料等的采购，合同估算价合计达到上述规定标准的，必须进行招标。

（四）必须招标的工程总承包项目

发包人依法对工程以及与工程建设有关的货物、服务全部或者部分实行总承包发包的，总承包中施工、货物、服务等各部分的估算价中，只要有一项达到相应标准，即施工部分估算价达到 400 万元以上，或者货物部分达到 200 万元以上，或者服务部分达到 100 万元以上，则整个总承包发包应当招标。

二、《招标投标法》主要内容

《招标投标法》围绕招标和投标活动的各个环节，明确了招标方式、招标投标程序及有关各方的职责和义务，主要包括招标、投标、开标、评标和中标等方面内容。

任何单位和个人不得将依法必须进行招标的项目化整为零或者以其他任何方式规避招标。依法必须进行招标的项目，其招标投标活动不受地区或者部门的限制。任何单位和个人不得违法限制或者排斥本地区、本系统以外的法人或者其他组织参加投标，不得以任何方式非法干涉招标投标活动。

（一）招标

1. 招标方式

招标分为公开招标和邀请招标两种方式。公开招标，是指招标人以招标公告的方式邀请不特定的法人或者其他组织投标。邀请招标，是指招标人以投标邀请书的方式邀请特定的法人或者其他组织投标。

(1) 招标人采用公开招标方式的，应当发布招标公告。依法必须进行招标的项目，应当通过国家指定的报刊、信息网络或者媒介发布招标公告。

(2) 招标人采用邀请招标方式的，应当向 3 个以上具备承担招标项目的能力、资信良好的特定法人或者其他组织发出投标邀请书。

招标公告或投标邀请书应当载明招标人的名称和地址，招标项目的性质、数量、实施地点和时间，以及获取招标文件的办法等事项。招标人不得以不合理的条件限制或者排斥潜在投标人，不得对潜在投标人实行歧视待遇。

2. 招标文件

招标人应当根据招标项目的特点和需要编制招标文件。招标文件应当包括招标项目的技术要求、对招标人资格审查的标准、投标报价要求和评标标准等所有实质性要求和条件以及拟签订合同的主要条款。招标项目需要划分标

学习笔记

段、确定工期的，招标人应当合理划分标段、确定工期，并在招标文件中载明。

招标文件不得要求或者标明特定的生产供应者以及含有倾向或者排斥潜在投标人的其他内容。招标人不得向他人透露已获取招标文件的潜在投标人的名称、数量及可能影响公平竞争的有关招标投标的其他情况。

招标人对已发出的招标文件进行必要的澄清或者修改的，应当在招标文件要求提交投标文件截止时间至少15日前，以书面形式通知所有招标文件收受人。该澄清或者修改的内容为招标文件的组成部分。

3. 其他规定

招标人根据招标项目的具体情况，可以组织潜在投标人踏勘项目现场。招标人设有标底的，标底必须保密。招标人应当确定投标人编制投标文件所需要的合理时间。依法必须进行招标的项目，自招标文件开始发出之日起至投标人提交投标文件截止之日止，最短不得少于20日。

（二）投标

投标人应当具备承担招标项目的能力。国家有关规定对投标人资格条件或者招标文件对投标人资格条件有规定的，投标人应当具备规定的资格条件。

1. 投标文件

⑴投标文件的内容。投标人应当按照招标文件的要求编制投标文件。投标文件应当对招标文件提出的实质性要求和条件做出响应。建设施工项目的投标文件应当包括拟派出的项目负责人与主要技术人员的简历、业绩和拟用于完成招标项目的机械设备等内容。

根据招标文件载明的项目实际情况，投标人拟在中标后将中标项目的部分非主体、非关键工程进行分包的，应当在投标文件中载明。投标人在招标文件要求提交投标文件的截止时间前，可以补充、修改或者撤回已提交的投标文件，并书面通知招标人。补充、修改的内容为投标文件的组成部分。

⑵投标文件的送达。投标人应当在招标文件要求提交投标文件的截止时间前，将投标文件送达投标地点。招标人收到投标文件后，应当签收保存，不得开启。投标人少于3个的，招标人应当依照《招标投标法》重新招标。

在招标文件要求提交投标文件的截止时间后送达的投标文件，招标人应当拒收。

2. 联合投标

两个以上法人或者其他组织可以组成一个联合体，以一个投标人的身份共同投标。联合体各方均应具备承担招标项目的相应能力。国家有关规定或者招标文件对投标人资格条件有规定的，联合体各方均应当具备规定的相应资格条件。由同一专业的单位组成的联合体，按照资质等级较低的单位确定资质等级。

联合体各方应当签订共同投标协议，明确约定各方拟承担的工作和责任，并将共同投标协议连同投标文件一并提交给招标人。联合体中标的，联合体各方应当共同与招标人签订合同，就中标项目向招标人承担连带责任。

招标人不得强制投标人组成联合体共同投标，不得限制投标人之间的竞争。

3. 其他规定

投标人不得相互串通投标报价，不得排挤其他投标人的公平竞争、损害招标人或其他投标人的合法权益。投标人不得与招标人串通投标，损害国家利益、社会公共利益或者他人的合法权益。投标人不得以低于成本的报价竞标，也不得以他人名义投标或者以其他方式弄虚作假，骗取中标。禁止投标人以向招标人或评标委员会成员行贿的手段谋取中标。

（三）开标、评标和中标

1. 开标

开标应当在招标人的主持下，在招标文件确定的提交投标文件截止时间的同一时间公开进行。开标地点应当为招标文件中预先确定的地点。开标应邀请所有投标人参加。开标时，由投标人或者其推选的代表检查投标文件的密封情况，也可以由招标人委托的公证机构检查并公证。经确认无误后，由工作人员当众拆封，宣读投标人名称、投标价格和投标文件的其他主要内容。

招标人在招标文件要求提交投标文件的截止时间前收到的所有投标文件，开标时都应当当众予以拆封、宣读。开标过程应当记录，并存档备查。

2. 评标

评标由招标人依法组建的评标委员会负责。

(1) 评标委员会的组成。依法必须进行招标的项目，其评标委员会由招标人的代表和有关技术、经济等方面的专家组成，成员人数为 5 人以上单数。其中，技术、经济等方面的专家不得少于成员总数的 2/3。评标委员会的专家成员应当从国务院有关部门或者省、自治区、直辖市人民政府有关部门提供的专家名册或者招标代理机构的专家库内的相关专业的专家名单中确定。一般招标项目可以采取随机抽取方式，特殊招标项目可以由招标人直接确定。

与投标人有利害关系的人不得进入相关项目的评标委员会，已经进入的应当进行更换。评标委员会成员的名单在中标结果确定前应当保密。

(2) 投标文件的澄清或者说明。评标委员会可以要求投标人对投标文件中

学习笔记

含义不明确的内容做必要的澄清或者说明，但澄清或者说明不得超出投标文件的范围或改变投标文件的实质性内容。

(3)评标保密与中标条件。招标人应当采取必要的措施，保证评标在严格保密的情况下进行。评标委员会应当按照招标文件确定的评标标准和方法，对投标文件进行评审和比较。设有标底的，应当参考标底。中标人的投标应当符合下列条件之一：

①能够最大限度地满足招标文件中规定的各项综合评价标准。

②能够满足招标文件的实质性要求，并且经评审的投标价格最低。但是，投标价格低于成本的除外。

评标委员会经评审，认为所有投标都不符合招标文件要求的，可以否决所有投标。

评标委员会完成评标后，应当向招标人提出书面评标报告，并推荐合格的中标候选人。招标人据此确定中标人。招标人也可以授权评标委员会直接确定中标人。在确定中标人前，招标人不得与投标人就投标价格、投标方案等实质性内容进行谈判。

3. 中标

中标人确定后，招标人应当向中标人发出中标通知书，并同时将中标结果通知所有未中标的投标人。中标通知书对招标人和中标人具有法律效力，中标通知书发出后，招标人改变中标结果或者中标人放弃中标项目的，应当依法承担法律责任。

招标人和中标人应当自中标通知书发出之日起 30 日内，按照招标文件和中标人的投标文件订立书面合同。招标人和中标人不得再订立背离合同实质性内容的其他协议。

招标文件要求中标人提交履约保证金的，中标人应当提交。依法必须进行招标的项目，招标人应当自确定中标人之日起 15 日内，向有关行政监督部门提交招标投标情况的书面报告。

三、《招标投标法实施条例》相关内容

为了规范招标投标活动，《招标投标法实施条例》进一步明确了招标、投标、开标、评标和中标以及投诉与处理等方面的内容，并鼓励利用信息网络进行电子招标投标。

学习笔记

(一)招标

1. 招标范围和方式

按照国家有关规定需要履行项目审批、核准手续的依法必须进行招标的项目,其招标范围、招标方式、招标组织形式应当报项目审批、核准部门审批、核准。

(1)可以邀请招标的项目。国有资金控股或者占主导地位的依法必须进行招标的项目,应当公开招标;但有下列情形之一的,可以邀请招标:

①技术复杂、有特殊要求或者受自然环境限制,只有少量潜在投标人可供选择;

②采用公开招标方式的费用占项目合同金额的比例过大。

(2)可以不招标的项目。除《招标投标法》规定的可以不进行招标的特殊情况外,有下列情形之一的,可以不进行招标:

①需要采用不可替代的专利或者专有技术;

②采购人依法能够自行建设、生产或者提供;

③已通过招标方式选定的特许经营项目投资人依法能够自行建设、生产或者提供;

④需要向原中标人采购工程、货物或者服务,否则将影响施工或者功能配套要求;

⑤国家规定的其他特殊情形。

2. 招标文件与资格审查

(1)资格预审公告和招标公告。公开招标的项目,应当依照法律法规的规定发布招标公告、编制招标文件。招标人采用资格预审办法对潜在投标人进行资格审查的,应当发布资格预审公告、编制资格预审文件。

依法必须进行招标的项目的资格预审公告和招标公告,应当在国务院发展改革部门依法指定的媒介上发布。在不同媒介上发布的同一招标项目的资格预审公告或者招标公告的内容应当一致。指定媒介发布依法必须进行招标的项目的境内资格预审公告、招标公告,不得收取费用。编制依法必须进行招标的项目的资格预审文件和招标文件,应当使用国务院发展改革部门会同有关行政监督部门制定的标准文本。

(2)资格预审文件和招标文件的发售。招标人应当按照资格预审公告、招标公告或者投标邀请书规定的时间及地点发售资格预审文件或者招标文件。资格预审文件或者招标文件的发售期不得少于5日。招标人发售资格预审文件、招标文件收取的费用应当限于补偿印刷、邮寄的成本支出,不得以营利为

学习笔记

目的。

⑶资格预审文件、招标文件的澄清或修改。招标人可以对已发出的资格预审文件或者招标文件进行必要的澄清或者修改。澄清或者修改的内容可能影响资格预审申请文件或者投标文件编制的，招标人应当在提交资格预审申请文件截止时间至少3日前，或者投标截止时间至少15日前，以书面形式通知所有获取资格预审文件或者招标文件的潜在投标人；不足3日或者15日的，招标人应当顺延提交资格预审申请文件或者投标文件的截止时间。

⑷资格预审文件、招标文件的质疑。潜在投标人或者其他利害关系人对资格预审文件有异议的，应当在提交资格预审申请文件截止时间2日前提出；对招标文件有异议的，应当在投标截止时间10日前提出。招标人应当自收到异议之日起3日内做出答复；做出答复前，应当暂停招标投标活动。

⑸资格预审文件的提交。招标人应当合理确定提交资格预审申请文件的时间。依法必须进行招标的项目提交资格预审申请文件的时间，自资格预审文件停止发售之日起不得少于5日。

⑹资格预审的实施。资格预审应当按照资格预审文件载明的标准和方法进行。国有资金占控股或者主导地位的依法必须进行招标的项目，招标人应当组建资格审查委员会审查资格预审申请文件。

资格预审结束后，招标人应当及时向资格预审申请人发出资格预审结果通知书。未通过资格预审的申请人不具有投标资格。通过资格预审的申请人少于3个的，应当重新招标。

招标人采用资格后审办法对投标人进行资格审查的，应当在开标后由评标委员会按照招标文件规定的标准和方法对投标人的资格进行审查。

3. 招标工作的实施

⑴禁止不合理地限制投标。招标人对招标项目划分标段的，应当遵守《招标投标法》的有关规定，不得利用划分标段限制或者排斥潜在投标人。依法必须进行招标的项目的招标人不得利用划分标段规避招标。

招标人不得以不合理的条件限制、排斥潜在投标人或者投标人。招标人有下列行为之一的，属于以不合理条件限制、排斥潜在投标人或者投标人：

①就同一招标项目向潜在投标人或者投标人提供有差别的项目信息；

②设定的资格、技术、商务条件与招标项目的具体特点和实际需要不相适应或者与合同履行无关；

③依法必须进行招标的项目以特定行政区域或者特定行业的业绩、奖项作为加分条件或者中标条件；

④对潜在投标人或者投标人采取不同的资格审查或者评标标准；

⑤限定或者指定特定的专利、商标、品牌、原产地或者供应商；

⑥依法必须进行招标的项目非法限定潜在投标人或者投标人的所有制形式或者组织形式；

⑦以其他不合理条件限制、排斥潜在投标人或者投标人。

(2)总承包招标。招标人可以依法对工程以及与工程建设有关的货物、服务全部或者部分实行总承包招标。以暂估价(指总承包招标时不能确定价格而由招标人在招标文件中暂时估定的工程、货物、服务的金额)形式包括在总承包范围内的工程、货物、服务属于依法必须进行招标的项目范围且达到国家规定规模标准的，应当依法进行招标。

(3)两阶段招标。对技术复杂或者无法精确拟定技术规格的项目，招标人可以分两阶段进行招标：

第一阶段，投标人按照招标公告或者投标邀请书的要求提交不带报价的技术建议，招标人根据投标人提交的技术建议确定技术标准和要求，编制招标文件。

第二阶段，招标人向在第一阶段提交技术建议的投标人提供招标文件，投标人按照招标文件的要求提交包括最终技术方案和投标报价的投标文件。

招标人要求投标人提交投标保证金的，应当在第二阶段提出。

(4)投标有效期。招标人应当在招标文件中载明投标有效期。投标有效期从提交投标文件的截止之日起算。

(5)投标保证金。招标人在招标文件中要求投标人提交投标保证金的，投标保证金不得超过招标项目估算价的2%。投标保证金有效期应当与投标有效期一致。依法必须进行招标的项目的境内投标单位，以现金或者支票形式提交的投标保证金应当从其基本账户转出。招标人不得挪用投标保证金。

(6)标底及投标限价。招标人可以自行决定是否编制标底。一个招标项目只能有一个标底。标底必须保密。接受委托编制标底的中介机构不得参加受托编制标底项目的投标，也不得为该项目的投标人编制投标文件或者提供咨询。招标人设有最高投标限价的，应当在招标文件中明确最高投标限价或者最高投标限价的计算方法。招标人不得规定最低投标限价。

(7)终止招标。招标人终止招标的，应当及时发布公告，或者以书面形式通知被邀请或者已经获取资格预审文件、招标文件的潜在投标人。已经发售资格预审文件、招标文件或者已经收取投标保证金的，招标人应当及时退还所收取的资格预审文件、招标文件的费用，以及所收取的投标保证金、银行同期存款利息。

学习笔记

（二）投标

1. 禁止性行为

投标人参加依法必须进行招标的项目的投标，不受地区或者部门的限制，任何单位和个人不得非法干涉。与招标人存在利害关系可能影响招标公正性的法人、其他组织或者个人，不得参加投标。单位负责人为同一人或者存在控股、管理关系的不同单位，不得参加同一标段投标或者未划分标段的同一招标项目投标。

2. 投标文件的撤回

投标人撤回已提交的投标文件，应当在投标截止时间前书面通知招标人。招标人已收取投标保证金的，应当自收到投标人书面撤回通知之日起5日内退还。投标截止后投标人撤销投标文件的，招标人可以不退还投标保证金。

3. 投标文件的拒收

未通过资格预审的申请人提交的投标文件，以及逾期送达或者不按照招标文件要求密封的投标文件，招标人应当拒收。招标人应当如实记载投标文件的送达时间和密封情况，并存档备查。

4. 联合体投标

招标人应当在资格预审公告、招标公告或者投标邀请书中载明是否接受联合体投标。招标人接受联合体投标并进行资格预审的，联合体应当在提交资格预审申请文件前组成。资格预审后联合体增减、更换成员的，其投标无效。

联合体各方在同一招标项目中以自己名义单独投标或者参加其他联合体投标，相关投标均无效。

投标人发生合并、分立、破产等重大变化，应当及时书面告知招标人。投标人不再具备资格预审文件、招标文件规定的资格条件或者其投标影响招标公正性的，其投标无效。

5. 属于串通投标和弄虚作假的情形

(1)投标人相互串通投标。禁止投标人相互串通投标。有下列情形之一的，属于投标人相互串通投标：①投标人之间协商投标报价等投标文件的实质性内容；②投标人之间约定中标人；③投标人之间约定部分投标人放弃投标或者中标；④属于同一集团、协会、商会等组织成员的投标人按照该组织要求协同投标；⑤投标人之间为谋取中标或者排斥特定投标人而采取的其他联合行动。

有下列情形之一的，视为投标人相互串通投标：①不同投标人的投标文件由同一单位或者个人编制；②不同投标人委托同一单位或者个人办理投标事宜;③不同投标人的投标文件载明的项目管理成员为同一人;④不同投标人的投标文件异常一致或者投标报价呈规律性差异;⑤不同投标人的投标文件相互混装;⑥不同投标人的投标保证金从同一单位或者个人的账户转出。

(2)招标人与投标人串通投标。禁止招标人与投标人串通投标。有下列情形之一的,属于招标人与投标人串通投标:①招标人在开标前开启投标文件并将有关信息泄露给其他投标人;②招标人直接或者间接向投标人泄露标底、评标委员会成员等信息;③招标人明示或者暗示投标人压低或者抬高投标报价;④招标人授意投标人撤换、修改投标文件;⑤招标人明示或者暗示投标人为特定投标人中标提供方便;⑥招标人与投标人为谋求特定投标人中标而采取的其他串通行为。

(3)弄虚作假。投标人不得以他人名义投标,如使用通过受让或者租借等方式获取的资格、资质证书投标。投标人也不得以其他方式弄虚作假,骗取中标,包括:①使用伪造、变造的许可证件;②提供虚假的财务状况或者业绩;③提供虚假的项目负责人或者主要技术人员简历、劳动关系证明;④提供虚假的信用状况;⑤其他弄虚作假的行为。

(三)开标、评标和中标

1. 开标

招标人应当按照招标文件规定的时间、地点开标。投标人少于3个的,不得开标,招标人应当重新招标。投标人对开标有异议的,应当在开标现场提出,招标人应当当场做出答复,并制作记录。

2. 评标

(1)评标委员会组成。除《招标投标法》规定的特殊招标项目外,依法必须进行招标的项目,其评标委员会的专家成员应当从评标专家库内相关专业的专家名单中以随机抽取的方式确定。任何单位和个人不得以明示、暗示等任何方式指定或者变相指定参加评标委员会的专家成员。

对技术复杂、专业性强或者国家有特殊要求,采取随机抽取方式确定的专家难以保证胜任评标工作的招标项目,可以由招标人直接确定技术、经济等方面的评标专家。

有关行政监督部门应当按照规定的职责分工,对评标委员会成员的确定方式、评标专家的抽取和评标活动进行监督。行政监督部门的工作人员不得担任本部门负责监督项目的评标委员会成员。

(2)评标要求。招标人应当根据项目规模和技术复杂程度等因素合理确定评标时间。超过1/3的评标委员会成员认为评标时间不够的,招标人应当适当延长。

招标人应当向评标委员会提供评标所必需的信息，但不得明示或者暗示其倾向或者排斥特定投标人。评标委员会成员应当按照招标文件规定的评标标准和方法，客观、公正地对投标文件提出评审意见。招标文件没有规定的评标标准和方法不得作为评标的依据。招标项目设有标底的，招标人应当在开标时公布。标底只能作为评标的参考，不得以投标报价是否接近标底作为中标条件，也不得以投标报价超过标底上下浮动范围作为否决投标的条件。

评标委员会成员不得私下接触投标人，不得收受投标人给予的财物或者其他好处，不得向招标人征询确定中标人的意向，不得接受任何单位或者个人明示或者暗示提出的倾向或者排斥特定投标人的要求，不得有其他不客观、不公正履行职务的行为。

(3)投标的否决。有下列情形之一的，评标委员会应当否决其投标：

①投标文件未经投标单位盖章和单位负责人签字；

②投标联合体没有提交共同投标协议；

③投标人不符合国家或者招标文件规定的资格条件；

④同一投标人提交两个以上不同的投标文件或者投标报价，但招标文件要求提交备选投标的除外；

⑤投标报价低于成本或者高于招标文件设定的最高投标限价；

⑥投标文件没有对招标文件的实质性要求和条件做出响应；

⑦投标人有串通投标、弄虚作假、行贿等违法行为。

(4)投标文件的澄清。投标文件中有含义不明确的内容、明显文字或者计算错误，评标委员会认为需要投标人做出必要澄清、说明的，应当书面通知该投标人。投标人的澄清、说明应当采用书面形式，并不得超出投标文件的范围或者改变投标文件的实质性内容。

评标委员会不得暗示或者诱导投标人做出澄清、说明，不得接受投标人主动提出的澄清、说明。

3. 中标

评标完成后，评标委员会应当向招标人提交书面评标报告和中标候选人名单。中标候选人应当不超过 3 个，并标明排序。

(1)评标报告。评标报告应当由评标委员会全体成员签字。对评标结果有不同意见的评标委员会成员应当以书面形式说明其不同意见和理由，评标报告应当注明该不同意见。评标委员会成员拒绝在评标报告上签字又不书面说明其不同意见和理由的，视为同意评标结果。

(2)中标候选人公示。依法必须进行招标的项目，招标人应当自收到评标报告之日起 3 日内公示中标候选人，公示期不得少于 3 日。投标人或者其他利害关系人对依法必须进行招标的项目的评标结果有异议的，应当在中标候选人公示期间提出。招标人应当自收到异议之日起 3 日内做出答复。做出答复前，应当暂停招标投标活动。

(3) 中标人的确定。国有资金控股或者占主导地位的依法必须进行招标的项目，招标人应当确定排名第一的中标候选人为中标人。排名第一的中标候选人放弃中标、因不可抗力不能履行合同、不按照招标文件要求提交履约保证金，或者被查实存在影响中标结果的违法行为等情形，不符合中标条件的，招标人可以按照评标委员会提出的中标候选人名单排序依次确定其他中标候选人为中标人，也可以重新招标。

中标候选人的经营、财务状况发生较大变化或者存在违法行为，招标人认为可能影响其履约能力的，应当在发出中标通知书前由原评标委员会按照招标文件规定的标准和方法审查确认。

(4) 签订合同。招标人和中标人应当依照法律法规的规定签订书面合同，合同的标的、价款、质量、履行期限等主要条款应当与招标文件和中标人的投标文件的内容一致。招标人和中标人不得再行订立背离合同实质性内容的其他协议。

(5) 投标保证金的退还。招标人最迟应当在书面合同签订后 5 日内向中标人和未中标的投标人退还投标保证金及银行同期存款利息。

(6) 履约保证金的提交。招标文件要求中标人提交履约保证金的，中标人应当按照招标文件的要求提交。履约保证金不得超过中标合同金额的 10%。

（四）投诉与处理

1. 投诉

投标人或者其他利害关系人认为招标投标活动不符合法律、行政法规规定的，可以自知道或者应当知道之日起 10 日内向有关行政监督部门投诉。投诉应当有明确的请求和必要的证明材料。

2. 处理

行政监督部门应当自收到投诉之日起 3 个工作日内决定是否受理投诉，并自受理投诉之日起 30 个工作日内做出书面处理决定；需要检验、检测、鉴定、专家评审的，所需时间不计算在内。

行政监督部门处理投诉，有权查阅、复制有关文件、资料，调查有关情况，相关单位和人员应当予以配合。必要时，行政监督部门可以责令暂停招标投标活动。

学习笔记

【思政园地】

规避招标

2019 年 4 月，某市创业投资有限公司将项目金额达 3 571.38 万元的该市经济技术开发区农村生活污水整治工程，肢解成 1 号安置地 A 区、1 号安置地 B 区、灯笼桥片区等 15 个子项目，直接发包给施工单位。经该市经济技术开发区经济发展和科技创新局调查，该市创业投资有限公司存在规避招标的行为。

处理结果：2021 年 7 月，该市经济技术开发区经济发展和科技创新局依法对该市创业投资有限公司处以 35.7 万元罚款。

任务二　建设工程监理的评标内容和方法

工程监理单位不承担建筑产品生产任务，只是受建设单位委托提供技术和管理咨询服务。建设工程监理招标属于服务类招标，其标的是无形的“监理服务”，因此建设单位在选择工程监理单位最重要的原则是“基于能力的选择”，而不应将服务报价作为主要考虑因素。有时甚至不考虑建设工程监理服务报价，只考虑工程监理单位的服务能力。

一、建设工程监理评标内容

建设工程监理评标办法中，通常会将下列要素作为评标内容。

（一）工程监理单位的基本素质

工程监理单位的基本素质包括工程监理单位资质、技术及服务能力、社会信誉和企业诚信度，以及类似工程监理业绩和经验。

（二）工程监理人员配备

工程监理人员的素质与能力直接影响建设工程监理工作的优劣，进而影响整个工程监理目标的实现。项目监理机构监理人员的数量和素质，特别是总监理工程师的综合能力和业绩是建设工程监理评标需要考虑的重要内容。对工程监理人员配备的评价内容具体包括：项目监理机构的组织形式是否合理；总监理工程师人选是否符合招标文件规定的资格及能力要求；监理人员的数量、专业配置是否符合工程专业特点要求；工程监理整体力量投入是否能满足工程需要；工程监理人员年龄结构是否合理；现场监理人员进退场计划是否与工程进展相协调等。

（三）建设工程监理大纲

建设工程监理大纲是反映投标人技术、管理和服务综合水平的文件，反映了投标人对工程的分析和理解程度。评标时应重点评审建设工程监理大纲的全面性、针对性和科学性。

(1)建设工程监理大纲内容是否全面，工作目标是否明确，组织机构是否健全，工作计划是否可行，质量、造价、进度控制措施是否全面、得当，安全生产管理、合同管理、信息管理等方法是否科学，以及项目监理机构的制度建设规划是否到位，监督机制是否健全等。

(2)建设工程监理大纲中应对工程特点、监理重点与难点进行识别。在对招标工程进行透彻分析的基础上，结合自身工程经验，从工程质量、造价、进度控制及安全生产管理等方面确定监理工作的重点和难点，提出针对性措施和对策。

(3)除常规监理措施外，建设工程监理大纲中应对招标工程的关键工序及分部分项工程制定有针对性的监理措施；制定针对关键点、常见问题的预防措施；合理设置旁站清单和保障措施等。

(4)试验检测仪器设备及其应用能力。重点评审投标人在投标文件中所列的设备、仪器、工具等能否满足建设工程监理要求。对于建设单位在现场另建试验、检测等中心的工程项目，应重点考查投标人评价分析、检验测量数据的能力。

(5)建设工程监理费用报价。建设工程监理费用报价所对应的服务范围、服务内容、服务期限应与招标文件中的要求相一致。要重点评审监理费用报价水平和构成是否合理、完整，分析说明是否明确，监理服务费用的调整条件和办法是否符合招标文件要求等。

二、建设工程监理评标方法

建设工程监理评标通常采用“综合评标法”，即通过衡量投标文件是否最大限度地满足招标文件中规定的各项评价标准，对技术、企业资信、服务报价等因素进行综合评价从而确定中标人。

根据具体分析方式不同，综合评标法可分为定性综合评估法和定量综合评估法两种。

学习笔记

（一）定性综合评估法

定性综合评估法是对投标人的资质条件、人员配备、监理方案、投标价格等评审指标分项进行定性比较分析、全面评审，综合评议较优者作为中标人，也可采取举手表决或无记名投票方式决定中标人。

定性综合评估法的特点是不量化各项评审指标，简单易行，能在广泛深入地开展讨论分析的基础上集中各方面观点，有利于评标委员会成员之间的直接对话和深入交流，集中体现各方意见，能使综合实力强、方案先进的投标单位处于优势地位。缺点是评估标准弹性较大，衡量尺度不具体，透明度不高，受评标专家人为因素影响较大，可能会出现评标意见悬殊，使定标决策左右为难。

（二）定量综合评估法

定量综合评估法又称打分法、百分制计分评价法，通常是在招标文件中明确规定需量化的评价因素及其权重，评标委员会根据投标文件内容和评分标准逐项进行分析记分、加权汇总，计算出各投标单位的综合评分，然后按照综合评分由高到低的顺序确定中标候选人或直接选定得分最高者为中标人。

定量综合评估法是目前我国各地广泛采用的评标方法，其特点是量化所有评标指标，由评标委员会专家分别打分，减少了评标过程中的相互干扰，增强了评标的科学性和公正性。需要注意的是，评标因素指标的设置和评分标准分值或权重的分配，应能充分评价工程监理单位的整体素质和综合实力，体现评标的科学性、合理性。

三、建设工程监理评标示例

某房屋建筑工程监理评标办法中规定，采用定量综合评估法进行评标，以得分最高者为中标单位。评价内容包括：根据总监理工程师素质、资源配置、监理大纲、类似工程业绩及诚信行为、监理服务报价等进行综合评分，并按综合评分顺序推荐 3 名合格中标候选人。

（一）初步评审

评标委员会对投标文件进行初步评审，并填写符合性检查表。只有通过初步评审的投标文件才能参加详细评审。不能通过初步评审的主要条件包括：

(1)投标人以他人名义投标、串通投标，以行贿手段谋取中标或以其他方式弄虚作假。

(2)投标文件未按招标文件规定加盖本单位公章及法定代表人印章或签字。

(3)总监理工程师资格条件不符合招标文件要求，或担任在建工程项目总监工程师超出规定。

(4)投标文件未对招标文件的实质性要求和条件做出响应。

(5)投标人递交两份或多份内容不同的投标文件，或在一份投标文件中对同一项目的报价有两个或多个报价，且未声明哪一个为最终报价。

(6)有两个或两个以上招标人的投标文件内容基本一致。

(7)投标文件未按招标文件要求提交投标保证金。

(8)投标文件有其他重大偏差。

(9)招标文件明确规定可以废标的其他情形。

投标文件存在以上条件之一的，经评标委员会讨论，应认为其存在重大偏差，对该投标文件作废标处理，并记录在评标报告中。

(二)详细评审

评标委员会按评标办法中规定的量化因素和分值进行打分，并计算出综合评估得分。

1. 详细评审内容及分值构成

监理评标详细评审内容及分值构成见表4-1。

表4-1　监理评标详细评审内容及分值构成

序号	评审内容	分值分配
1	总监理工程师素质	24
2	资源配置	36
3	监理大纲	20
4	类似工程业绩	8
5	监理服务报价	12
总计		100

学习笔记

2. 具体评分标准

(1)总监理工程师素质(24 分)评分标准,见表 4-2。

表 4-2 总监理工程师素质评分标准

序号	评分内容	分值分配	评分办法
1.1	总体素质	12	有房屋建筑工程注册监理工程师证书得 10 分,此外,每有一个工程类注册资格证书(注册监理工程师除外)得 1 分。最高得 12 分。以注册执业证书原件为评分依据
1.2	书面答辩情况	12	由总监理工程师在现场书面回答评标委员会提出的问题,评标委员会根据总监理工程师的书面答辩材料,视其对工程熟悉情况、阐述问题准确程度酌情予以打分,最高可得 12 分 (注:总监理工程师未参加答辩的,不得推荐为中标候选人)

(2)资源配置(36 分)评分标准,见表 4-3。

表 4-3 资源配置评分标准

序号	评分内容	分值分配	评分办法
2.1	专业配置	14	1. 满足专业要求,进场计划合理,在工地时间满足监理工作需要,得 6 ~ 8 分;进场计划基本合理,得 4 ~ 6 分;进场计划不太合理,得 0 ~ 4 分 2. 监理人员(总监理工程师除外)中具有高级职称,每位得 1 分,中级职称每位得 0.5 分,最高得 6 分
2.2	注册及上岗证	11	1. 监理人员(总监理工程师除外)中有监理工程师注册执业证书的,每位得 2 分,最高得 6 分 2. 监理人员(总监理工程师除外)中有工程类执业资格证书的,每 1 个得 1 分;有造价员资格的,每 1 个得 0.5 分,最高得 2 分 3. 监理员有监理员资格证书,每 1 人得 0.5 分,最高得 3 分
2.3	年龄结构	2	25 岁以下和 60 岁以上的监理人员不得超过 2 人,每超 1 人扣 1 分,最多扣 2 分

续表

学习笔记

序号	评分内容	分值分配	评分办法
2.4	仪器设备	6	1. 配备混凝土钢筋检测仪得 1 分 2. 配备全站仪得 1 分 3. 配备经纬仪得 1 分 4. 配备水准仪得 1 分 5. 配备回弹仪得 1 分 6. 配备工程检测组合工具得 1 分 （混凝土钢筋检测仪、全站仪、经纬仪、回弹仪、水准仪须提供鉴定证书及投入承诺书，否则本项不得分）
2.5	试验检测	3	试验检测安排合理、满足工程需要的，得 3 分，其他酌情扣分

(3) 监理大纲(20 分) 评分标准，见表 4–4。

表 4–4　监理大纲评分标准

序号	评分内容	分值分配	评分办法
3.1	监理大纲	20	1. 质量控制内容齐全，0 ~ 1 分；有质量控制措施及手段且具有针对性，0 ~ 2 分 2. 制定了详细的旁站方案，0 ~ 1 分；方案措施得力、切实可行，0 ~ 1 分 3. 有进度控制工作内容，0 ~ 1 分；制定了进度控制措施，0 ~ 1 分 4. 有造价控制工作内容，0 ~ 1 分；制定了造价控制措施，0 ~ 2 分 5. 有详细的工程信息管理措施，0 ~ 1 分；有详细的合同管理措施，0 ~ 1 分 6. 有详细的现场组织协调方案，方案得力、切实可行，0 ~ 2 分 7. 制定了安全生产管理措施，0 ~ 1 分；管理措施得力、切实可行，0 ~ 1 分 8. 针对工程特点、难点、重点分析准确，0 ~ 1 分；制定相应措施，0 ~ 1 分 9. 对本工程提出好的技术建议，0 ~ 2 分

学习笔记

(4)类似工程业绩及诚信行为(8分)评分标准,见表4-5。

表4-5　类似工程业绩及诚信行为评分标准

序号	评分内容	分值分配	评分办法
4.1	类似工程业绩及诚信行为	8	1. 企业自2010年1月1日以来，每获得省级“优秀监理企业”一次，得1分，本项最高得2分（以证书或文件原件为准） 2. 企业监理过的类似工程获得鲁班奖（含国家工程建设质量奖审定委员会评审的“国家优质工程”）得1.5分，有效期三年；获得省优工程的（有效期两年），得1分（同一工程获奖奖项不累计得分，按最高奖项计分），最高得2分 3. 监理工程师2010年以来监理过工程造价在3 000万～5 000万元的，得2分；5 000万元及以上的，得4分，最高得4分 4. 总监理工程师在一年内（从投标截止日及行政处罚之日起算）受到本市及以上建设行政管理部门行政处罚的，扣2分 5. 投标人在一年内（从投标截止日及行政处罚之日起算）在本市建设工程投标中有串通投标、弄虚作假等违法、违规行为，受到市级及以上建设行政管理部门行政处罚的，扣2分

(5)监理服务报价(12分)评分标准,见表4-6。

表4-6　监理服务报价评分标准

序号	评分内容	分值分配	评分办法
5.1	监理服务报价	12	报价得分计算办法采用评标基准价，评标基准价＝按《建设工程监理与相关服务收费管理规定》（发改价格〔2007〕670号）文件规定的政府指导价。报价＜评标基准价80%或报价＞评标基准价120%，得0分；评标基准价80%≤报价＜评标基准价90%，得12分；评标基准价90%≤报价＜评标基准价100%，得10分；评标基准价100%≤报价＜评标基准价110%，得8分；评标基准价110%≤报价＜评标基准价120%，得6分

学习笔记

（三）投标文件的澄清

除评标办法中规定的重大偏差外，投标文件存在的其他问题应视为细微偏差。为了有助于投标文件的审查、评价和比较，评标委员会可书面通知投标人澄清或说明其投标文件中不明确的内容，或要求补充相应资料或对细微偏差进行补正。投标人对此不得拒绝，否则，作为废标处理。

有关澄清、说明和补正的要求和回答均以书面形式进行，但招标人和投标人均不得因此而提出改变招标文件或投标文件实质内容的要求。投标人的书面澄清、说明或补正属于投标文件的组成部分。

评标委员会不接受投标人对投标文件的主动澄清、说明和补正。

（四）评标结果

评标委员会汇总每位评标专家的评分后，去掉一个最高分和一个最低分，取其他评标专家评分的算术平均值计算每个投标人的最终得分，并以投标人的最终得分高低顺序推荐3名中标候选人。投标人综合评分相等时，以投标报价低的优先；投标报价也相等的，由招标人自行确定。

评标委员会完成评标后，应当向招标人提交书面评标报告。

【思政园地】

评标专家收受投标人财物，给特定投标人打高分

2022年，吴某、向某、张某三名评标专家被项目业主聘为业主评委，参加某市粮食应急储备保障中心建设项目成品粮低温库的资格预审活动。在评审活动前后，该三名专家先后存在收受投标人给予的好处费，并根据他人递交的小纸条给特定投标人打高分的行为，违反了《中华人民共和国招标投标法》第四十四条的规定，根据《中华人民共和国招标投标法实施条例》第七十二条，该市政务服务和大数据管理局（该市公共资源交易监督管理局）分别给予吴某、向某、张某没收违法收入3 000元、1 500元、1 000元，罚款6 000元、3 000元、3 000元，取消参加依法必须进行招标的项目的评标资格的行政处罚，并纳入“黑名单”管理。

学习笔记

任务三　建设工程监理投标工作的内容和策略

一、建设工程监理投标工作的内容

建设工程监理投标是一项复杂的系统性工作，工程监理单位的投标工作内容包括：投标决策、投标策划、投标文件编制、参加开标及答辩、投标后评估等内容。

（一）建设工程监理投标决策

工程监理单位要想中标获得建设工程监理任务并获得预期利润，就需要认真进行投标决策。所谓投标决策，主要包括两方面内容：一是决定是否参与竞标；二是如果参加投标，应采取什么样的投标策略。投标决策的正确与否，关系到工程监理单位能否中标及中标后的经济效益。

1. 投标决策原则

投标决策活动要从工程特点与工程监理企业自身需求之间选择最佳结合点。为实现最优盈利目标，可以参考如下基本原则进行投标决策：

⑴充分衡量自身人员和技术实力能否满足工程项目要求，且要根据工程监理单位的自身实力、经验和外部资源等因素来确定是否参与竞标。

⑵充分考虑国家政策、建设单位信誉、招标条件、资金落实情况等，保证中标后工程项目能顺利实施。

⑶由于目前工程监理单位普遍存在注册监理工程师稀缺、监理人员数量不足的情况，因此在一般情况下，工程监理单位与其将有限人力资源分散到几个小工程投标中，不如集中优势力量参与一个较大的建设工程监理投标。

⑷对于竞争激烈、风险特别大或把握不大的工程项目，应主动放弃投标。

2. 投标决策定量分析方法

常用的投标决策定量分析方法有综合评价法和决策树法。

1）综合评价法

综合评价法是指决策者决定是否参加某建设工程监理投标时，将影响其投标决策的主客观因素用某些具体指标表示出来，并定量地进行综合评价，以此作为投标决策依据。

⑴确定影响投标的评价指标。不同工程监理单位在决定是否参加某建设

工程监理投标时所应考虑的因素是不同的，但一般都要考虑到企业人力资源、技术力量、投标成本、经验业绩、竞争对手实力、企业长远发展等多方面因素，考虑的指标一般有总监理工程师能力、监理团队配置、技术水平、合同支付条件、同类工程经验、可支配的资源条件、竞争对手数量和实力、竞争对手投标积极性、项目利润、社会影响、风险情况等。

(2)确定各项评价指标权重。上述各项指标对工程监理单位参加投标的影响程度是不同的，为了在评价中能反映各项指标的相对重要程度，应当对各项指标赋予不同权重。各项指标权重为 W_i，各 W_i 之和应当等于 1。

(3)各项评价指标评分。针对具体工程项目，衡量各项评价指标水平，可划分为好、较好、一般、较差、差五个等级，各等级赋予定量数值可按 1.0、0.8、0.6、0.4、0.2 进行打分。

(4)计算综合评价总分。将各项评价指标权重与等级评分相乘后累加，即可求出建设工程监理投标机会总分。

(5)决定是否投标。将建设工程监理投标机会总分与过去其他投标情况进行比较或者与工程监理单位事先确定的可接受的最低分数相比较，决定是否参加投标。

表 4-7 为某工程运用综合评价法辅助建设工程监理投标决策示例。

表 4-7　某建设工程监理投标综合评价法决策

投标考虑的因素	权重 W_i	等级 u					指标得分 $W_i \times u$
		好	较好	一般	较差	差	
总监理工程师能力	0.10			0.6			0.06
监理团队配置	0.10	1.0					0.10
技术水平	0.10	1.0					0.10
合同支付条件	0.10	1.0					0.10
同类工程经验	0.10				0.4		0.04
可支配的资源条件	0.10				0.4		0.04
竞争对手的数量和实力	0.10		0.8				0.08
竞争对手的投标积极性	0.05			0.6			0.03
项目利润	0.10	1.0					0.10
社会影响	0.05		0.8				0.04
风险情况	0.05	1.0					0.05
其他	0.05	1.0					0.05
总计							0.79

学习笔记

在实际操作过程中，投标考虑的因素集及其权重、等级可由工程监理单位投标决策机构组织企业经营、生产、人事等有投标经验的人员，以及外部专家进行综合分析、评估后确定。综合评价法也可用于工程监理单位对多个类似工程监理投标机会选择，综合评价分值最高者将作为优先投标对象。

2）决策树法

工程监理单位有时会同时收到多个不同或类似建设工程监理投标邀请书，而工程监理单位的资源是有限的，若不分重点地将资源平均分布到各个投标工程，则每一个工程中标的概率都很低。为此，工程监理单位应针对每项工程特点进行分析，比选不同方案，以期选出最佳投标对象。这种多项目多方案的选择，通常可以应用决策树法进行定量分析。

⑴适用范围。决策树分析法是适用于风险型决策分析的一种简便易行的实用方法，其特点是用一种树状图表示决策过程，通过事件出现的概率和损益期望值的计算比较，帮助决策者对行动方案做出抉择。当工程监理单位不考虑竞争对手的情况（投标时往往事先不知道参与投标的竞争对手），仅根据自身实力决定某些工程是否投标及如何报价时，则是典型的风险型决策问题，适用于决策树法进行分析。

⑵基本原理。决策树是模拟树木成长过程，从出发点（称决策点）开始不断分支来表示所分析问题的各种发展可能性，并以分支的期望值中最大（或最小）者作为选择依据。从决策点分出的支称为方案支，从方案支分出的支称为概率分支。方案支分出的各概率分支的分叉点及概率分支的分叉点，称为自然状态点。概率分支的终点称为损益值点。

绘制决策树时，自左向右，形成树状，其分支使用直线，决策点、自然状态点、损益值点，分别使用不同的符号。其画法如下：

①画一个方框作为决策点，并编号。

②从决策点向右引出若干条直（折）线，形成方案支，每条线段代表一个方案，方案名称一般直接标注在线段的上（下）方。

③每个方案支末端画一个圆圈，代表自然状态点。圆圈内编号，与决策点一起顺序排列。

④从自然状态点引出若干条直（折）线，形成概率分支，发生的概率一般直接标注在线段的上方（多数情况下标注在括号内）。

⑤如果问题只需要一级决策，则概率分支末端画一个“△”，表示终点。终点右侧标出该自然状态点的损益值。如还需要进行第二阶段决策，则用决策点“□”代替终点再重复上述步骤画出决策树。

⑶决策过程。用决策树法分析，其决策过程如下：

①先根据已知情况绘出决策树。

②计算期望值。一般从终点逆向逐步计算。每个自然状态点处的损益期望值 E_i 按式(4–1)计算：

$$E_i=\sum P_i \times B_i \quad (4\text{–}1)$$

式中　P_i、B_i——概率分支的概率和损益值。

一般将计算出的期望值直接标注于该自然状态点的下面。

③确定决策方案。各方案支端点自然状态点的损益期望值即为各方案的损益期望值。在比较方案时，若考虑的是收益值，则取最大期望值；若考虑的是损失值，则取最小期望值。根据计算出的期望值和决策者的才智与经验来分析，做出最后判断。

(4)决策树示例。某工程监理单位拥有的资源有限，只能在 A 和 B 两项大型工程中选 A 或 B 进行投标，或均不参加投标。若投标，根据过去投标经验，对两项工程各有高低报价两种策略。若投高价标，中标机会为 30%；若投低价标，中标机会为 50%。

这样，该工程监理单位共有 $A_{高}$、$A_{低}$、不投标、$B_{高}$、$B_{低}$五种方案。

工程监理单位根据过去承担过的类似工程数据进行分析，得到每种方案的利润和出现概率见(表4–8)。如果投标未果，则会损失50万元(投标准备费)。

表 4–8　投标方案、利润和概率

方案	效果	可能的利润 / 万元	概率
$A_{高}$	优	500	0.3
	一般	100	0.5
	赔	–300	0.2
$A_{低}$	优	400	0.2
	一般	50	0.6
	赔	–400	0.2
不投标		0	1.0
$B_{高}$	优	700	0.3
	一般	200	0.5
	赔	–300	0.2
$B_{低}$	优	600	0.3
	一般	100	0.6
	赔	–100	0.1

学习笔记

根据上述情况，可画出决策树，如图 4–1 所示。

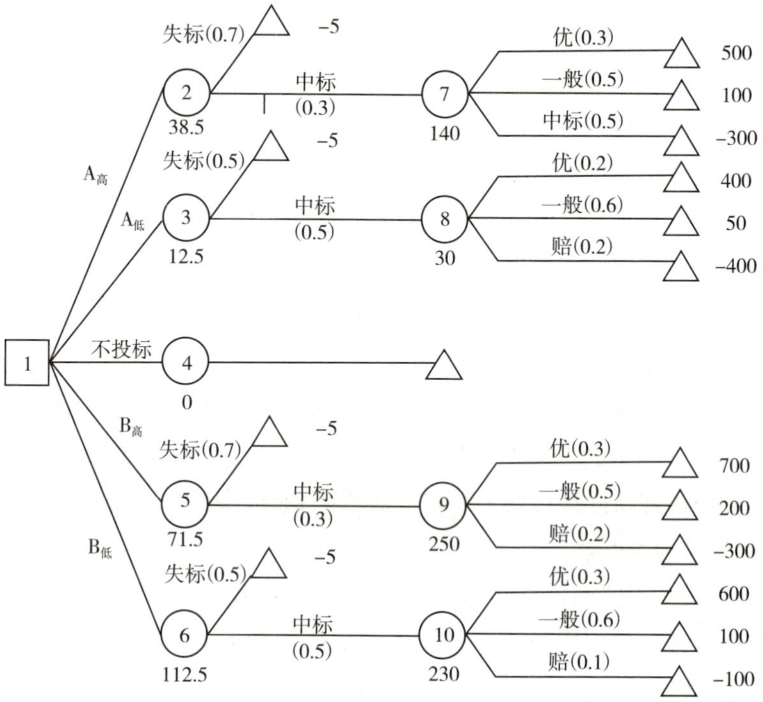

图 4–1　建设工程监理投标决策树

计算各自然状态点损益期望值。以 A$_{高}$方案为例，说明损益期望值的计算：

自然状态点⑦的损益期望值 E_7：E_7=0.3×500+0.5×100+0.2×(–300)=140(万元)；

将 E_7=140 万元标在⑦上面(或下面)。

自然状态点②的损益期望值 E_2：E_2=0.3×140+0.7×(–5)=38.5(万元)；同理，可分别求得自然状态点⑧、③、④、⑨、⑤、⑩、⑥的损益期望值。

至此，工程监理单位可以做出决策。如投 A 工程，宜投高价标；如投 B 工程，则应投低价标，而且从损益期望值角度看，选定 B 工程投低价标，更为有利。

(二)建设工程监理投标策划

建设工程监理投标策划是指从总体上规划建设工程监理投标活动的目标、组织、任务分工等，通过严格的管理过程，提高投标效率和效果。

(1)明确投标目标，决定资源投入。一旦决定投标，首先要明确投标目标，投标目标决定了企业层面对投标过程的资源支持力度。

(2)成立投标小组并确定任务分工。投标小组要由有类似建设工程监理投标经验的项目负责人全面负责收集信息,协调资源,做出决策,并组织参与资格审查、购买标书、编写质疑文件、进行质疑和现场踏勘、编制投标文件、封标、开标和答辩、标后总结等。同时,需要落实各参与人员的任务和职责,做到界面清晰,人尽其职。

学习笔记

(三)建设工程监理投标文件编制

建设工程监理投标文件反映了工程监理单位的综合实力和完成监理任务的能力,是招标人选择工程监理单位的主要依据之一。投标文件编制质量的高低,直接关系到中标可能性的大小,因此如何编制好建设工程监理投标文件是工程监理单位投标的首要任务。

1. 投标文件编制原则

(1) 响应招标文件,保证不被废标。建设工程监理投标文件编制的前提是要按招标文件要求的条款和内容格式编制,必须在满足招标文件要求的基本条件下,尽可能精益求精,响应招标文件实质性条款,防止废标发生。

(2) 认真研究招标文件,深入领会招标文件意图。一本规范化的招标文件少则十余页,多则几十页,甚至上百页,只有全部熟悉并领会各项条款要求,事先发现不理解或前后矛盾、表述不清的条款,通过标前答疑会,解决所有发现的问题,防止因不熟悉招标文件导致“失之毫厘,差之千里”的后果发生。

(3) 投标文件要内容详细、层次分明、重点突出。完整、规范的投标文件,应尽可能将投标人的想法、建议及自身实力叙述详细,做到内容深入而全面。为了尽可能让招标人或评标专家在很短的评标时间内了解投标文件内容及投标单位实力,就要在投标文件的编制上下功夫,做到层次分明,表达清楚,重点突出。投标文件体现的内容要针对招标文件评分办法的重点得分内容,如企业业绩、人员素质及监理大纲中建设工程目标控制要点等,要有意识地说明和标设,并在目录上专门列出或在编辑包装中采用装饰手法等,力求起到加深印象的作用,这样做会起到事半功倍的效果。

2. 投标文件编制依据

(1) 国家及地方有关建设工程监理投标的法律法规及政策。必须以国家及地方有关建设工程监理投标的法律法规及政策为准绳编制建设工程监理投标文件;否则,可能会造成投标文件的内容与法律法规及政策相抵触,甚至造成废标。

(2) 建设工程监理招标文件。工程监理投标文件必须对招标文件做出实质性响应,而且其内容尽可能与建设单位的意图或建设单位的要求相符合。越是能够贴切满足建设单位需求的投标文件,则越会受到建设单位的青睐,其获

学习笔记

取中标的概率也相对较高。

(3)企业现有的设备资源。编制建设工程监理投标文件时,必须考虑工程监理单位现有的设备资源。要根据不同监理标的具体情况进行统一调配,尽可能将工程监理单位现有可动用的设备资源编入建设工程监理投标文件,提高投标文件的竞争实力。

(4)企业现有的人力及技术资源。工程监理单位现有的人力及技术资源主要表现为有精通所招标工程的专业技术人员和具有丰富经验的总监理工程师、专业监理工程师、监理员;有工程项目管理、设计及施工专业特长,能帮助建设单位协调解决各类工程技术难题的能力;拥有同类建设工程监理经验;在各专业有一定技术能力的合作伙伴,必要时可联合向建设单位提供咨询服务。此外,应当将工程监理单位内部现有的人力及技术资源优化组合后编入监理投标文件中,以便在评标时获得较高的技术标得分。

(5)企业现有的管理资源。建设单位判断工程监理单位是否能胜任建设工程监理任务,在很大程度上要看工程监理单位在日常管理中有何特长,类似建设工程监理经验如何,针对本工程有何具体管理措施等。为此,工程监理单位应当将其现有的管理资源充分展现在投标文件中,以获得建设单位的注意,从而最终获取中标。

3. 监理大纲的编制

建设工程监理投标文件的核心是反映监理服务水平高低的监理大纲,尤其是针对工程具体情况制定的监理对策,以及向建设单位提出的原则性建议等。

监理大纲一般应包括以下主要内容:

(1)工程概述。根据建设单位提供和自己初步掌握的工程信息,对工程特征进行简要描述,主要包括:工程名称、工程内容及建设规模,工程结构或工艺特点,工程地点及自然条件概况,工程质量、造价和进度控制目标等。

(2)监理依据和监理工作内容:

①监理依据。法律法规及政策,工程建设标准[包括《建设工程监理规范》(GB/T 50319—2013)];工程勘察设计文件,建设工程监理合同及相关建设工程合同等。

②监理工作内容。一般包括质量控制、造价控制、进度控制、合同管理、信息管理、组织协调、安全生产管理的监理工作等。

(3)建设工程监理实施方案。建设工程监理实施方案是监理评标的重点。根据监理招标文件的要求,针对建设单位委托监理工程特点,拟定监理工作指导思想、工作计划;主要管理措施、技术措施以及控制要点;拟采用的监理方法

学习笔记

和手段;监理工作制度和流程;监理文件资料管理和工作表式;拟投入的资源等。建设单位一般会特别关注工程监理单位资源的投入:一方面是项目监理机构的设置和人员配备,包括监理人员(尤其是总监理工程师)素质、监理人员数量和专业配套情况;另一方面是监理设备配置,包括检测、办公、交通和通信等设备。

(4)建设工程监理难点、重点及合理化建议。建设工程监理难点、重点及合理化建议是整个投标文件的精髓。工程监理单位在熟悉招标文件和施工图的基础上,要按实际监理工作的开展和部署进行策划,既要全面涵盖"三控两管一协调"和安全生产管理职责的内容,又要有针对性地提出重点工作内容、分部分项工程控制措施和方法以及合理化建议,并说明采纳这些建议将会在工程质量、造价、进度等方面产生的效益。

4. 编制投标文件的注意事项

建设工程监理招标、评标注重对工程监理单位能力的选择。因此,工程监理单位在投标时应在体现监理能力方面下功夫,应着重解决下列问题:

(1)投标文件应对招标文件内容做出实质性响应。

(2)项目监理机构的设置应合理,要突出监理人员素质,尤其是总监理工程师人选,将是建设单位重点考察的对象。

(3)应有类似建设工程监理经验。

(4)监理大纲能充分体现工程监理单位的技术、管理能力。

(5)监理服务报价应符合国家收费规定和招标文件对报价的要求,以及建设工程监理成本利润测算。

(6)投标文件既要响应招标文件要求,又要巧妙回避建设单位的苛刻要求,同时还要避免为提高竞争力而盲目扩大监理工作范围,否则会给合同履行留下隐患。

(四)参加开标及答辩

1. 参加开标

参加开标是工程监理单位需要认真准备的投标活动,应按时参加开标,避免废标情况发生。

2. 答辩

工程监理单位要充分做好答辩前的准备工作,强化工程监理人员的答辩能力,提高答辩信心,积累相关经验,提升监理队伍的整体实力,包括仪表、自信心、表达力、知识储备等。平时要有计划地培训学习,逐步提高整体实战能力,并形成一整套可复制的模拟实战方案,这样才能实现专业技术与管理能力

学习笔记

同步，做到精心准备与快速反应有机结合。答辩前，应拟定答辩的基本范围和纲领，细化到人和具体内容，组织演练，相互提问。另外，要了解对手，知己知彼、百战不殆，了解竞争对手的实力和拟定安排的总监理工程师及团队，完善自己的团队，发挥自身优势。在各组织成员配齐后，总监理工程师就可以担当答辩的组织者，以团队精神做好心理准备，再调整每个人的情绪，以饱满的精神沉着应对。

（五）投标后评估

投标后评估是对投标全过程的分析和总结，对一个成熟的工程监理企业，无论建设工程监理投标成功与否，投标后评估不可缺少。投标后评估要全面评价投标决策是否正确，影响因素和环境条件是否分析全面，重难点和合理化建议是否有针对性，总监理工程师及项目监理机构成员人数、资历及组织机构设置是否合理，投标报价预测是否准确，参加开标和总监理工程师答辩准备是否充分，投标过程组织是否到位等。投标过程中任何导致成功与失败的细节都不能放过，这些细节是工程监理单位在随后投标过程中需要注意的问题。

二、建设工程监理投标策略

建设工程监理投标策略的合理制定和成功实施关键在于对影响投标因素的深入分析、招标文件的把握和深刻理解、投标策略的针对性选择、项目监理机构的合理设置、合理化建议的重视以及答辩的有效组织等环节。

（一）深入分析影响监理投标的因素

深入分析影响投标的因素是制定投标策略的前提。针对建设工程监理特点，结合中国监理行业现状，可将影响投标决策的因素大致分为“正常因素”和“非正常因素”两大类。其中，“非正常因素”主要指受各种人为因素影响而出现的“假招标”“权力标”“陪标”“低价抢标”“保护性招标”等，这均属于违法行为，应予以禁止，此处不讨论。对于正常因素，根据其性质和作用，可归纳为以下四类。

1. 分析建设单位(买方)

招标投标是一种买卖交易，在当今建筑市场属于买方市场的情况下，工程监理单位要想中标，分析建设单位（买方）因素是至关重要的。

(1)分析建设单位对中标人的要求和建设单位提供的条件。目前，我国建设工程监理招标文件里都有综合评分标准及评分细则，它集中反映了建设单位的需求。工程监理单位应对照评分标准逐一进行自我测评，做到心中有数。特别要分析建设单位在评分细则中关于报价的分值比例，这会影响工程监理单位的投标策略。

建设单位提供的条件在招标文件中均有详细说明，工程监理单位应一一认真分析，特别是建设单位的授权和监理费用的支付条件等。

(2) 分析建设单位对于工程建设资金的落实和筹措情况。

(3) 分析建设单位领导层核心人物及下层管理人员资质、能力、水平、素质等，特别是对核心人物的心理分析更为重要。

(4) 如果在建设工程监理招标时，施工单位事先已经被选定，建设单位与施工单位的关系也是工程监理单位应关心的问题之一。

2. 分析投标人(卖方)自身

(1) 根据企业当前经营状况和长远经营目标，决定是否参加建设工程监理投标。如果企业经营管理不善或因其他政治经济环境变化，造成企业生存危机，就应考虑"生存型"投标，即使不盈利甚至赔本也要投标；如果企业希望开拓市场、打入新的地区(或领域)，可以考虑"竞争型"投标，即使低盈利也可投标；如果企业经营状况很好，在某些地区已打开局面，对建设单位有较好的品牌效应，信誉度较高时，可以采取"盈利型"投标，即使难度大，困难多一些，也可以参与竞争，以获取丰厚利润和社会经济效益。

(2) 根据自身能力，量力而行。就我国目前情况看，相当多的工程监理单位或多或少处于任务不饱满的状况，有鉴于此，应尽可能积极参与投标，特别是接到建设单位邀请的项目。这主要是基于以下四点：第一，参加投标项目多，中标机会就多；第二，经常参加投标，在公众面前出现的机会就多，起到了广告宣传作用；第三，通过参加投标，积累经验，掌握市场行情，收集信息，了解竞争对手惯用策略；第四，当建设单位邀请时，如果不参加(或不响应)，于情于理不容，有可能破坏信誉度，从而失去开拓市场的机会。

(3) 采用联合体投标，可以扬长补短。在现代建筑越来越大、越来越复杂的情况下，多大的企业也不可能是万能的，因此联合是必然的，特别是加入 WTO 之后，中外监理企业的联合更是"双赢"的需要，这种情况下，就需要对联合体合作伙伴进行深入了解和分析。

3. 分析竞争对手

商场即战场，我们的取胜就意味着对手的失败，要击败对手，就必然要对竞争者进行分析。综合起来，要从以下几个方面分析对手：

(1) 分析竞争对手的数量和实际竞争对手，以往同类工程投标竞争的结果，竞争对手的实力等。

学习笔记

(2) 分析竞争对手的投标积极性。如果竞争对手面临生存危机，势必采用“生存型”投标策略；如果竞争者是作为联合体投标，势必采用“盈利型”投标策略。总之，要分析竞争对手的发展目标、经营策略、技术实力、以往投标资料、社会形象及目前建设工程监理任务饱满度等，判断其投标积极性，进而调整自己的投标策略。

(3) 了解竞争对手决策者情况。在分析竞争对手的同时，详细了解竞争对手决策者年龄、文化程度、心理状态、性格特点及其追求目标，从而可以推断其在投标过程中的应变能力和谈判技巧，根据其在建设单位心目中留下的印象，调整自己的投标策略和技巧。

4. 分析环境和条件

(1) 要分析施工单位。施工单位是建设工程监理最直接、至关重要的环境条件，如果一个信誉不好、技术力量薄弱、管理水平低下的施工单位作为被监理对象，不仅管理难度大、费人费时，而且由工程监理单位来承担其工作失误所带来的风险也就比较大，如果这类施工单位再与建设单位关系“暧昧”，建设工程监理工作难度将大幅增加。此外，要特别注意了解施工单位履行合同的能力，从而制定有针对性的监理策略和措施。

(2) 要分析工程难易程度。

(3) 要分析水文、气候、地形地貌等自然条件及工作环境的艰苦程度。

(4) 要分析设计单位的水平和人员素质。

(5) 要分析工程所在地社会文化环境，特别是当地政府与人民群众的态度等。

(6) 要分析工程条件和环境风险。

项目监理机构设置、人员配备、交通和通信设备的购置、工作生活的安置以及所需费用列支，都离不开对上述环境和条件的分析。

（二）把握和深刻理解招标文件精神

招标文件是建设单位对所需服务提出的要求，是工程监理单位编制投标文件的依据。因此，把握和深刻理解招标文件精神是制定投标策略的基础。工程监理单位必须详细研究招标文件，吃透其精神，才能在编制投标文件中全面、最大程度、实质性地响应招标文件的要求。

在领取招标文件时，应根据招标文件目录仔细检查其是否有缺页、字迹模糊等情况。若有，应立即或在招标文件规定的时间内，向招标人换取完整无误的招标文件。

研究招标文件时，应先了解工程概况、工期、监理工作范围与内容、监理目标要求等。如对招标文件有疑问需要解释的，要按招标文件规定的时间和方式，及时向招标人提出询问。招标文件的书面修改也是招标文件的组成部分，投标单位也应予以重视。

学习笔记

（三）选择有针对性的监理投标策略

由于招标内容不同、投标人不同，所采取的投标策略也不相同，下面介绍几种常用的投标策略，投标人可根据实际情况进行选择。

1. 以信誉和口碑取胜

工程监理单位依靠其在行业和客户中长期形成的良好信誉和口碑，争取招标人的信任和支持，不参与价格竞争，这个策略适用于特大、有代表性或有重大影响力的工程，这类工程的招标人注重工程监理单位的服务品质，对于价格因素不是很敏感。

2. 以缩短工期等承诺取胜

工程监理单位如对于某类工程的工期很有信心，可做出对于招标人有利的保证，借此吸引招标人的注意。同时，工程监理单位需向招标人提出保证措施和惩罚性条款，确保承诺的可实施性。此策略适用于建设单位对工期等因素比较敏感的工程。

3. 以附加服务取胜

目前，随着建设工程复杂性程度的加大，招标人对于前期配套、设计管理等外延的服务需求越来越强烈，但招标人限于工程概算的限制，没有额外的经费聘请能提供此类服务的项目管理单位，如工程监理单位具有工程咨询、工程设计、招标代理、造价咨询及其他相关的资质，可在投标过程中向招标人推介此项优势。此策略适用于工程项目前期建设较为复杂，招标人组织结构不完善，专业人才和经验不足的工程。

4. 适应长远发展的策略

投标的目的不在于当前招标工程上获利，而着眼于发展，争取将来的优势，如为了开辟新市场、参与某项有代表意义的工程等，宁可在当前招标工程中以微利甚至无利价格参与竞争。

（四）充分重视项目监理机构的合理设置

充分重视项目监理机构的设置是实现监理投标策略的保证。由于监理服务性质的特殊性，监理服务的优劣不仅依赖于监理人员是否遵循规范化的监理程序和方法，更取决于监理人员的业务素质、经验、分析问题、判断问题和解决问题的能力以及风险意识。因此，招标人会特别注重项目监理机构的设置

学习笔记

和人员配备情况。工程监理单位必须选派与工程要求相适应的总监理工程师，配备专业齐全、结构合理的现场监理人员。具体操作中应特别注意：

(1)项目监理机构成员应满足招标文件的要求。有必要的话，可提交一份工程监理单位支撑本工程的专家名单。

(2)项目监理机构人员名单应明确每一位监理人员的姓名、性别、年龄、专业、职称、拟派职务、资格等，并以横道图形式明确每一位监理人员拟派驻现场及退场时间。

(3)总监理工程师应具备同类建设工程监理经验，有良好的组织协调能力。若工程项目复杂或者考虑特殊管理需求，可考虑配备总监理工程师代表。

(4)对总监理工程师及其他监理人员的能力和经验介绍要尽量做到翔实，重点说明现有人员配备对完成建设工程监理任务的适应性和针对性等。

(五)重视提出合理化建议

招标人往往会比较关心投标人此部分内容，借此了解投标人的专业技术能力、管理水平以及投标人对工程的熟悉程度和关注程度等，从而提升招标人对工程监理单位承担和完成监理任务的信心。因此，重视提出合理化建议是促进投标策略实现的有力措施。

(六)有效地组织项目监理团队答辩

项目监理团队答辩的关键是总监理工程师的答辩，而总监理工程师是否成功答辩已成为招标人和评标委员会选择工程监理单位的重要依据。因此，有效地组织总监理工程师及项目监理团队答辩已成为促进投标策略实现的有力措施，可以大大提升工程监理单位的中标率。

总监理工程师参加答辩会，应携带答辩提纲和主要参考资料。另外，还应带上笔和笔记本，以便将专家提出的问题记录下来。在进行充分准备的基础上，要树立信心，消除紧张慌乱心理，才能在答辩时有良好表现。答辩时要集中注意力，认真聆听，并将问题略记在笔记本上，仔细推敲问题的要害和本质，切忌未弄清题意就匆忙作答，要充满自信地以流畅的语言和肯定的语气将自己的见解讲述出来。回答问题，一要抓住要害，简明扼要；二要力求客观、全面、辩证，留有余地；三要条理清晰，层次分明。如果对问题中有些概念不太理解，可以请提问专家做些解释，或者将自己对问题的理解表达出来，并问清是不是该意思，得到确认后再作答。

学习笔记

【思政园地】

20 家投标公司都是假的，警方侦破特大串通投标案

5 月 14 日记者从某公安厅获悉，2018 年 3 月，某市赵府家园西区北安置房及配套工程招标公告通过政府招标网站发布，犯罪嫌疑人潘某、穆某等为高价取得该工程的承包建设权，通过申某、王某等联系具有参与投标资质的企业共计 20 家，帮其围标、串标，以达到取得该工程承包建设权的目的。

潘某、穆某为这些参与围标企业提供投标保证金和费用，统一制作商务标书和确定标价，并为参与围标的每家企业安排各标段的具体标价，开标时各围标企业投标代理人和建造师出场，该项目标的控制价 22 246 万元，中标价 19 786 万元。

随后该市公安机关侦破此案，先后抓获围标组织人、围标参与人共计 30 人。

考证知识训练

模块四考证知识训练

模块五　建设工程监理组织

【任务导入】 本模块学习建设工程监理组织。建设工程监理组织是完成建设工程监理工作的基础和前提。在建设工程的不同组织管理模式下，可采用不同的建设工程监理委托方式。工程监理单位接受建设单位委托后，需要按照一定的程序和原则实施监理。项目监理机构作为工程监理单位派驻施工现场履行建设工程监理合同的组织机构，需要根据建设工程监理合同约定的服务内容、服务期限，以及工程特点、规模、技术复杂程度、环境等因素设立，同时需要明确项目监理机构中各类人员的基本职责。

任务一　建设工程监理委托方式及实施程序

一、建设工程监理委托方式

建设工程监理委托方式

建设工程监理委托方式的选择与建设工程组织管理模式密切相关。建设工程可采用平行承发包、施工总承包、工程总承包等组织管理模式，在不同建设工程组织管理模式下，可选择不同的建设工程监理委托方式。

（一）平行承发包模式下工程监理委托方式

平行承发包模式是指建设单位将建设工程设计、施工及材料设备采购任务经分解后分别发包给若干设计单位、施工单位和材料设备供应单位，并分别与各承包单位签订合同的组织管理模式。平行承发包模式中，各设计单位、各施工单位、各材料设备供应单位之间的关系是平行关系，如图 5–1 所示。

学习笔记

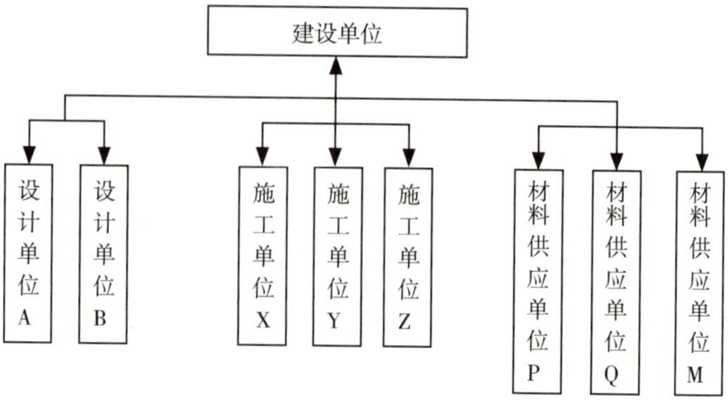

图 5-1 建设工程平行承发包模式

采用平行承发包模式，由于各承包单位在其承包范围内同时进行相关工作，有利于缩短工期、控制质量，也有利于建设单位在更广范围内选择施工单位。但该模式的缺点是：合同数量多，会造成合同管理困难。工程造价控制难度大，表现为：一是工程总价不易确定，影响工程造价控制的实施；二是工程招标任务量大，需控制多项合同价格，增加了工程造价控制难度；三是在施工过程中设计变更和修改较多，导致工程造价增加。

在建设工程平行承发包模式下，建设工程监理委托方式有以下两种主要形式。

1. 业主委托一家工程监理单位实施监理

这种委托方式要求被委托的工程监理单位应具有较强的合同管理与组织协调能力，并能做好全面规划工作。工程监理单位的项目监理机构可以组建多个监理分支机构对各施工单位分别实施监理。在建设工程监理过程中，总监理工程师应重点做好总体协调工作，加强横向联系，保证建设工程监理工作的有效运行。该委托方式如图 5-2 所示。

建设工程组织管理基本模式

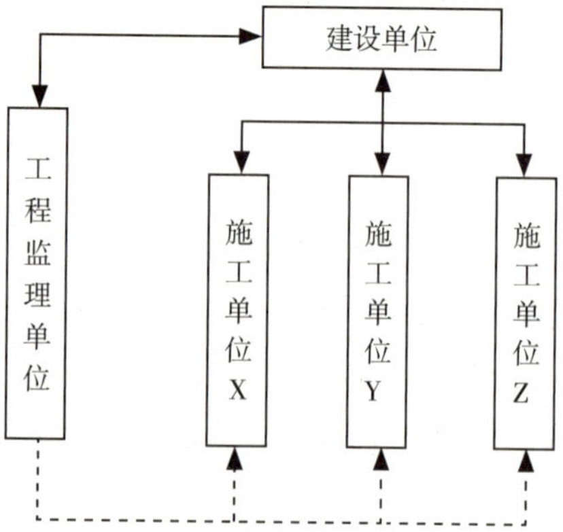

图 5-2 平行承发包模式下委托一家工程监理单位的组织方式

Study 学习笔记

2. 建设单位委托多家工程监理单位实施监理

建设单位委托多家工程监理单位针对不同施工单位实施监理，需要分别与多家工程监理单位签订工程监理合同，这样，各工程监理单位之间的相互协作与配合需要建设单位进行协调。采用这种委托方式，工程监理单位的监理对象相对单一，便于管理，但建设工程监理工作被肢解，各家工程监理单位各负其责，缺少一个对建设工程进行总体规划与协调控制的工程监理单位。该委托方式如图 5-3 所示。

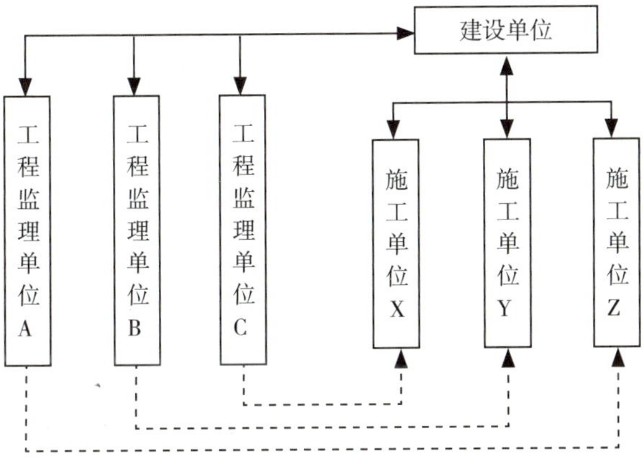

图 5-3　平行承发包模式下委托多家工程监理单位的组织方式

为了克服上述不足，在某些大、中型建设工程监理实践中，建设单位首先委托一个“总监理工程师单位”，总体负责建设工程总规划和协调控制，再由建设单位与“总监理工程师单位”共同选择几家工程监理单位分别承担不同施工合同段的监理任务。在建设工程监理工作中，由“总监理工程师单位”负责协调、管理各工程监理单位工作，从而可大大减轻建设单位的管理压力。该委托方式如图 5-4 所示。

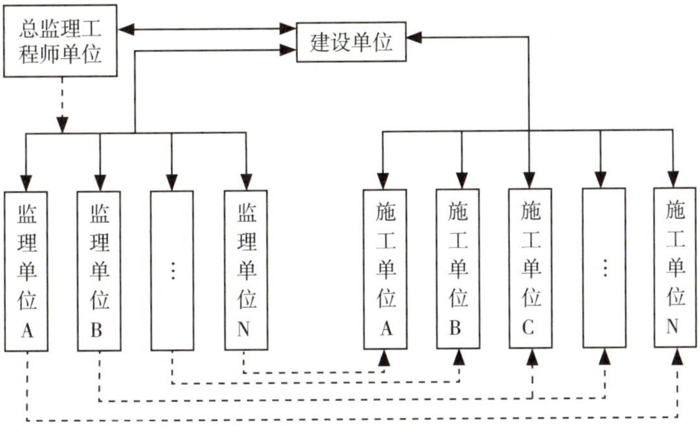

图 5-4　平行承发包模式下委托“总监理工程师单位”的组织方式

学习笔记

（二）施工总承包模式下建设工程监理委托方式

施工总承包模式是指建设单位将全部施工任务发包给一家施工单位作为总承包单位，总承包单位可以将其部分任务分包给其他施工单位，形成一个施工总包合同及若干个分包合同的组织管理模式，如图 5–5 所示。

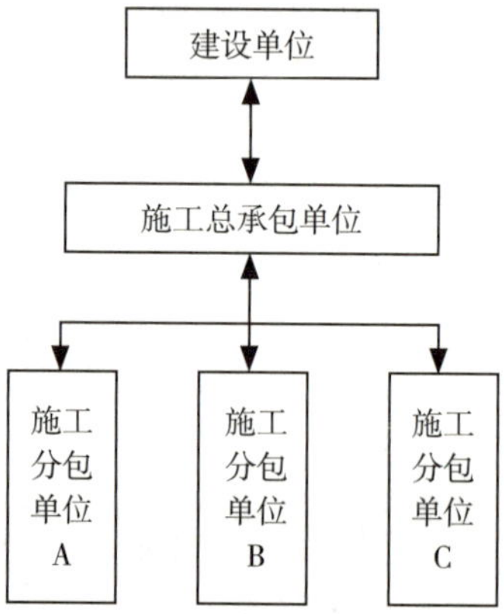

图 5–5　施工总承包模式下建设工程施工总承包模式

采用建设工程施工总承包模式，有利于建设工程的组织管理。由于施工合同数量比平行承发包模式更少，有利于建设单位的合同管理，减少协调工作量，可发挥工程监理单位与施工总承包单位多层次协调的积极性；总包合同价可较早确定，有利于控制工程造价；由于既有施工分包单位的自控，又有施工总承包单位的监督，还有工程监理单位的检查认可，有利于工程质量控制；施工总承包单位具有控制的积极性，施工各分包单位之间也有相互制约的作用，有利于总体进度的协调控制。但该模式的缺点是：建设周期较长；施工总承包单位的报价可能较高。

在建设工程施工总承包模式下，建设单位通常应委托一家工程监理单位实施监理，这样有利于工程监理单位统筹考虑工程质量控制、造价控制、进度控制，合理进行总体规划协调，更可使监理工程师掌握设计思路与设计意图，有利于实施建设工程监理工作。

虽然施工总承包单位对施工合同承担承包方的最终责任，但分包单位的资格、能力直接影响工程质量、进度等目标的实现，因此监理工程师必须做好对分包单位资格的审查、确认工作。

在建设工程施工总承包模式下，建设单位委托监理方式如图 5–6 所示。

（三）工程总承包模式下建设工程监理委托方式

工程总承包模式是指建设单位将工程设计、施工、材料设备采购等工作全部发包给一家承包单位，由其进行实质性设计、施工和采购工作，最后向建设单位交出一个已达到动用条件的工程。按这种模式发包的工程也称“交钥匙工程”。工程总承包模式如图5-7所示。

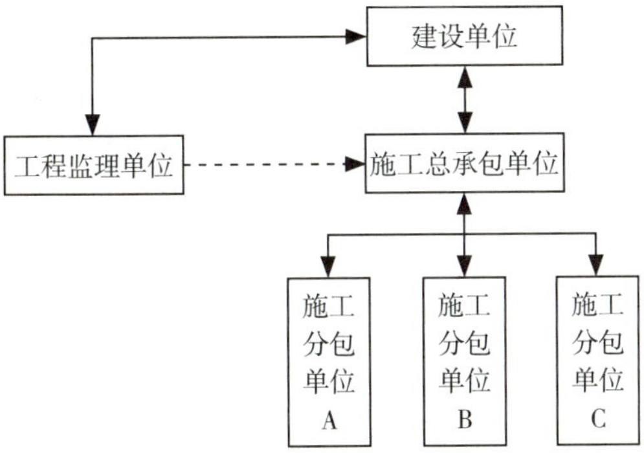

图5-6　施工总承包模式下委托工程监理单位的组织方式

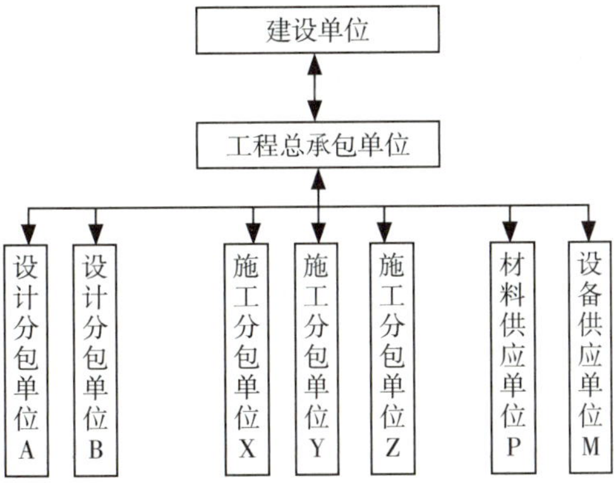

图5-7　工程总承包模式

采用建设工程总承包模式，建设单位的合同关系简单，组织协调工作量小。由于工程设计与施工由一个承包单位统筹安排，一般能做到工程设计与施工的相互搭接，有利于控制工程进度，可缩短建设周期。通过统筹考虑工程设计与施工，可以从价值工程或全寿命期费用角度取得明显的经济效果，有利于工程造价控制。但该模式的缺点是：合同条款不易准确确定，容易造成合同争议。合同数量虽少，但合同管理难度一般较大，造成招标发包工作难度大；由于承包范围大，介入工程项目时间早，工程信息未知数多，总承包单位要承担较大风险；由于有工程总承包能力的单位数量相对较少，建设单位择优选定工程总承包单位的范围小；工程质量标准和功能要求不易做到全面、具体、准确，“他人控制”机制薄弱，使工程质量控制难度加大。

在工程总承包模式下，建设单位一般应委托一家工程监理单位实施监理。在该委托方式下，监理工程师须具备较全面的知识，做好合同管理工作。

该委托工程监理单位的组织方式如图 5–8 所示。

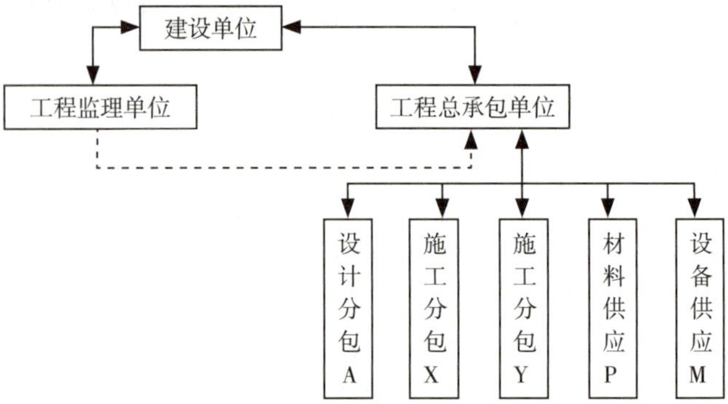

图 5–8　工程总承包模式下委托工程监理单位的组织方式

二、建设工程监理实施程序和原则

建设工程监理实施程序和原则

（一）建设工程监理实施程序

1. 组建项目监理机构

工程监理单位在参与建设工程监理投标、承接建设工程监理任务时，应根据建设工程规模、性质，建设单位对建设工程监理的要求，选派称职的人员主持该项工作。在建设工程监理任务确定并签订建设工程监理合同时，该主持人即可作为总监理工程师在建设工程监理合同中予以明确。总监理工程师是一个建设工程监理工作的总负责人，他对内向工程监理单位负责，对外向建设单位负责。

项目监理机构人员构成是建设工程监理投标文件中的重要内容，是建设单位在评标过程中认可的。总监理工程师应根据监理大纲和签订的建设工程监理合同组建项目监理机构，并在监理规划和具体实施计划执行中进行及时调整。

2. 进一步收集建设工程监理的有关资料

项目监理机构应收集建设工程监理的有关资料，作为开展监理工作的依据。这些资料具体如下所述：

（1）反映工程项目特征的有关资料。主要包括：工程项目的批文，规划部门关于规划红线范围和设计条件的通知，土地管理部门关于准予用地的批文，批准的工程项目可行性研究报告或设计任务书，工程项目地形图，工程勘察成果文件，工程设计图纸及有关说明等。

（2）反映当地工程建设政策、法规的有关资料。主要包括：关于工程建设报建程序的有关规定，当地关于拆迁工作的有关规定，当地有关建设工程监理的有关规定，当地关于工程建设招标投标的有关规定，当地关于工程造价管理的有关规定等。

(3)反映工程所在地经济状况等建设条件的资料。主要包括：气象资料，工程地质及水文地质资料，与交通运输（包括铁路、公路、航运）有关的可提供的能力、时间及价格等的资料，与供水、供电、供热、供燃气、电信有关的可提供的容(用)量、价格等的资料，勘察设计单位状况，土建、安装施工单位状况，建筑材料及构件、半成品的生产、供应情况，进口设备及材料的到货口岸、运输方式等。

(4)类似工程项目建设情况的有关资料。主要包括：类似工程项目投资方面的有关资料，类似工程项目建设工期方面的有关资料，类似工程项目的其他技术经济指标等。

3. 编制监理规划及监理实施细则

监理规划是项目监理机构全面开展建设工程监理工作的指导性文件。监理实施细则是在监理规划的基础上，根据有关规定、监理工作需要针对某一专业或某一方面建设工程监理工作而编制的操作性文件。关于监理规划及监理实施细则的编制、审批等详见本书模块十。

4. 规范化地开展监理工作

项目监理机构应按照建设工程监理合同约定，依据监理规划及监理实施细则规范化地开展建设工程监理工作。建设工程监理工作的规范化体现在以下几个方面：

(1)工作的时序性。指建设工程监理各项工作都应按一定的逻辑顺序展开，使建设工程监理工作能有效地达到目的而不致造成工作状态的无序和混乱。

(2)职责分工的严密性。建设工程监理工作是由不同专业、不同层次的专家群体共同来完成的，他们之间严密的职责分工是协调进行建设工程监理工作的前提和实现建设工程监理目标的重要保证。

(3)工作目标的确定性。在职责分工的基础上，每一项监理工作的具体目标都应确定，完成的时间也应有明确的限定，从而能通过书面资料对建设工程监理工作及其效果进行检查和考核。

5. 参与工程竣工验收

建设工程施工完成后，项目监理机构应在正式验收前组织工程竣工预验收。对预验收中发现的问题，应及时与施工单位沟通，提出整改要求。项目监理机构人员应参加由建设单位组织的工程竣工验收，签署工程监理意见。

6. 向建设单位提交建设工程监理文件资料

建设工程监理工作完成后，项目监理机构应向建设单位提交工程变更资

学习笔记

料、监理指令性文件、各类签证等文件资料。

7. 进行监理工作总结

监理工作完成后，项目监理机构应及时从以下两方面进行监理工作总结：

(1) 向建设单位提交的监理工作总结。主要内容包括：建设工程监理合同履行情况概述，监理任务或监理目标完成情况评价，由建设单位提供的供项目监理机构使用的办公用房、车辆、试验设施等的清单，表明建设工程监理工作终结的说明等。

(2) 向工程监理单位提交的监理工作总结。主要内容包括：建设工程监理工作的成效和经验，可以是采用某种监理技术、方法的成效和经验，也可以是采取某种经济措施、组织措施的成效和经验，以及建设工程监理合同执行方面的成效和经验或如何处理好与建设单位、施工单位关系的经验等；建设工程监理工作中发现的问题、处理情况及改进建议。

（二）建设工程监理实施原则

建设工程监理单位受建设单位委托实施建设工程监理时，应遵循以下基本原则。

1. 公平、独立、诚信、科学的原则

监理工程师在建设工程监理中必须尊重科学、尊重事实、组织各方协同配合，既要维护建设单位的合法权益，也不能损害其他有关单位的合法权益。为使这一职能顺利实施，必须坚持公平、独立、诚信、科学的原则。建设单位与施工单位虽然都是独立运行的经济主体，但他们追求的经济目标有差异，各自的行为也有差别，监理工程师应在按合同约定的权、责、利关系的基础上，协调双方的一致性。独立是公平地开展监理活动的前提，诚信、科学是监理工作质量的根本保证。

2. 权责一致的原则

工程监理单位实施监理是受建设单位的委托授权并根据有关建设工程监理法律法规而进行的。这种权力的授予，除体现在建设单位与工程监理单位签订的建设工程监理合同之中外，还应体现在建设单位与施工单位签订的建设工程施工合同中。工程监理单位履行监理职责、承担监理责任，需要建设单位授予相应的权力。同样，由于总监理工程师是工程监理单位履行建设工程监理合同的全权代表，由总监理工程师代表工程监理单位履行建设工程监理职责、承担建设工程监理责任，因此工程监理单位应给予总监理工程师充分授权，体现权责一致的原则。

学习笔记

3. 总监理工程师负责制的原则

总监理工程师负责制指由总监理工程师全面负责建设工程监理实施工作，其内涵如下：

(1) 总监理工程师是建设工程监理的责任主体。总监理工程师是实现建设工程监理目标的最高责任者，应是向建设单位和工程监理单位所负责任的承担者。责任是总监理工程师负责制的核心，它构成了对总监理工程师的工作压力和动力，也是确定总监理工程师权力和利益的依据。

(2) 总监理工程师是建设工程监理的权力主体。根据总监理工程师承担责任的要求，总监理工程师负责制体现了总监理工程师全面领导工程项目监理工作。包括组建项目监理机构，组织编制监理规划，组织实施监理活动，对监理工作进行总结、监督、评价等。

(3) 总监理工程师是建设工程监理的利益主体。总监理工程师对社会公众利益负责，对建设单位投资效益负责，同时也对所监理项目的监理效益负责，并负责项目监理机构所有监理人员利益的分配。

4. 严格监理，热情服务的原则

严格监理就是要求监理人员严格按照法规、政策、标准和合同控制工程项目目标，严格把关，依照规定的程序和制度，认真履行监理职责，建立良好的工作作风。

监理工程师还应为建设单位提供热情服务，“应运用合理的技能，谨慎而勤奋地工作”。监理工程师应按照建设工程监理合同的要求，多方位、多层次地为建设单位提供良好服务，维护建设单位的正当权益。但不顾施工单位的正当经济利益，一味地向施工单位转嫁风险，也非明智之举。

5. 综合效益的原则

建设工程监理活动既要考虑建设单位的经济利益，也必须考虑与社会效益和环境效益的有机统一。建设工程监理活动虽经建设单位的委托和授权才得以进行，但监理工程师应首先严格遵守工程建设管理的有关法律法规及标准，既要对建设单位负责，谋求最大的经济效益，又要对国家和社会负责，取得最佳的综合效益。只有在符合宏观经济效益、社会效益和环境效益的条件下，业主投资项目的微观经济效益才能得以实现。

6. 实事求是的原则

在监理工作中，监理工程师应尊重事实。监理工程师的任何指令、判断应以事实为依据，有证明、检验、试验资料等。

学习笔记

【思政园地】

"一带一路"

推动"一带一路""走出去"实施战略。目前，我国有65家企业进入2017年度全球最大250家国际承包商榜单，国际业务占比13.9%，欧洲承包商平均占比74.9%，美国承包商占比49.6%。我国对外承包业务虽然遍布世界190多个国家和地区，但80%以上的业务集中在亚非等新兴地区和不发达地区。国际大型承包商BOT（建设－经营－转让）、PPP（政府和社会资本合作）项目占75%，中国建筑业企业EPC项目及施工总承包项目分别占比44%和36%，仍处于初级发展阶段。因此，加快推行工程总承包，促进行业转型升级，才能有效提升建筑业企业的核心竞争力，在"一带一路"大背景下，推动企业"走出去"战略的实施。

任务二　项目监理机构及监理人员职责

项目监理机构是工程监理单位实施监理时，派驻工地负责履行建设工程监理合同的组织机构。项目监理机构的组织结构模式和规模，可根据建设工程监理合同约定的服务内容、服务期限，以及工程特点、规模、技术复杂程度、环境等因素确定。在施工现场监理工作全部完成或建设工程监理合同终止时，项目监理机构可撤离施工现场。撤离施工现场前，应由监理单位书面通知建设单位，并办理相关移交手续。

组织的基本原理

一、项目监理机构的设立

（一）项目监理机构设立的基本要求

设立项目监理机构应满足以下基本要求：

(1) 项目监理机构的设立应遵循适应、精简、高效的原则，要有利于建设工程监理目标控制和合同管理，要有利于建设工程监理职责的划分和监理人员的分工协作，要有利于建设工程监理的科学决策和信息沟通。

(2) 项目监理机构的监理人员应由一名总监理工程师、若干名专业监理工程师和监理员组成，且专业配套，数量应满足监理工作和建设工程监理合同对监理工作深度及建设工程监理目标控制的要求，必要时可设总监理工程师代表。

学习笔记

项目监理机构可设置总监理工程师代表的情形包括：

①工程规模较大，专业较复杂，总监理工程师难以处理多个专业工程时，可按专业设总监理工程师代表。

②一个建设工程监理合同中包含多个相对独立的施工合同，可按施工合同段设总监理工程师代表。

③工程规模较大，地域比较分散，可按工程地域设置总监理工程师代表。

除总监理工程师、专业监理工程师和监理员外，项目监理机构还可根据监理工作需要，配备文秘、翻译、司机或其他行政辅助人员。

(3) 一名注册监理工程师可担任一项建设工程监理合同的总监理工程师。当需要同时担任多项建设工程监理合同的总监理工程师时，应经建设单位书面同意，且最多不得超过三项。

(4) 工程监理单位更换、调整项目监理机构监理人员，应做好交接工作，保持建设工程监理工作的连续性。工程监理单位调换总监理工程师，应征得建设单位书面同意；调换专业监理工程师时，总监理工程师应书面通知建设单位。

（二）项目监理机构设立的步骤

建立项目监理机构的步骤

工程监理单位在组建项目监理机构时，一般按以下步骤进行。

1. 确定项目监理机构目标

建设工程监理目标是项目监理机构建立的前提，项目监理机构的建立应根据建设工程监理合同中确定的目标，制定总目标并明确划分项目监理机构的分解目标。

2. 确定监理工作内容

根据监理目标和建设工程监理合同中规定的监理任务，明确列出监理工作内容，并进行分类归并及组合。监理工作的归并及组合应便于监理目标控制，并综合考虑工程组织管理模式、工程结构特点、合同工期要求、工程复杂程度、工程管理及技术特点，还应考虑工程监理单位自身的组织管理水平、监理人员数量、技术业务特点等。

3. 项目监理机构组织结构设计

(1) 选择组织结构形式。由于建设工程规模、性质等的不同，应选择适宜的组织结构形式设计项目监理机构组织结构，以适应监理工作需要。组织结构形式选择的基本原则是：有利于工程合同管理，有利于监理目标控制，有利于决策指挥，有利于信息沟通。

(2) 合理确定管理层次与管理跨度。管理层次是指组织的最高管理者到

学习笔记

最基层实际工作人员之间等级层次的数量。管理层次可分为三个层次,即决策层、中间控制层和操作层。组织的最高管理者到最基层实际工作人员权责逐层递减,而人数却逐层递增。

项目监理机构中的三个层次:

①决策层。主要是指总监理工程师、总监理工程师代表,根据建设工程监理合同的要求和监理活动内容进行科学化、程序化决策与管理;

②中间控制层(协调层和执行层)。由各专业监理工程师组成,具体负责监理规划的落实,监理目标控制及合同实施的管理;

③操作层。主要由监理员组成,具体负责监理活动的操作实施。

管理跨度是指一名上级管理人员所直接管理的下级人数。管理跨度越大,领导者需要协调的工作量越大,管理难度也越大。为使组织结构能高效运行,必须确定合理的管理跨度。项目监理机构中管理跨度的确定应考虑监理人员的素质、管理活动的复杂性和相似性、监理业务的标准化程度、各规章制度的建立健全情况、建设工程的集中或分散情况等。

⑶划分项目监理机构部门。组织中各部门的合理划分对发挥组织效用是十分重要的。如果部门划分不合理,会造成控制、协调困难,也会造成人浮于事,浪费人力、物力、财力。管理部门的划分要根据组织目标与工作内容确定,形成既有相互分工又有相互配合的组织机构。划分项目监理机构中各职能部门时,应根据项目监理机构目标、项目监理机构可利用的人力和物力资源以及合同结构情况,将质量控制、造价控制、进度控制、合同管理、信息管理、安全生产管理、组织协调等监理工作内容按不同的职能活动形成相应的管理部门。

⑷制定岗位职责及考核标准。岗位职务及职责的确定,要有明确的目的性,不可因人设事。根据权责一致的原则,应进行适当授权,以承担相应的职责,并应确定考核标准,对监理人员的工作进行定期考核,包括考核内容、考核标准及考核时间。表5–1和表5–2分别为总监理工程师和专业监理工程师的岗位职责考核标准。

表5–1　总监理工程师的岗位职责考核标准

项目	职责内容	考核要求	
		标准	时间
工作目标	1. 质量控制	符合质量控制计划目标	工程各阶段末
	2. 造价控制	符合造价控制计划目标	每月(季)末

学习笔记

续表

项目	职责内容	考核要求	
		标准	时间
	3. 进度控制	符合合同工期及总进度控制计划目标	每月（季）末
基本职责	1. 根据监理合同，建立和有效管理项目监理机构	1. 项目监理组织机构科学合理 2. 项目监理机构有效运行	每月（季）末
	2. 组织编制与组织实施监理规划；审批监理实施细则	1. 对建设工程监理工作系统策划 2. 监理实施细则符合监理规划要求，具有可操作性	编写和审核完成后
	3. 审查分包单位资格	符合合同要求	规定时限内
	4. 监督和指导专业监理工程师对质量、造价、进度进行控制；审核、签发有关文件资料；处理有关事项	1. 监理工作处于正常工作状态 2. 工程处于受控状态	每月（季）末
	5. 做好监理过程中有关各方的协调工作	工程处于受控状态	每月（季）末
	6. 组织整理监理文件资料	及时、准确、完整	按合同约定

表 5-2　专业监理工程师的岗位职责考核标准

项目	职责内容	考核要求	
		标准	时间
工作目标	1. 质量控制	符合质量控制分解目标	工程各阶段末
	2. 造价控制	符合投资控制分解目标	每周(月)末
	3. 进度控制	符合合同工期及总进度控制分解目标	每周(月)末
基本职责	1. 熟悉工程情况，负责编制本专业监理工作计划和监理实施细则	反映专业特点，具有可操作性	实施前 1 个月

学习笔记

续表

项目	职责内容	考核要求	
		标准	时间
	2. 具体负责本专业的监理工作	1. 建设工程监理工作有序 2. 工程处于受控状态	每周(月)末
	3. 做好项目监理机构内各部门之间监理任务的衔接、配合工作	监理工作各负其责，相互配合	每周(月)末
	4. 处理与本专业有关的问题；对质量、造价、进度有重大影响的监理问题应及时报告总监理工程师	1. 工程处于受控状态 2. 及时、真实	每周(月)末
	5. 负责与本专业有关的签证、通知、备忘录，及时向总监理工程师提交报告、报表资料等	及时、真实、准确	每周(月)末
	6. 收集、汇总、整理本专业的监理文件资料	及时、准确、完整	每周(月)末

(5)选派监理人员。根据监理工作任务，选择适当的监理人员，必要时可配备总监理工程师代表。监理人员的选择除应考虑个人素质外，还应考虑人员总体构成的合理性与协调性。

《建设工程监理规范》(GB/T 50319—2013)规定，总监理工程师由注册监理工程师担任；总监理工程师代表由工程类注册执业资格的人员(如注册监理工程师、注册造价工程师、注册建造师、注册结构工程师、注册建筑师等)担任，也可由具有中级及以上专业技术职称、3年及以上工程实践经验并经监理业务培训的人员担任；专业监理工程师由工程类注册执业资格的人员担任，也可由具有中级及以上专业技术职称、2年及以上工程实践经验并经监理业务培训的人员担任；监理员由具有中专及以上学历并经过监理业务培训的人员担任。

4. 制定工作流程和信息流程

为了使监理工作科学、有序地进行，应按监理工作的客观规律制定工作流程和信息流程，规范化地开展监理工作。

如图 5–9 所示为建设工程监理工作程序。

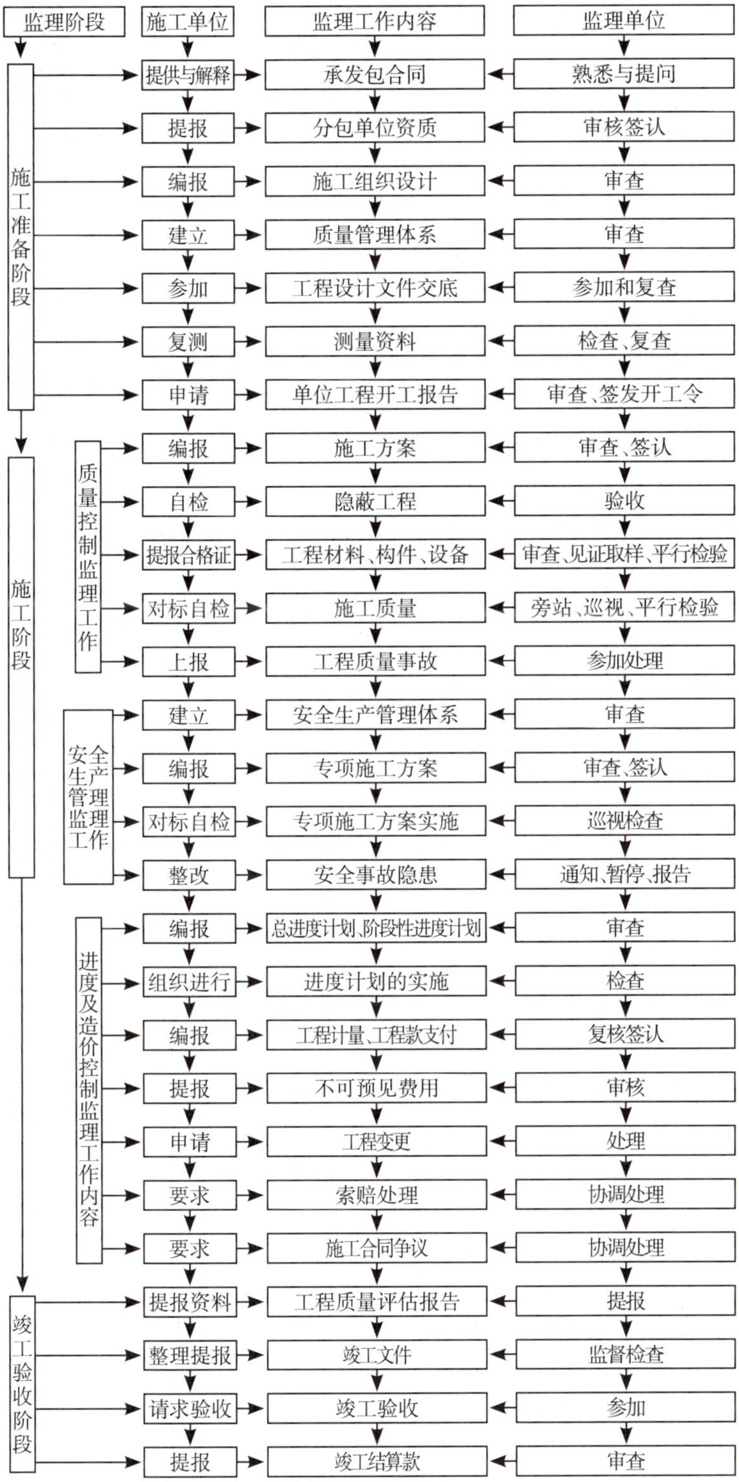

图 5–9　建设工程监理工作程序

学习笔记

二、项目监理机构组织形式

项目监理机构的组织形式

项目监理机构组织形式是指项目监理机构具体采用的管理组织结构。应根据建设工程特点、建设工程组织管理模式及工程监理单位自身情况等选择适宜的项目监理机构组织形式。常用的项目监理机构组织形式有直线制、职能制、直线职能制、矩阵制等。

（一）直线制组织形式

直线制组织形式的特点是项目监理机构中任何一个下级只接受唯一上级的命令。各级部门主管人员对各自所属部门的事务负责，项目监理机构中不再另设职能部门。

这种组织形式适用于能划分为若干个相对独立的子项目的大中型建设工程。如图 5-10 所示，总监理工程师负责整个工程的规划、组织和指导，并负责整个工程范围内各方面的指挥协调工作；子项目监理机构分别负责各子项目的目标控制，具体领导现场专业或专项监理机构的工作。

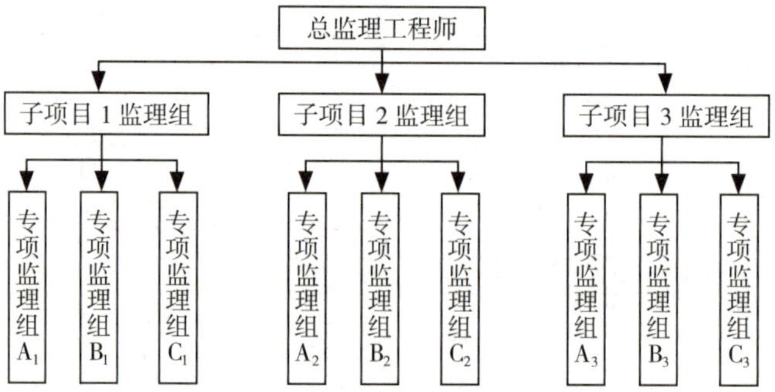

图 5-10　按子项目分解的直线制项目监理机构组织形式

如果建设单位将相关服务一并委托，项目监理机构的部门还可按不同的建设阶段分解设立直线制项目监理机构组织形式，如图 5-11 所示。

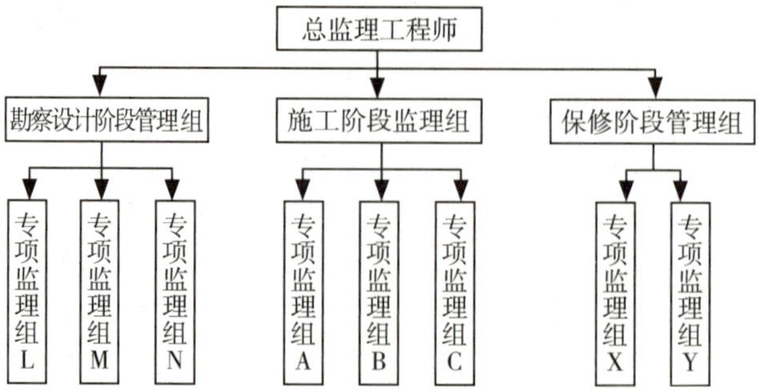

图 5-11　按工程建设阶段分解的直线制项目监理机构组织形式

对于小型建设工程，项目监理机构也可采用按专业内容分解的直线制组织形式，如图 5–12 所示。

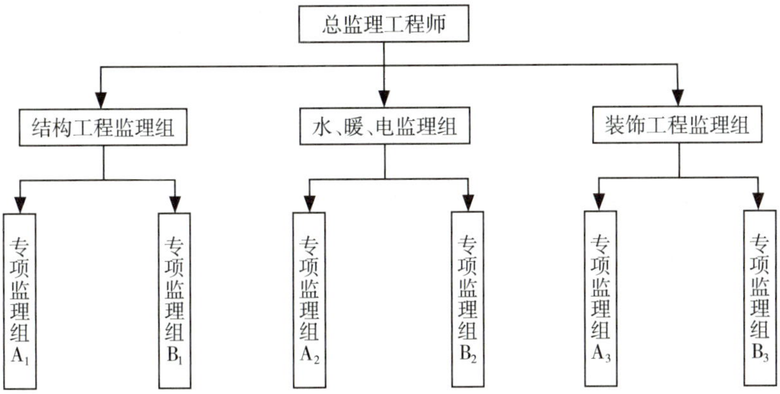

图 5–12　某房屋建筑工程直线制项目监理机构组织形式

直线制组织形式的主要优点是组织机构简单、权力集中、命令统一、职责分明、决策迅速、隶属关系明确。缺点是实行没有职能部门的“个人管理”，这就要求总监理工程师通晓各种业务和多种专业技能，成为“全能”式人物。

（二）职能制组织形式

职能制组织形式是在项目监理机构内设立一些职能部门，将相应的监理职责和权力交给职能部门，各职能部门在其职能范围内有权直接发布指令指挥下级。职能制组织形式一般适用于大中型建设工程，如图 5–13 所示。如果子项目规模较大，也可以在子项目层设置职能部门，如图 5–14 所示。

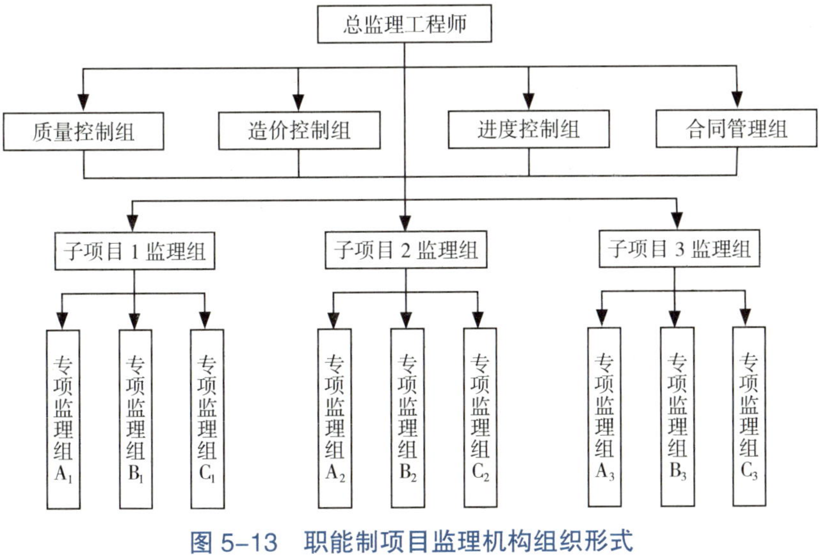

图 5–13　职能制项目监理机构组织形式

学习笔记

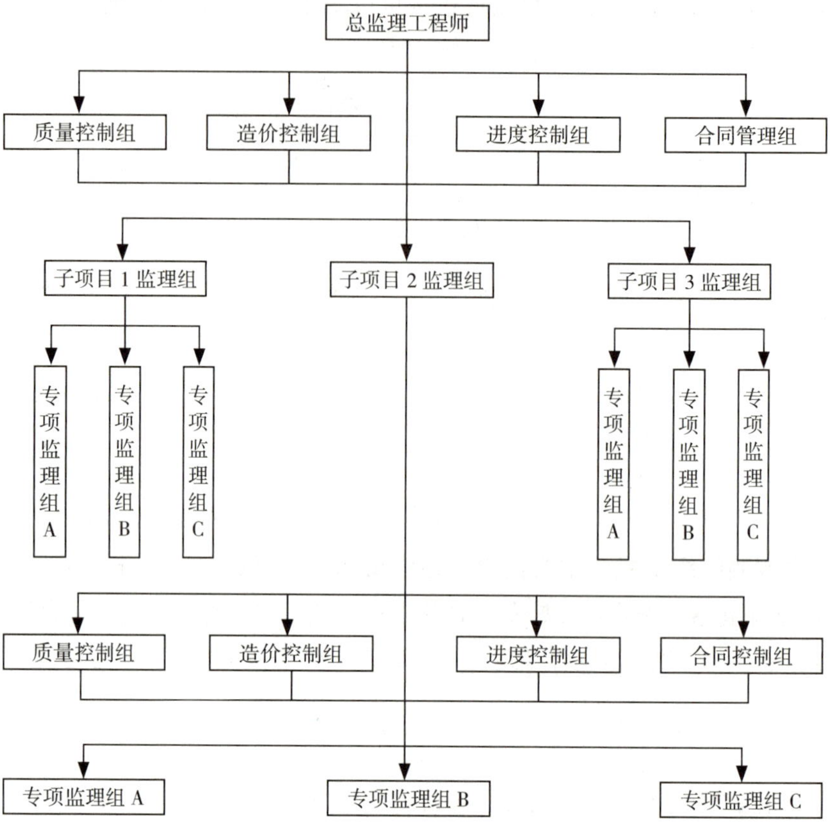

图 5-14　子项目 2 设立职能部门的职能制项目监理机构组织形式

职能组织形式的主要优点是加强了项目监理目标控制的职能化分工，可以发挥职能机构的专业管理作用，提高管理效率，减轻总监理工程师负担。但由于下级人员受多头指挥，如果这些指令相互矛盾，会使下级在监理工作中无所适从。

（三）直线职能制组织形式

直线职能制组织形式是吸收直线制组织形式和职能制组织形式二者的优点而形成的一种组织形式。这种组织形式将管理部门和人员分为两类：一类是直线指挥部门的人员，他们拥有对下级实行指挥和发布命令的权力，并对该部门的工作全面负责；另一类是职能部门的人员，他们是直线指挥人员的参谋，他们只能对下级部门进行业务指导，而不能对下级部门直接进行指挥和发布命令，如图 5-15 所示。

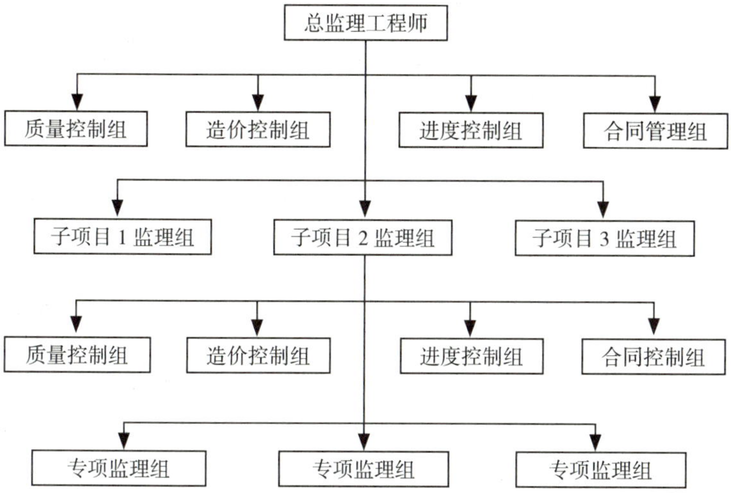

图 5-15　直线职能制项目监理机构组织形式

直线职能制组织形式既保持了直线制组织形式实行直线领导、统一指挥、职责分明的优点，又保持了职能制组织形式目标管理专业化的优点；缺点是职能部门与指挥部门易产生矛盾，信息传递路线长，不利于互通信息。

（四）矩阵制组织形式

矩阵制组织形式是由纵横两套管理系统组成的矩阵组织结构，一套是纵向职能系统，另一套是横向子项目系统，如图 5-16 所示。这种组织形式的纵、横两套管理系统在监理工作中是相互融合关系。图 5-16 中虚线所绘的交叉点上，表示了两者协同以共同解决问题。如子项目 1 的质量验收是由子项目 1 监理组和质量控制组共同进行的。

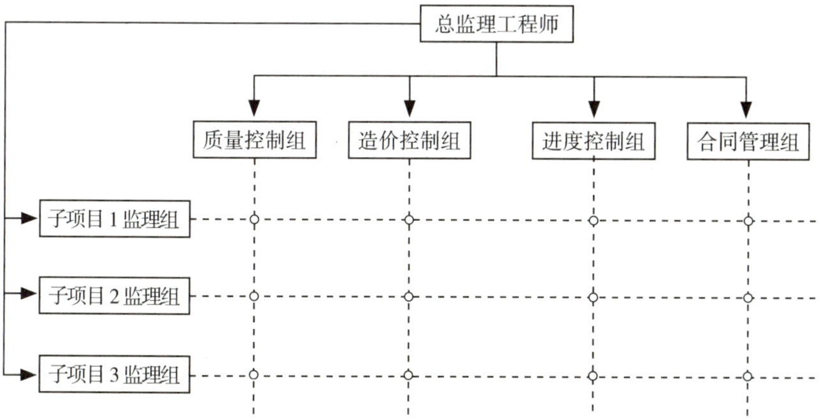

图 5-16　矩阵制项目监理机构组织形式

矩阵制组织形式的优点是加强了各职能部门的横向联系，具有较大的机动性和适应性，将上下左右集权与分权实行最优结合，有利于解决复杂问题，有利于监理人员业务能力的培养；缺点是纵、横向协调工作量大，处理不当会造成“扯皮”现象，产生矛盾。

三、项目监理机构人员配备及职责分工

监理机构人员配备及职责分工

（一）项目监理机构人员配备

项目监理机构中配备监理人员的数量和专业应根据监理的任务范围、内容、工作期限，以及工程的类别、规模、技术复杂程度、工程环境等因素综合考虑，并应符合建设工程监理合同中对监理工作深度及建设工程监理目标控制的要求，能体现项目监理机构的整体素质。

1. 项目监理机构的人员结构

项目监理机构应具有合理的人员结构，包括以下两方面：

(1) 合理的专业结构。项目监理机构应由与所监理工程的性质（专业性强的生产项目或是民用项目）及建设单位对建设工程监理的要求（是否包含相关服务内容，是工程质量、造价、进度的多目标控制或是某一目标的控制）相适求。

通常，项目监理机构应具备与所承担的监理任务相适应的专业人员。但当监理的工程局部有特殊性或建设单位提出某些特殊监理要求而需要采用某种特殊监控手段时，如局部的钢结构、网架、球罐体等质量监控需采用无损探伤、X 光及超声探测，水下及地下混凝土桩需要采用遥测仪器探测等，此时，可将这些局部专业性强的监控工作另行委托给具有相应资质的咨询机构来承担，这也应视为保证了监理人员合理的专业结构。

(2) 合理的技术职称结构。为了提高管理效率和经济性，应根据建设工程的特点和建设工程监理工作需要，确定项目监理机构中监理人员的技术职称结构。合理的技术职称结构表现为监理人员的高级职称、中级职称和初级职称的比例与监理工作要求相适应。

通常，工程勘察设计阶段的服务，对人员职称要求更高些，具有高级职称及中级职称的人员在整个监理人员构成中应占绝大多数。施工阶段监理，可由较多的初级职称人员从事实际操作工作，如旁站、见证取样、检查工序施工结果、复核工程计量有关数据等。

这里所称的初级职称是指助理工程师、助理经济师、技术员等，也可包括具有相应能力的实践经验丰富的工人（应能看懂图纸、正确填报有关原始凭

证）。施工阶段项目监理机构监理人员应具有的技术职称结构见表 5-3。

表 5-3　施工阶段项目监理机构监理人员应具有的技术职称结构

层次	人员	职能	职称要求		
决策层	总监理工程师、总监理工程师代表、专业监理工程师	项目监理的策划、规划；组织、协调、控制、评价等	高级职称	中级职称	
执行层/协调层	专业监理工程师	项目监理实施的具体组织、指挥、控制、协调	高级职称	中级职称	初级职称
作业层/操作层	监理员	具体业务的执行		中级职称	初级职称

2. 项目监理机构监理人员数量的确定

(1)影响项目监理机构人员数量的主要因素，主要包括以下几个方面：

①工程建设强度。指单位时间内投入的建设工程资金的数量，即

$$工程建设强度=投资/工期$$

其中，投资和工期是指监理单位所承担监理任务的工程的建设投资和工期。投资可按工程概算投资额或合同价计算，工期可根据进度总目标及其分目标计算。

显然，工程建设强度越大，需投入的监理人数越多。

②建设工程复杂程度。通常，工程复杂程度涉及以下因素：设计活动、工程地点位置、气候条件、地形条件、工程地质、工程性质、工程结构类型、施工方法、工期要求、材料供应、工程分散程度等。

根据上述各项因素，可将工程分为若干工程复杂程度等级，不同等级的工程需要配备的监理人员数量有所不同。例如，可将工程复杂程度按五级划分：简单、一般、较复杂、复杂、很复杂。工程复杂程度定级可采用定量办法：对构成工程复杂程度的每一因素通过专家评估，根据工程实际情况给出相应权重，将各影响因素的评分加权平均后根据其值的大小确定该工程的复杂程度等级。例如，将工程复杂程度按 10 分制考虑，则平均分值 1～3 分、3～5 分、5～7 分、7～9 分者依次为简单工程、一般工程、较复杂工程和复杂工程，9 分以上为很复杂工程。

显然，简单工程需要的监理人员较少，而复杂工程需要的项目监理人员较多。

③工程监理单位的业务水平。每个工程监理单位的业务水平和对某类工

学习笔记

程的熟悉程度不完全相同，在监理人员素质、管理水平和监理设备手段等方面也存在差异，这都会直接影响到监理效率的高低。高水平的监理单位可以投入较少的监理人力完成一个建设工程的监理工作，而一个经验不多或管理水平不高的监理单位则需投入较多的监理人力。因此，各监理单位应当根据自己的实际情况制定监理人员的需要量定额。

④项目监理机构的组织结构和任务职能分工。项目监理机构的组织结构情况关系到具体的监理人员配备，务必使项目监理机构任务职能分工的要求得到满足。必要时，还需要根据项目监理机构的职能分工对监理人员的配备做进一步调整。

有时，监理工作需要委托专业咨询机构或专业监测、检验机构进行，当然，项目监理机构的监理人员数量可适当减少。

(2)项目监理机构人员数量的确定方法。项目监理机构人员数量的确定方法可按如下步骤进行：

①项目监理机构人员需要量定额。根据监理工作内容和工程复杂程度等级，测定、编制项目监理机构监理人员需要量定额，见表 5–4。

表 5–4　监理人员需要量定额　　单位：(人·年)/百万美元

工程复杂程度	监理工程师	监理员	行政、文秘人员
简单工程	0.20	0.75	0.10
一般工程	0.25	1.00	0.10
较复杂工程	0.35	1.10	0.25
复杂工程	0.50	1.50	0.35
很复杂工程	>0.50	>1.50	>0.35

②确定工程建设强度。根据所承担的监理工程，确定工程建设强度。例如：某工程分为 2 个子项目，合同总价为 3 900 万美元，其中子项目 1 合同价为 2 100 万美元，子项目 2 合同价为 1 800 万美元，合同工期为 30 个月。

工程建设强度=3 900/30 × 12=1 560（万美元/年）=15.6（百万美元/年）

③确定工程复杂程度。按构成工程复杂程度的 10 个因素考虑，根据工程实际情况分别按 10 分制打分。具体结果见表 5–5。

学习笔记

表 5-5　工程复杂程度等级评定表

项次	影响因素	子项目 1	子项目 2
1	设计活动	5	6
2	工程位置	9	5
3	气候条件	5	5
4	地形条件	7	5
5	工程地质	4	7
6	施工方法	4	6
7	工期要求	5	5
8	工程性质	6	6
9	材料供应	4	5
10	分散程度	5	5
平均分值		5.4	5.5

根据计算结果，此工程为较复杂工程。

④根据工程复杂程度和工程建设强度套用监理人员需要量定额。从定额中可查到监理人员需要量如下[（人·年）/ 百万美元]：

监理工程师：0.35；监理员：1.1；行政文秘人员：0.25。

各类监理人员数量如下：

监理工程师：$0.35 \times 15.6=5.46$（人），按 6 人考虑；

监理员：$1.10 \times 15.6=17.16$（人），按 17 人考虑；

行政文秘人员：$0.25 \times 15.6=3.9$（人），按 4 人考虑。

⑤根据实际情况确定监理人员数量。该工程项目监理机构的直线制组织结构如图 5-17 所示。

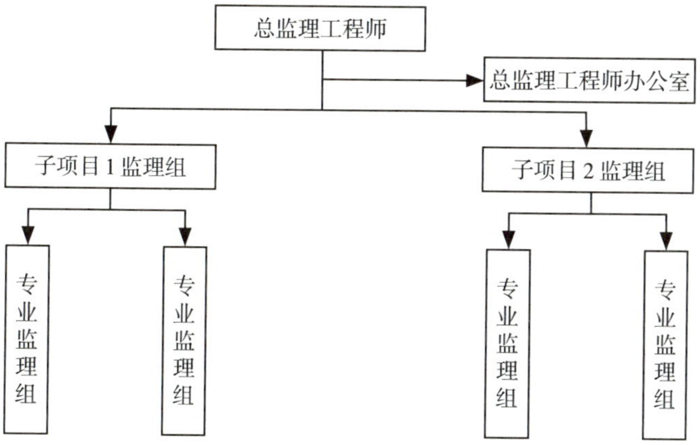

图 5-17　项目监理机构的直线制组织结构

学习笔记

根据项目监理机构情况决定每个部门各类监理人员如下：

监理总部（包括总监理工程师、总监理工程师代表和总监理工程师办公室）：总监理工程师1人，总监理工程师代表1人，行政文秘人员2人。

子项目1监理组：专业监理工程师2人，监理员9人，行政文秘人员1人。

子项目2监理组：专业监理工程师2人，监理员8人，行政文秘人员1人。

项目监理机构监理人员数量和专业配备应随工程施工进展情况做相应调整，从而满足不同阶段监理工作的需要。

（二）项目监理机构各类人员基本职责

根据《建设工程监理规范》（GB/T 50319—2013），总监理工程师、总监理工程师代表、专业监理工程师和监理员应分别履行下列职责。

1. 总监理工程师职责

（1）确定项目监理机构人员及其岗位职责。

（2）组织编制监理规划，审批监理实施细则。

（3）根据工程进展及监理工作情况调配监理人员，检查监理人员工作。

（4）组织召开监理例会。

（5）组织审核分包单位资格。

（6）组织审查施工组织设计、（专项）施工方案。

（7）审查开复工报审表，签发工程开工令、暂停令和复工令。

（8）组织检查施工单位现场质量、安全生产管理体系的建立及运行情况。

（9）组织审核施工单位的付款申请，签发工程款支付证书，组织审核竣工结算。

（10）组织审查和处理工程变更。

（11）调解建设单位与施工单位的合同争议，处理工程索赔。

（12）组织验收分部工程，组织审查单位工程质量检验资料。

（13）审查施工单位的竣工申请，组织工程竣工预验收，组织编写工程质量评估报告，参与工程竣工验收。

（14）参与或配合工程质量安全事故的调查和处理。

（15）组织编写监理月报、监理工作总结，组织质量监理文件资料。

2. 总监理工程师代表职责

按总监理工程师的授权，负责总监理工程师指定或交办的监理工作，行使总监理工程师的部分职责和权力。但其中涉及工程质量、安全生产管理及工程索赔等重要职责不得委托给总监理工程师代表。具体而言，总监理工程师不得将下列工作委托给总监理工程师代表：

学习笔记

(1)组织编制监理规划,审批监理实施细则。

(2)根据工程进展及监理工作情况调配监理人员。

(3)组织审查施工组织设计、(专项)施工方案。

(4)签发工程开工令、暂停令和复工令。

(5)签发工程款支付证书,组织审核竣工结算。

(6)调解建设单位与施工单位的合同争议,处理工程索赔。

(7)审查施工单位的竣工申请,组织工程竣工预验收,组织编写工程质量评估报告,参与工程竣工验收。

(8)参与或配合工程质量安全事故的调查和处理。

3. 专业监理工程师职责

(1)参与编制监理规划,负责编制监理实施细则。

(2)审查施工单位提交的涉及本专业的报审文件,并向总监理工程师报告。

(3)参与审核分包单位资格。

(4)指导、检查监理员工作,定期向总监理工程师报告本专业监理工作实施情况。

(5)检查进场的工程材料、构配件、设备的质量。

(6)验收检验批、隐蔽工程、分项工程,参与验收分部工程。

(7)处置发现的质量问题和安全事故隐患。

(8)进行工程计量。

(9)参与工程变更的审查和处理。

(10)组织编写监理日志,参与编写监理月报。

(11)收集、汇总、参与整理监理文件资料。

(12)参与工程竣工预验收和竣工验收。

4. 监理员职责

(1)检查施工单位投入工程的人力、主要设备的使用及运行状况。

(2)进行见证取样。

(3)复核工程计量有关数据。

(4)检查工序施工结果。

(5)发现施工作业中的问题,及时指出并向专业监理工程师报告。

专业监理工程师和监理员的上述职责为其基本职责,在建设工程监理实施过程中,项目监理机构还应针对建设工程的实际情况,明确各岗位专业监理工程师和监理员的职责分工。

学习笔记

【思政园地】

项目经理/总监理工程师未到岗，24个项目被通报批评！

某市住房和城乡建设局在开展2020年下半年建筑市场辅助巡查时，抽查216个在建房屋建筑工程项目，发现24个项目存在项目经理未履行岗位职责、管理较差等问题，予以全市通报批评处理，记入诚信记录，并扣减信用分。

事实上，项目经理或总监理工程师未按规定到岗，使施工项目安全、质量隐患的事项并不少见，各地住房和城乡建设局都对此非常重视。近年来，各地都加强了住建工程项目管理人员到岗履职的监督管理。

任务三　项目监理机构组织协调

建设工程监理目标的实现，需要监理工程师扎实的专业知识和对建设工程监理程序的有效执行。此外，还需要监理工程师有较强的组织协调能力。通过组织协调，能够使影响建设工程监理目标实现的各方主体有机配合、协同一致，促进建设工程监理目标的实现。

建设工程监理组织协调概述

一、项目监理机构组织协调内容

从系统工程角度看，项目监理机构组织协调内容可分为系统内部（项目监理机构）协调和系统外部协调两大类，系统外部协调又分为系统近外层协调和系统远外层协调。近外层和远外层的主要区别是，建设单位与近外层关联单位之间有合同关系，与远外层关联单位之间没有合同关系。

（一）项目监理机构内部的协调

1. 项目监理机构内部人际关系的协调

项目监理机构是由工程监理人员组成的工作体系，工作效率在很大程度上取决于人际关系的协调程度。总监理工程师应首先协调好人际关系，激励项目监理机构人员。

组织协调的工作内容

(1) 在人员安排上要量才录用。要根据项目监理机构中每个人的专长进行安排，做到人尽其才。工程监理人员的搭配要注意能力互补和性格互补，人员配置要尽可能少而精，避免力不胜任和忙闲不均的情况发生。

(2)在工作委任上要职责分明。对项目监理机构中的每一个岗位,都要明确岗位目标和责任,应通过职位分析,使管理职能不重不漏,做到事事有人管,人人有专责,同时明确岗位职权。

(3)在绩效评价上要实事求是。要发扬民主作风,实事求是地评价工程监理人员的工作绩效,以免人员无功自傲或有功受屈,使每个人热爱自己的工作,并对工作充满信心和希望。

(4)在矛盾调解上要恰到好处。人员之间的矛盾总是存在的,一旦出现矛盾,就要进行调解,要多听取项目监理机构成员的意见和建议,及时沟通,使工程监理人员始终处于团结、和谐、热情高涨的工作氛围之中。

2. 项目监理机构内部组织关系的协调

项目监理机构是由若干部门(专业组)组成的工作体系,每个专业组都有自己的目标和任务。如果每个专业组都从建设工程整体利益出发,理解和履行自己的职责,则整个建设工程就会处于有序的良性状态,否则,整个系统便处于无序的紊乱状态;导致功能失调,效率下降。为此,应从以下几方面协调项目监理机构的内部组织关系:

(1)在目标分解的基础上设置组织机构,根据工程特点及建设工程监理合同约定的工作内容,设置相应的管理部门。

(2)明确规定每个部门的目标、职责和权限,最好以规章制度的形式做出明确规定。

(3)事先约定各个部门在工作中的相互关系。工程建设中的许多工作是由多个部门共同完成的,其中有主办、牵头和协作、配合之分,事先约定,可避免误事、脱节等贻误工作现象的发生。

(4)建立信息沟通制度。如采用工作例会、业务碰头会,发送会议纪要、工作流程图、信息传递卡等来沟通信息,这样有利于从局部了解全局,服从并适应全局需要。

(5)及时消除工作中的矛盾或冲突。坚持民主作风,注意从心理学、行为科学角度激励各个成员的工作积极性;实行公开信息政策,让大家了解建设工程的实施情况、遇到的问题或危机;经常性地指导工作,与项目监理机构成员一起商讨遇到的问题,多倾听他们的意见、建议,鼓励大家同舟共济。

3. 项目监理机构内部需求关系的协调

建设工程监理实施中有人员需求、检测试验设备需求等,而资源是有限的,因此内部需求平衡至关重要。协调平衡需求关系需要从以下环节考虑:

(1)对建设工程监理检测试验设备的平衡。建设工程监理开始实施时,要做好监理规划和监理实施细则的编写工作,合理配置建设工程监理资源,要注意期限的及时性、规格的明确性、数量的准确性及质量的规定性。

(2)对工程监理人员的平衡。要抓住调度环节，注意各专业监理工程师的配合。工程监理人员的安排必须考虑到工程进展情况，根据工程实际进展安排工程监理人员进退场计划，以保证建设工程监理目标的实现。

(二)项目监理机构与建设单位的协调

建设工程监理实践证明，项目监理机构与建设单位组织协调关系的好坏，在很大程度上决定了建设工程监理目标能否顺利实现。

我国长期计划经济体制的惯性思维，使得多数建设单位合同意识差、工作随意性大，主要体现在：一是沿袭计划经济时期的基建管理模式，搞“大业主、小监理”，建设单位的工程建设管理人员有时比工程监理人员多，或者由于建设单位的管理层次多，对建设工程监理工作干涉多，并插手工程监理人员的具体工作；二是不能将合同中约定的权力交给工程监理单位，致使监理工程师有职无权，不能充分发挥作用；三是科学管理意识差，随意压缩工期、压低造价，工程实施过程中变更多或不能按时履行职责，给建设工程监理工作带来困难。因此，与建设单位的协调是建设工程监理工作的重点和难点。监理工程师应从以下几方面加强与建设单位的协调：

(1)监理工程师首先要理解建设工程总目标和建设单位的意图。对于未能参加工程项目决策过程的监理工程师，必须了解项目构思的基础、起因、出发点，否则，可能会对建设工程监理目标及任务有不完整、不准确的理解，从而给监理工作造成困难。

(2)利用工作之便做好建设工程监理宣传工作，增进建设单位对建设工程监理的理解，特别是对建设工程管理各方职责及监理程序的理解；主动帮助建设单位处理工程建设中的事务性工作，以自己规范化、标准化、制度化的工作去影响和促进双方工作的协调一致。

(3)尊重建设单位，让建设单位一起投入工程建设全过程。尽管有预定目标，但建设工程实施必须执行建设单位指令，使建设单位满意。对建设单位提出的某些不适当要求，只要不属于原则问题，都可先执行，然后在适当时机、采取适当方式加以说明或解释；对于原则性问题，可采取书面报告等方式说明原委，尽量避免发生误解，以使建设工程顺利实施。

(三)项目监理机构与施工单位的协调

监理工程师对工程质量、造价、进度目标的控制，以及履行建设工程安全生产管理的法定职责，都是通过施工单位的工作来实现的，因此做好与施工单位的协调工作是监理工程师组织协调工作的重要内容。

1. 与施工单位协调应注意的问题

(1) 坚持原则，实事求是，严格按规范、规程办事，讲究科学态度。监理工程师应强调各方面利益的一致性和建设工程总目标；应鼓励施工单位向其汇报建设工程实施状况、实施结果和遇到的困难和意见，以寻求对建设工程目标控制的有效解决办法。双方了解得越多、越深刻，建设工程监理工作中的对抗和争执就越少。

(2) 协调不仅是方法、技术问题，更多的是语言艺术、感情交流和用权适度问题。有时尽管协调意见是正确的，但由于方式或表达不妥，反而会激化矛盾。高超的协调能力则往往能起到事半功倍的效果，令各方面都满意。

2. 与施工单位协调的工作内容

(1) 与施工项目经理关系的协调。施工项目经理及工地工程师最希望监理工程师能够公平、通情达理，指令明确而不含糊，并且能及时答复所询问的问题。监理工程师既要懂得坚持原则，又善于理解施工项目经理的意见，工作方法灵活，能够随时提出或愿意接受变通办法解决问题。

(2) 施工进度和质量问题的协调。由于工程施工进度和质量的影响因素错综复杂，因而施工进度和质量问题的协调工作也十分复杂。监理工程师应采用科学的进度和质量控制方法，设计合理的奖罚机制及组织现场协调会议等协调工程施工进度和质量问题。

(3) 对施工单位违约行为的处理。在工程施工过程中，监理工程师对施工单位的某些违约行为进行处理是一件需要慎重而又难免的事情。当发现施工单位采用不适当的方法进行施工，或采用不符合质量要求的材料时，监理工程师除应立即制止外，还需要采取相应的处理措施。遇到这种情况，监理工程师需要在其权限范围内采用恰当的方式及时做出协调处理。

(4) 施工合同争议的协调。对于工程施工合同争议，监理工程师应首先采用协商解决方式，协调建设单位与施工单位的关系。协商不成时，才由合同当事人申请调解，甚至申请仲裁或诉讼。遇到非常棘手的合同争议时，不妨暂时搁置等待时机，另谋良策。

(5) 对分包单位的管理。监理工程师虽然不直接与分包合同发生关系，但可对分包合同中的工程质量、进度进行直接跟踪监控，然后通过总承包单位进行调控、纠偏。分包单位在施工中发生的问题，由总承包单位负责协调处理。分包合同履行中发生的索赔问题，一般应由总承包单位负责，涉及总包合同中建设单位的义务和责任时，由总承包单位通过项目监理机构向建设单位提出索赔，由项目监理机构进行协调。

学习笔记

（四）项目监理机构与设计单位的协调

工程监理单位与设计单位都是受建设单位委托进行工作的，两者之间没有合同关系，因此项目监理机构要与设计单位做好交流工作，需要建设单位的支持。

(1) 真诚尊重设计单位的意见，在设计交底和图纸会审时，要理解和掌握设计意图、技术要求、施工难点等，将标准过高、设计遗漏、图纸差错等问题解决在施工之前。进行结构工程验收、专业工程验收、竣工验收等工作，要约请设计代表参加。发生质量事故时，要认真听取设计单位的处理意见等。

(2) 施工中发现设计问题，应及时按工作程序通过建设单位向设计单位提出，以免造成更大的直接损失。监理单位掌握比原设计更先进的新技术、新工艺、新材料、新结构、新设备时，可主动通过建设单位与设计单位沟通。

(3) 注意信息传递的及时性和程序性。监理工作联系单、工程变更单等要按规定的程序进行传递。

（五）项目监理机构与政府部门及其他单位的协调

建设工程实施过程中，政府部门、金融组织、社会团体、新闻媒介等也会起到一定的控制、监督、支持、帮助作用，如果这些关系协调不好，建设工程实施也可能严重受阻。

(1) 与政府部门的协调。包括：与工程质量监督机构的交流和协调，建设工程合同备案，协助建设单位在征地、拆迁、移民等方面的工作争取得到政府有关部门的支持，现场消防设施的配置得到消防部门检查认可，现场环境污染防治得到环保部门的认可等。

(2) 与社会团体、新闻媒介等的协调。建设单位和项目监理机构应把握机会，争取社会各界对建设工程的关心和支持。这是一种争取良好社会环境的远外层关系的协调，建设单位应起主导作用。如果建设单位确需将部分或全部远外层关系协调工作委托工程监理单位承担，则应在建设工程监理合同中明确委托的工作和相应报酬。

二、项目监理机构组织协调方法

项目监理机构可采用以下方法进行组织协调。

组织协调的方法

（一）会议协调法

会议协调法是建设工程监理中最常用的一种协调方法，包括第一次工地会议、监理例会、专题会议等。

（1）第一次工地会议。是建设工程尚未全面展开、总监理工程师下达开工令前，建设单位、工程监理单位和施工单位对各自人员及分工、开工准备、监理例会的要求等情况进行沟通和协调的会议，也是检查开工前各项准备工作是否就绪并明确监理程序的会议。第一次工地会议应由建设单位主持，监理单位、总承包单位授权代表参加，也可邀请分包单位代表参加，必要时可邀请有关设计单位的人员参加。第一次工地会议上，总监理工程师应介绍监理工作的目标、范围和内容、项目监理机构及人员职责分工、监理工作程序、方法和措施等。

（2）监理例会。是项目监理机构定期组织有关单位研究解决与监理相关问题的会议。监理例会应由总监理工程师或其授权的专业监理工程师主持召开，宜每周召开一次。参加人员包括：项目总监理工程师或总监理工程师代表、其他有关监理人员、施工项目经理、施工单位其他有关人员。需要时，也可邀请其他有关单位代表参加。

监理例会主要内容应包括：

①检查上次例会议定事项的落实情况，分析未完事项原因；

②检查分析工程项目进度计划完成情况，提出下一阶段进度目标及其落实措施；

③检查分析工程项目质量、施工安全管理状况，针对存在的问题提出改进措施；

④检查工程量核定及工程款支付情况；

⑤解决需要协调的有关事项；

⑥其他有关事宜。

（3）专题会议。是由总监理工程师或其授权的专业监理工程师主持或参加的，为解决建设工程监理过程中的工程专项问题而不定期召开的会议。

（二）交谈协调法

在建设工程监理实践中，并不是所有问题都需要开会来解决，有时可采用“交谈”的方法进行协调。交谈包括面对面的交谈和电话、电子邮件等形式。

无论是内部协调还是外部协调，交谈协调法的使用频率是相当高的。由

学习笔记

于交谈本身没有合同效力，而且具有方便、及时等特性，因此工程参建各方之间及项目监理机构内部都愿意采用这一方法进行协调。此外，相对于书面寻求协作而言，人们更难以拒绝面对面的请求。因此，采用交谈方式请求协作和帮助比采用书面方法实现的可能性要大。

（三）书面协调法

当会议或者交谈不方便或不需要，或者需要精确地表达自己的意见时，就会采用书面协调的方法。书面协调法的特点是具有合同效力，一般常用于以下几方面：

⑴不需双方直接交流的书面报告、报表、指令和通知等。

⑵需要以书面形式向各方提供详细信息和情况通报的报告、信函和备忘录等。

⑶事后对会议记录、交谈内容或口头指令的书面确认。

总之，组织协调是一种管理艺术和技巧，监理工程师尤其是总监理工程师需要掌握领导科学、心理学、行为科学方面的知识和技能，如激励、交际、表扬和批评的艺术，开会艺术，谈话艺术，谈判技巧等。只有这样，监理工程师才能进行有效的组织协调。

【思政园地】

做监理，懂技术只是一方面，懂得为人处世是非常重要的。作为一种高智能的技术管理服务，在工程建设中监理方是各参建方中的重要一方，担负着协调关系，取得共识，凝心聚力，实现建设目标的重大责任。所以，提升监理人的沟通交往和为人处世能力，就显得尤为重要。

说话要准确翔实。监理人在工作中需要时刻同其他参建方打交道。除工程建设资料、监理文件等文字信息外，使用最便捷、频率最高的当属口头沟通。监理人在工作中如何将话说好，就成了做好工作的关键。提高监理人的说话艺术，就要做到“三性”，即说话的真实性、准确性、完整性。

沟通要大方得体。监理人在沟通协调时一定要把握好分寸，遵循适度、恰当的原则，充分体现监理人的优良品德和修养。在沟通工作时切忌态度生硬、简单粗暴，更不能动辄耍脾气、训斥人。倾听别人意见时要有诚心、耐心，做到相互尊重。

彼此要平等尊重。监理与建设方的关系是委托与被委托的关系，是为建设方提供服务的工程咨询机构，但是在工程建设中监理是独立的第三方，与建设方是平等关系。但在这个问题上，监理往往受到不平等的待遇。有的建设方将监理作为其附庸，变成一种依附关系，老子与儿子的关系。所以，监理人一定要调整好心态，做事不卑不亢，不要自我丧失应有的尊严。

学习笔记

考证知识训练

模块五考证
知识训练

学习笔记

模块六　建设工程质量控制

【任务导入】 建设工程质量控制是工程监理单位根据法律法规、工程建设标准、勘察设计文件及合同，进行服务活动的重要内容，也是项目监理机构实施工程监理的中心任务之一。本模块共五个学习任务，主要学习施工准备阶段和施工阶段质量控制，以及施工质量验收、工程质量缺陷及事故等内容。

任务一　工程质量控制概述

建设工程质量控制的含义

一、工程质量影响因素

影响工程的因素很多，但归纳起来主要有五个方面，即人 (man)、材料 (material)、机械 (machine)、方法 (method) 和环境 (environment)，简称 4M1E。

(一) 人员素质

工程项目质量控制及其影响因素

监理人员质量控制的主要工作和任务

人是生产经营活动的主体，也是工程项目建设的决策者、管理者、操作者，工程建设的规划、决策、勘察、设计、施工与竣工验收等全过程，都是通过人的工作来完成的。人员的素质，即人的文化水平、技术水平、决策能力、管理能力、组织能力、作业能力、控制能力、身体素质及职业道德等，都将直接和间接地对规划、决策、勘察、设计和施工的质量产生影响，而规划是否合理、决策是否正确、设计是否符合所需要的质量功能、施工能否满足合同、规范、技术标准的需要等，都将对工程质量产生不同程度的影响。人员素质是影响工程质量的一个重要因素。因此，建筑行业实行资质管理和各类专业从业人员持证上岗制度是保证人员

学习笔记

素质的重要管理措施。

（二）工程材料

工程材料是指构成工程实体的各类建筑材料、构配件、半成品等，它是工程建设的物质条件，是工程质量的基础。工程材料选用是否合理、产品是否合格、材质是否经过检验、保管使用是否得当等，都将直接影响建设工程的结构刚度和强度，影响工程外表及观感，影响工程的使用功能，影响工程的使用安全。

（三）机械设备

机械设备可分为两类：一类是指组成工程实体及配套的工艺设备和各类机具，如电梯、泵机、通风设备等，它们构成了建筑设备安装工程或工业设备安装工程，形成完整的使用功能。另一类是指施工过程中使用的各类机具设备，包括大型垂直与横向运输设备、各类操作工具、各种施工安全设施、各类测量仪器和计量器具等，简称施工机具设备，它们是施工生产的手段。施工机具设备对工程质量也有重要的影响。工程所用机具设备，其产品质量优劣直接影响工程使用功能质量。施工机具设备的类型是否符合工程施工特点，性能是否先进稳定，操作是否方便安全等，都将会影响工程项目的质量。

（四）方法

方法是指工艺方法、操作方法和施工方案。在工程施工中，施工方案是否合理，施工工艺是否先进，施工操作是否正确，都将对工程质量产生重大的影响。采用新技术、新工艺、新方法，不断提高工艺技术水平，是保证工程质量稳定提高的重要因素。

（五）环境条件

环境条件是指对工程质量特性起重要作用的环境因素，包括工程技术环境，如工程地质、水文、气象等；工程作业环境，如施工环境作业面大小、防护设施、通风照明和通信条件等；工程管理环境，主要指工程实施的合同环境与管理关系的确定，组织体制及管理制度等；周边环境，如工程邻近的地下管线、建（构）筑物等。环境条件往往对工程质量产生特定的影响。加强环境管理，改进作业条件，把握好技术环境，辅以必要的措施，是控制环境对质量影响的重要保证。

学习笔记

二、工程质量控制原则

项目监理机构在工程质量控制过程中,应遵循以下几条原则。

(一)坚持质量第一的原则

建设工程质量不仅关系到工程的适用性和建设项目投资效果,而且关系到人民群众生命财产的安全。所以,项目监理机构在进行投资、进度、质量三大目标控制时,在处理三者关系时,应坚持“百年大计,质量第一”,在工程建设中自始至终把“质量第一”作为对工程质量控制的基本原则。

(二)坚持以人为核心的原则

人是工程建设的决策者、组织者、管理者和操作者。工程建设中各单位、各部门、各岗位人员的工作质量水平和完善程度,都直接或间接地影响工程质量。所以,在工程质量控制中,要以人为核心,重点控制人的素质和人的行为,充分发挥人的积极性和创造性,以人的工作质量保证工程质量。

(三)坚持以预防为主的原则

工程质量控制应该是积极主动的,应事先对影响质量的各种因素加以控制,而不能是消极被动地等出现质量问题再进行处理,已造成不必要的损失。所以,要重点做好质量的事先控制和事中控制,以预防为主,加强过程和中间产品的质量检查及控制。

(四)以合同为依据,坚持质量标准的原则

质量标准是评价产品质量的尺度,工程质量是否符合合同规定的质量标准要求,应通过质量检验并与质量标准对照。符合质量标准要求的才是合格的,不符合质量标准要求的就是不合格的,必须返工处理。

(五)坚持科学、公平、守法的职业道德规范

在工程质量控制中,项目监理机构必须坚持科学、公平、守法的职业道德规范,要尊重科学,尊重事实,以数据资料为依据,客观、公平地进行质量问题的处理。要坚持原则,遵纪守法,秉公监理。

学习笔记

【思政园地】

质量意识

质量反映一个国家科学技术水平、生产水平、管理水平和文化水平，代表着一个国家的形象和民族精神。一个国家经济的兴衰，在很大程度上取决于其产品在国际市场中的竞争力，竞争力的强弱关键取决于产品的质量。建筑业是从事勘察、设计、施工、制品、维修等生产经营活动的国民经济重要物质生产部门，它的物质产品是建筑产品，建筑产品的数量和质量与整个国家经济的发展以及人民生活水平改善有着密切的关系。所以说，工程质量的优劣，不但直接影响国民经济建设的速度和质量，而且还关系到工程的适用性、人民生命财产的安全和社会安定。随着我国现代化建设事业的推进和科学技术水平的提高，建筑业只有为社会提供需要且合格的建筑产品，才能为国民经济的发展奠定可靠的物质技术基础，才能为城乡人民提供良好的居住条件和物质文化生活设施，才能满足国防、科研以及国际工程承包等的特殊要求。

任务二　施工准备阶段的质量控制

一、图纸会审与设计交底

（一）图纸会审

建设单位、监理单位、施工单位等相关单位，在收到施工图审查机构审查合格的施工图设计文件后，在设计交底前全面细致地熟悉和审查施工图纸的活动称为图纸会审。监理人员应熟悉工程设计文件，并应参加建设单位主持的图纸会审会议，建设单位应及时主持召开图纸会审会议，组织项目监理机构、施工单位等相关人员进行图纸会审，并整理成会审问题清单，由建设单位在设计交底前约定的时间内提交设计单位。图纸会审由施工单位整理会议纪要，与会各方会签。

总监理工程师组织监理人员熟悉工程设计文件是项目监理机构实施事前质量控制的一项重要工作。其目的：一是通过熟悉工程设计文件，了解设计意图和工程设计特点、工程关键部位的质量要求；二是发现图纸差错，将图纸中的质量隐患消灭在萌芽之中。监理人员应重点熟悉：设计的主导思想与设计构思，采用的设计规范、各专业设计说明等，以及工程设计文件对主要工程材料、构配件和设备的要求，对所采用的新材料、新工艺、新技术、新设备的要求，对施工技术的要求以及涉及工程质量、施工安全应特别注意的事项等。

Study 学习笔记

图纸会审的内容一般包括：

(1)审查设计图纸是否满足项目立项的功能、技术可靠、安全、经济适用的需求。

(2)图纸是否已经审查机构签字、盖章。

(3)地质勘探资料是否齐全，设计图纸与说明是否齐全，设计深度是否达到规范要求。

(4)设计地震烈度是否符合当地要求。

(5)总平面图与施工图的几何尺寸、平面位置、标高等是否一致。

(6)消防是否满足要求。

(7)各专业图纸本身是否有差错及矛盾，结构图与建筑图的平面尺寸及标高是否一致，建筑图与结构图的表示方法是否清楚，是否符合制图标准，预留、预埋件是否表示清楚；工程材料来源有无保证，新工艺、新材料、新技术的应用有无问题。

(8) 地基处理方法是否合理，建筑与结构构造是否存在不能施工、不便于施工的技术问题，或容易导致质量、安全、工程费用增加等方面的问题。

(9) 工艺管道、电气线路、设备装置、运输道路与建筑物之间或相互间有无矛盾。

(二)设计交底

设计单位交付工程设计文件后，按法律规定的义务就工程设计文件的内容向建设单位、施工单位和监理单位做出详细的说明。帮助施工单位和监理单位正确贯彻设计意图，加深对设计文件特点、难点、疑点的理解，掌握关键工程部位的质量要求，以确保工程质量。设计交底的主要内容一般包括：施工图设计文件总体介绍，设计的意图说明，特殊的工艺要求，建筑、结构、工艺、设备等各专业在施工中的难点、疑点和容易发生的问题说明，以及施工单位、监理单位、建设单位等对设计图纸疑问的解释等。

工程开工前，建设单位应组织并主持召开工程设计技术交底会。先由设计单位进行设计交底，后转入图纸会审问题解释，设计单位对图纸会审问题清单予以解答。通过建设单位、设计单位、监理单位、施工单位及其他有关单位研究协商，确定图纸存在的各种技术问题的解决方案。

设计交底会议纪要由设计单位整理，与会各方会签。

学习笔记

二、施工组织设计审查

施工组织设计是指导施工单位进行施工的实施性文件。项目监理机构应审查施工单位报审的施工组织设计,符合要求时,应由总监理工程师签认后报建设单位。项目监理机构应要求施工单位按已批准的施工组织设计组织施工。施工组织设计需要调整时,项目监理机构应按程序重新审查。

(一)施工组织设计审查的基本内容与程序要求

1. 审查的基本内容

施工组织设计审查应包括下列基本内容:

(1) 编审程序应符合相关规定。

(2) 施工进度、施工方案及工程质量保证措施应符合施工合同要求。

(3) 资金、劳动力、材料、设备等资源供应计划应满足工程施工需要。

(4) 安全技术措施应符合工程建设强制性标准。

(5) 施工总平面布置应科学合理。

2. 审查的程序要求

施工组织设计的报审应遵循下列程序及要求:

(1) 施工单位编制的施工组织设计经施工单位技术负责人审核签认后,与施工组织设计报审表一并报送项目监理机构。

(2) 总监理工程师应及时组织专业监理工程师进行审查,需要修改的,由总监理工程师签发书面意见退回修改;符合要求的,由总监理工程师签认。

(3) 已签认的施工组织设计由项目监理机构报送建设单位。

(4) 施工组织设计在实施过程中,施工单位如需做较大的变更,应经总监理工程师审查同意。

(二)施工组织设计审查质量控制要点

(1)受理施工组织设计。施工组织设计的审查必须是在施工单位编审手续齐全(有编制人、施工单位技术负责人的签名和施工单位公章)的基础上,由施工单位填写施工组织设计报审表,并按合同约定时间报送项目监理机构。

(2)总监理工程师应在约定的时间内,组织各专业监理工程师进行审查,专业监理工程师在报审表上签署审查意见后,总监理工程师审核批准。需要施工单位修改施工组织设计时,由总监理工程师在报审表上签署意见,发回施工单位修改。施工单位修改后重新报审,总监理工程师应组织审查。

学习笔记

施工组织设计应符合国家的技术政策，充分考虑施工合同约定的条件、施工现场条件及法律法规的要求；施工组织设计应针对工程的特点、难点及施工条件，具有可操作性，质量措施切实能保证工程质量目标，采用的技术方案和措施先进、适用、成熟。

(3)项目监理机构宜将审查施工单位施工组织设计的情况，特别是要求发回修改的情况及时向建设单位通报，应将已审定的施工组织设计及时报送建设单位。涉及增加工程措施费的项目，必须与建设单位协商，并征得建设单位的同意。

(4)经审查批准的施工组织设计，施工单位应认真贯彻实施，不得擅自任意改动。若需进行实质性的调整、补充或变动，应报项目监理机构审查同意。如果施工单位擅自改动，监理机构应及时发出监理通知单，要求按程序报审。

三、施工方案审查

总监理工程师应组织专业监理工程师审查施工单位报审的施工方案，符合要求后应予以签认。施工方案审查应包括的基本内容：①编审程序应符合相关规定；②工程质量保证措施应符合有关标准。

(一)程序性审查

程序性审查应重点审查施工方案的编制人、审批人是否符合有关权限规定的要求。根据相关规定，通常情况下，施工方案应由项目技术负责人组织编制，并经施工单位技术负责人审批签字后提交项目监理机构。项目监理机构在审批施工方案时，应检查施工单位的内部审批程序是否完善、签章是否齐全，重点核对审批人是否为施工单位技术负责人。

(二)内容性审查

内容性审查应重点审查施工方案是否具有针对性、指导性、可操作性；现场施工管理机构是否建立了完善的质量保证体系，是否明确工程质量要求及目标，是否健全了质量保证体系组织机构及岗位职责，是否配备了相应的质量管理人员，是否建立了各项质量管理制度和质量管理程序等；施工质量保证措施是否符合现行的规范、标准等，特别是与工程建设强制性标准的符合性。

例如，审查建筑地基基础工程土方开挖施工方案，要求土方开挖的顺序、方法必须与设计工况相一致，并遵循“开槽支撑，先撑后挖，分层开挖，严禁超挖”的原则。在质量安全方面的要点是：①基坑边坡土不应超过设计荷载以防

学习笔记

边坡塌方；②挖方时不应碰撞或损伤支护结构、降水设施；③开挖到设计标高后，应对坑底进行保护，验槽合格后，尽快施工垫层；④严禁超挖；⑤开挖过程中，应对支护结构、周围环境进行观察、监测，发现异常及时处理等。

（三）审查的主要依据

建设工程施工合同文件及建设工程监理合同，经批准的建设工程项目文件和设计文件，相关法律法规、规范、规程、标准图集等，以及其他工程基础资料、工程场地周边环境（含管线）资料等。

四、现场施工准备质量控制

（一）施工现场质量管理检查

工程开工前，项目监理机构应审查施工单位现场的质量管理组织机构、管理制度及专职管理人员和特种作业人员的资格，主要内容如下：

(1)项目部质量管理体系。

(2)现场质量责任制。

(3)主要专业工种操作岗位证书。

(4)分包单位管理制度。

(5)图纸会审记录。

(6)地质勘察资料。

(7)施工技术标准。

(8)施工组织设计编制及审批。

(9)物资采购管理制度。

(10)施工设施和机械设备管理制度。

(11)计量设备配备。

(12)检测试验管理制度。

(13)工程质量检查验收制度等。

（二）分包单位资质的审核确认

分包工程开工前，项目监理机构应审核施工单位报送的分包单位资格报审表及有关资料，专业监理工程师进行审核并提出审查意见，符合要求后，应由总监理工程师审批并签署意见。分包单位资格审核应包括的基本内容：①营业执照、企业资质等级证书；②安全生产许可文件；③类似工程业绩；④专

学习笔记

职管理人员和特种作业人员的资格。

专业监理工程师应在约定的时间内，对施工单位所报资料的完整性、真实性和有效性进行审查。在审查过程中需与建设单位进行有效沟通，必要时会同建设单位对施工单位选定的分包单位的情况进行实地考察和调查，核实施工单位申报材料与实际情况是否相符。

专业监理工程师审查分包单位资质材料时，应查验《建筑业企业资质证书》《企业法人营业执照》及《安全生产许可证》。注意拟承担分包工程的内容与资质等级、营业执照是否相符。分包单位的类似工程业绩，要求提供工程名称、工程质量验收等证明文件；审查拟分包工程的内容和范围时，应注意施工单位的发包性质，禁止转包、肢解分包、层层分包等违法行为。

总监理工程师对报审资料进行审核，在报审表上签署书面意见前须征求建设单位意见。如分包单位的资质材料不符合要求，施工单位应根据总监理工程师的审核意见，或重新报审，或另选择分包单位再报审。

（三）查验施工控制测量成果

专业监理工程师应检查、复核施工单位报送的施工控制测量成果及保护措施，签署意见，并应对施工单位在施工过程中报送的施工测量放线成果进行查验。施工控制测量成果及保护措施的检查、复核，包括：①施工单位测量人员的资格证书及测量设备检定证书；②施工平面控制网、高程控制网和临时水准点的测量成果及控制桩的保护措施。

项目监理机构收到施工单位报送的施工控制测量成果报验表后，由专业监理工程师审查。专业监理工程师应审查施工单位的测量依据、测量人员资格和测量成果是否符合相关规范及标准要求，符合要求的，予以签认。

专业监理工程师应检查、复核施工单位测量人员的资格证书和测量设备检定证书。根据相关规定，从事工程测量的技术人员应取得合法有效的相关资格证书，用于测量的仪器和设备也应具备有效的检定证书。专业监理工程师应按照相应测量标准的要求对施工平面控制网、高程控制网和临时水准点的测量成果及控制桩的保护措施进行检查、复核。例如，场区控制网点位，应选择在通视良好、便于施测、利于长期保存的地点，并埋设相应的标石，必要时还应增加强制对中装置。标石埋设深度，应根据冻土深度和场地设计标高确定。施工中，当少数高程控制点标石不能保存时，应将其引测至稳固的建（构）筑物上，引测精度不应低于原高程点的精度等级。

学习笔记

(四)施工试验室的检查

专业监理工程师应检查施工单位为本工程提供服务的试验室(包括施工单位自有试验室或委托的试验室)。试验室的检查应包括下列内容:①试验室的资质等级及试验范围;②法定计量部门对试验设备出具的计量检定证明;③试验室管理制度;④试验人员资格证书。项目监理机构收到施工单位报送的试验室报审表及有关资料后,总监理工程师应组织专业监理工程师对施工试验室审查。专业监理工程师在熟悉本工程的试验项目及其要求后对施工试验室进行审查。

根据有关规定,为工程提供服务的试验室应具有政府主管部门颁发的资质证书及相应的试验范围。试验室的资质等级和试验范围必须满足工程需要;试验设备应由法定计量部门出具符合规定要求的计量检定证明;试验室还应具有相关管理制度,以保证试验、检测过程和结果的规范性、准确性、有效性、可靠性及可追溯性,试验室管理制度应包括试验人员工作记录、人员考核及培训制度、资料管理制度、原始记录管理制度、试验检测报告管理制度、样品管理制度、仪器设备管理制度、安全环保管理制度、外委试验管理制度、对比试验及能力考核管理制度、施工现场(搅拌站)试验管理制度、检查评比制度、工作会议制度以及报表制度等。从事试验、检测工作的人员应按规定具备相应的上岗资格证书。专业监理工程师应对以上制度逐一进行检查,符合要求后予以签认。

另外,施工单位还有一些用于现场进行计量的设备,包括施工中使用的衡器、量具、计量装置等。施工单位应按有关规定定期对计量设备进行检查、检定,确保计量设备的精确性和可靠性。专业监理工程师应审查施工单位定期提交影响工程质量的计量设备的检查和检定报告。

(五)工程材料、构配件、设备的质量控制

1. 工程材料、构配件、设备质量控制的基本内容

项目监理机构收到施工单位报送的工程材料、构配件、设备报审表后,应审查施工单位报送的用于工程的材料、构配件、设备的质量证明文件,并应按有关规定、建设工程监理合同约定,对用于工程的材料进行见证取样。用于工程的材料、构配件、设备的质量证明文件包括出厂合格证、质量检验报告、性能检测报告以及施工单位的质量抽检报告等。对于工程设备应同时附有设备出厂合格证、技术说明书、质量检验证明、有关图纸、配件清单及技术资料等。对已进场经检验不合格的工程材料、构配件、设备,应要求施工单位限期将其撤

出施工现场。

2. 工程材料、构配件、设备质量控制的要点

(1) 对用于工程的主要材料，在材料进场时专业监理工程师应核查厂家生产许可证、出厂合格证、材质化验单及性能检测报告，审查不合格者一律不准用于工程。专业监理工程师应参与建设单位组织的对施工单位负责采购的原材料、半成品、构配件的考察，并提出考察意见。对于半成品、构配件和设备，应按经过审批认可的设计文件和图纸要求采购订货，质量应满足有关标准和设计的要求。某些材料，诸如瓷砖等装饰材料，要求订货时最好一次性备足货源，以免由于分批而出现色泽不一的质量问题。

(2) 在现场配制的材料，施工单位应进行级配设计与配合比试验，经试验合格后才能使用。

(3) 对于进口材料、构配件和设备，专业监理工程师应要求施工单位报送进口商检证明文件，并会同建设单位、施工单位、供货单位等相关单位有关人员按合同约定进行联合检查验收。联合检查由施工单位提出申请，项目监理机构组织，建设单位主持。

(4) 对于工程采用新设备、新材料，还应核查相关部门鉴定证书或工程应用的证明材料、实地考察报告或专题论证材料。

(5) 原材料、(半)成品、构配件进场时，专业监理工程师应检查其尺寸、规格、型号、产品标志、包装等外观质量，并判定其是否符合设计、规范、合同等要求。

(6) 工程设备验收前，设备安装单位应提交设备验收方案，包括验收方法、质量标准、验收的依据，经专业监理工程师审查同意后实施。

(7) 对进场的设备，专业监理工程师应会同设备安装单位、供货单位等的有关人员进行开箱检验，检查其是否符合设计文件、合同文件和规范等所规定的厂家、型号、规格、数量、技术参数等，检查设备图纸、说明书、配件是否齐全。

(8) 由建设单位采购的主要设备则由建设单位、施工单位、项目监理机构进行开箱检查，并由三方在开箱检查记录上签字。

(9) 质量合格的材料、构配件进场后，到其使用或安装时通常要经过一定的时间间隔。在此时间里，专业监理工程师应对施工单位在材料、半成品、构配件的存放、保管及使用期限实行监控。

（六）工程开工条件审查与开工令的签发

总监理工程师应组织专业监理工程师审查施工单位报送的工程开工报审表及相关资料。同时具备下列条件时，应由总监理工程师签署审查意见，并报建设单位批准后，总监理工程师签发工程开工令：

学习笔记

(1)设计交底和图纸会审已完成。

(2)施工组织设计已由总监理工程师签认。

(3)施工单位现场质量、安全生产管理体系已建立,管理及施工人员已到位,施工机械具备使用条件,主要工程材料已落实。

(4)进场道路及水、电、通信等已满足开工要求。

总监理工程师应在开工日期7d前向施工单位发出工程开工令。工期自总监理工程师发出的工程开工令中载明的开工日期起计算。总监理工程师应组织专业监理工程师审查施工单位报送的开工报审表及相关资料,并对开工应具备的条件进行逐项审查,全部符合要求时签署审查意见,报建设单位得到批准后,再由总监理工程师签发工程开工令。施工单位应在开工日期后尽快施工。

【思政园地】

违法开工

某市建委近日公布了远郊8区(县)17项存在严重违法行为的工程名单及处理结果,某房地产开发有限公司、某建筑公司等多家建设施工单位受到重罚,单位罚款总额达264万余元。

据悉,这17项工程是在未取得建筑工程施工许可证的情况下违法开工建设的,施工单位违章施工。市建委行政执法大队依法对责任单位一律取高限进行了重罚,并对责任人进行了相应处罚,责任人罚款总额13万余元。某市建委行政执法大队还拟提请有关部门将其记入不良记录和曝光,并建议对责任单位在资质年审时进行行政处理。

违法工程名单(略)。

任务三　施工过程质量控制

一、巡视与旁站

(一)巡视

1. 巡视的内容

巡视是项目监理机构对施工现场进行的定期或不定期的检查活动,是项目监理机构对工程实施建设监理的方式之一。

学习笔记

项目监理机构应安排监理人员对工程施工质量进行巡视。巡视应包括下列主要内容：

(1)施工单位是否按工程设计文件、工程建设标准和批准的施工组织设计、(专项)施工方案施工。施工单位必须按照工程设计图纸和施工技术标准施工，不得擅自修改工程设计，不得偷工减料。

(2)使用的工程材料、构配件和设备是否合格。应检查施工单位使用的工程原材料、构配件和设备是否合格。不得在工程中使用不合格的原材料、构配件和设备，只有经过复试检测合格，原材料、构配件和设备才能够用于工程。

(3)施工现场管理人员，特别是施工质量管理人员是否到位。应对其是否到位及履职情况做好检查和记录。

(4)特种作业人员是否持证上岗。应对施工单位特种作业人员是否持证上岗进行检查。根据《建筑施工特种作业人员管理规定》，对于建筑电工、建筑架子工、建筑起重信号司索工、建筑起重机械司机、建筑起重机械安装拆卸工、高处作业吊篮安装拆卸工、焊接切割操作工，以及经省级以上人民政府建设主管部门认定的其他特种作业人员，必须持施工特种作业人员操作证上岗。

2. 巡视检查要点

1)检查原材料

施工现场原材料、构配件的采购和堆放是否符合施工组织设计(方案)要求；其规格、型号等是否符合设计要求；是否已见证取样，并检测合格；是否已按程序报验并允许使用；有无使用不合格材料，有无使用质量合格证明资料欠缺的材料。

2)检查施工人员

(1)施工现场管理人员，尤其是质检员、安全员等关键岗位人员是否到位，能否确保各项管理制度和质量保证体系是否落实。

(2)特种作业人员是否持证上岗，人证是否相符，是否进行了技术交底并有记录。

(3)现场施工人员是否按照规定佩戴安全防护用品。

3)检查基坑土方开挖工程

(1)土方开挖前的准备工作是否到位，开挖条件是否具备。

(2)土方开挖顺序、方法是否与设计要求一致。

(3)挖土是否分层、分区进行，分层高度和开挖面放坡坡度是否符合要求，垫层混凝土的浇筑是否及时。

(4)基坑坑边和支撑上的堆载是否在允许范围内，是否存在安全隐患。

(5)挖土机械有无碰撞或损伤基坑围护和支撑结构、工程桩、降压(疏干)

学习笔记

井等现象。

(6)是否限时开挖,尽快形成围护支撑,尽量缩短围护结构无支撑暴露时间。

(7)每道支撑底面黏附的土块、垫层、竹笆等是否及时清理,每道支撑上的安全通道和临边防护的搭设是否及时、符合要求。

(8)挖土机械工作是否有专人指挥,有无违章、冒险作业现象。

4)检查砌体工程

(1)基层清理是否干净,是否按要求用细石混凝土、水泥砂浆进行了找平。

(2)是否有“碎砖”集中使用和外观质量不合格的块材使用现象。

(3)是否按要求使用皮数杆,墙体拉结筋形式、规格、尺寸、位置是否正确,砂浆饱满度是否合格,灰缝厚度是否超标,有无透明缝、“瞎缝”和“假缝”。

(4)墙上的架眼、工程需要的预留、预埋等有无遗漏等。

5)检查钢筋工程

(1)钢筋有无锈蚀、被隔离剂和淤泥等污染现象。

(2)垫块规格、尺寸是否符合要求,强度能否满足施工需要,有无用木块、大理石板等代替水泥砂浆(或混凝土)垫块的现象。

(3)钢筋搭接长度、位置、连接方式是否符合设计要求,搭接区段箍筋是否按要求加密;对于梁柱或梁梁交叉部位的“核心区”有无主筋被截断、箍筋漏放等现象。

6)检查模板工程

(1)模板安装和拆除是否符合施工组织设计(方案)的要求,支模前隐蔽内容是否已经验收合格。

(2)模板表面是否清理干净、有无变形损坏,是否已涂刷隔离剂,模板拼缝是否严密,安装是否牢固。

(3)拆模是否事先按程序和要求向项目监理机构报审并签认,拆模有无违章冒险行为;模板捆扎、吊运、堆放是否符合要求。

7)检查混凝土工程

(1)现浇混凝土结构构件的保护是否符合要求。

(2)构件拆模后构件的尺寸偏差是否在允许范围内,有无质量缺陷,缺陷修补处理是否符合要求。

(3)现浇构件的养护措施是否有效、可行、及时等。

(4)采用商品混凝土时,是否留置标养试块和同条件试块,是否抽查砂与石子的含泥量和粒径等。

Study 学习笔记

8）检查钢结构工程

主要检查内容：钢结构零部件加工条件是否合格（如场地、温度、机械性能等），安装条件是否具备（如基础是否已经验收合格等）；施工工艺是否合理、符合相关规定；钢结构原材料及零部件的加工、焊接、组装、安装及涂饰质量是否符合设计文件和相关标准、要求等。

9）检查屋面工程

（1）基层是否平整坚固、清理干净。

（2）防水卷材搭接部位、宽度、施工顺序、施工工艺是否符合要求，卷材收头、节点、细部处理是否合格。

（3）屋面块材搭接、铺贴质量如何、有无损坏现象等。

10）检查装饰装修工程

（1）基层处理是否合格，是否按要求使用垂直、水平控制线，施工工艺是否符合要求。

（2）需要进行隐蔽的部位和内容是否已经按程序报验并通过验收。

（3）细部制作、安装、涂饰等是否符合设计要求和相关规定。

（4）各专业之间工序穿插是否合理，有无相互污染、相互破坏现象等。

11）检查安装工程等

重点检查是否按规范、规程、设计图纸、图集和批准的施工组织设计（方案）施工；是否有专人负责，施工是否正常等。

12）检查施工环境

（1）施工环境和外界条件是否对工程质量、安全等造成不利影响，施工单位是否已采取相应措施。

（2）各种基准控制点、周边环境和基坑自身监测点的设置、保护是否正常，有无被压（损）现象。

（3）季节性天气中，工地是否采取了相应的季节性施工措施，比如暑期、冬季和雨季施工措施等。

（二）旁站

旁站是指项目监理机构对工程的关键部位或关键工序的施工质量进行的监督活动。

项目监理机构应根据工程特点和施工单位报送的施工组织设计，将影响工程主体结构安全的、完工后无法检测其质量的或返工会造成较大损失的部位及其施工过程作为旁站的关键部位、关键工序，安排监理人员进行旁站，并应及时记录旁站情况。旁站记录应按《建设工程监理规范》（GB/T 50319—

2013)的要求填写。

1. 旁站工作程序

(1)开工前,项目监理机构应根据工程特点和施工单位报送的施工组织设计,确定旁站的关键部位、关键工序,并书面通知施工单位。

(2)施工单位在需要实施旁站的关键部位、关键工序进行施工前书面通知项目监理机构。

(3)接到施工单位书面通知后,项目监理机构应安排旁站人员实施旁站。

2. 旁站工作要点

(1)编制监理规划时,应明确旁站的部位和要求。

(2)根据部门规范性文件,房屋建筑工程旁站的关键部位、关键工序是:

①基础工程方面包括:土方回填,混凝土灌注桩浇筑,地下连续墙、土钉墙、后浇带及其他结构混凝土、防水混凝土浇筑,卷材防水层细部构造处理,钢结构安装;

②主体结构工程方面包括:梁柱节点钢筋隐蔽工程,混凝土浇筑,预应力张拉,装配式结构安装,钢结构安装,网架结构安装,索膜安装。

(3)其他工程的关键部位、关键工序,应根据工程类别、特点及有关规定和施工单位报送的施工组织设计确定。

(4)旁站人员的主要职责是:

①检查施工单位现场质检人员到岗、特殊工种人员持证上岗及施工机械、建筑材料准备情况;

②在现场监督关键部位、关键工序的施工执行施工方案以及工程建设强制性标准情况;

③核查进场建筑材料、构配件、设备和商品混凝土的质量检验报告等,并可在现场监督施工单位进行检验或者委托具有资格的第三方进行复验;

④做好旁站记录,保存旁站原始资料。

(5)对施工中出现的偏差及时纠正,保证施工质量。发现施工单位有违反工程建设强制性标准行为的,应责令施工单位立即整改;发现其施工活动已经或者可能危及工程质量的,应当及时向专业监理工程师或总监理工程师报告,由总监理工程师下达暂停令,指令施工单位整改。

(6)对需要旁站的关键部位、关键工序的施工,凡没有实施旁站监理或者没有旁站记录的,专业监理工程师或总监理工程师不得在相应文件上签字。工程竣工验收后,项目监理机构应将旁站记录存档备查。

(7)旁站记录内容应真实、准确并与监理日志相吻合。对旁站的关键部位、关键工序,应按照时间或工序形成完整的记录。必要时可进行拍照或摄影,记录当时的施工过程。

学习笔记

二、见证取样与平行检验

（一）见证取样

见证取样是指项目监理机构对施工单位进行的涉及结构安全的试块、试件及工程材料现场取样、封样、送检工作的监督活动。

1. 见证取样的工作程序

(1)工程项目施工前，由施工单位和项目监理机构共同对见证取样的检测机构进行考察确定。对于施工单位提出的试验室，专业监理工程师要进行实地考察。试验室一般是和施工单位没有行政隶属关系的第三方。试验室要具有相应的资质，经国家或地方计量、试验主管部门认证，试验项目满足工程需要，试验室出具的报告对外具有法定效果。

(2)项目监理机构要将选定的试验室报送负责本项目的质量监督机构备案并得到认可，同时要将项目监理机构中负责见证取样的专业监理工程师在该质量监督机构备案。

(3)施工单位应按照规定制订检测试验计划，配备取样人员，负责施工现场的取样工作，并将检测试验计划报送项目监理机构。

(4)施工单位在对进场材料、试块、试件、钢筋接头等实施见证取样前要通知负责见证取样的专业监理工程师，在该专业监理工程师现场监督下，施工单位按相关规范的要求，完成材料、试块、试件等的取样过程。

(5)完成取样后，施工单位取样人员应在试样或其包装上做出标识、封志。标识和封志应标明工程名称、取样部位、取样日期、样品名称和样品数量等信息，并由见证取样的专业监理工程师和施工单位取样人员签字。如钢筋样品、钢筋接头，则贴上专用加封标志，然后送往试验室。

2. 实施见证取样的要求

(1)试验室要具有相应的资质并进行备案、认可。

(2)负责见证取样的专业监理工程师要具有材料、试验等方面的专业知识，并经培训考核合格，且要取得见证人员培训合格证书。

(3)施工单位从事取样的人员一般应由试验室人员或专职质检人员担任。

(4)试验室出具的报告一式两份，分别由施工单位和项目监理机构保存，并作为归档材料，是工序产品质量评定的重要依据。

(5)见证取样的频率，国家或地方主管部门有规定的，执行相关规定；施工

学习笔记

承包合同中如有明确规定的，执行施工承包合同的规定。

(6)见证取样和送检的资料必须真实、完整，符合相应规定。

（二）平行检验

平行检验是指项目监理机构在施工单位自检的同时，按有关规定、建设工程监理合同约定对同一检验项目进行的检测试验活动。项目监理机构应根据工程特点、专业要求，以及建设工程监理合同的约定，对施工质量进行平行检验。

平行检验的项目、数量、频率和费用等应符合建设工程监理合同的约定。对平行检验不合格的施工质量，项目监理机构应签发监理通知单，要求施工单位在指定的时间内整改并重新报验。

例如：高速公路工程中，工程监理单位应按工程建设监理合同约定组建项目监理中心试验室进行平行检验工作。公路工程检验试验可分为验证试验、标准试验、工艺试验、抽样试验和验收试验。验证试验是对材料或商品构件进行预先鉴定，以决定是否可以用于工程。标准试验是对各项工程的内在品质进行施工前的数据采集，它是控制和指导施工的科学依据，包括各种标准击实试验、集料的级配试验、混合料的配合比试验、结构的强度试验等。工艺试验是依据技术规范的规定，在动工之前对路基、路面及其他需要通过预先试验方能正式施工的分项工程预先进行工艺试验，然后依其试验结果全面指导施工。抽样试验是对各项工程实施中的实际内在品质进行符合性的检查，内容应包括各种材料的物理性能、土方及其他填筑施工的密实度、混凝土及沥青混凝土的强度等的测定和试验。验收试验是对各项已完工程的实际内在品质做出评定。项目监理中心试验室进行平行检验试验的是：

(1)验证试验。材料或商品构件运入现场后，应按规定的批量和频率进行抽样试验；不合格的材料或商品构件不准用于工程。

(2)标准试验。在各项工程开工前合同规定或合理的时间内，应由施工单位先完成标准试验。监理中心试验室应在施工单位进行标准试验的同时或以后，平行进行复核（对比）试验，以肯定、否定或调整施工单位标准试验的参数或指标。

(3)抽样试验。在施工单位的工地试验室（流动试验室）按技术规范的规定进行全频率抽样试验的基础上，监理中心试验室应按规定的频率独立进行抽样试验，以鉴定施工单位的抽样试验结果是否真实可靠。当施工现场的监理人员对施工质量或材料产生疑问并提出要求时，监理中心试验室随时进行抽样试验。

三、监理通知单、工程暂停令、工程复工令的签发

（一）监理通知单的签发

在工程质量控制方面，项目监理机构发现施工存在质量问题的，或施工单位采用不适当的施工工艺，或施工不当，造成工程质量不合格的，应及时签发监理通知单，要求施工单位整改。监理通知单由专业监理工程师或总监理工程师签发。

监理通知单对存在问题部位的表述应具体。如问题出现在主楼二层楼板某梁的具体部位时应注明："主楼二层楼板⑥轴、(A) ~ (B)列 L2 梁"；应用数据说话，详细叙述问题存在的违规内容。一般应包括监理实测值、设计值、允许偏差值、违反规范种类及条款等，如"梁钢筋保护层厚度局部实测值为 16 mm，设计值为 25 mm，已超出允许偏差 ±5 mm，违反《混凝土结构工程施工质量验收规范》(GB 50204—2015)的规定"；反映的问题如果能用照片予以记录，应附上照片。要求施工单位整改时限应叙述具体，如"在 72 h 内"；并注明施工单位申诉的形式和时限，如"对本监理通知单内容有异议，请在 24 h 内向监理提出书面报告"。

项目监理机构签发监理通知单时，应要求施工单位在发文本上签字，并注明签收时间。

施工单位应按监理通知单的要求进行整改。整改完毕后，向项目监理机构提交监理通知回复单。项目监理机构应根据施工单位报送的监理通知回复单对整改情况进行复查，并提出复查意见。

（二）工程暂停令的签发

监理人员发现可能造成质量事故的重大隐患或已发生质量事故的，总监理工程师应签发工程暂停令。

项目监理机构发现下列情形之一时，总监理工程师应及时签发工程暂停令：

(1)建设单位要求暂停施工且工程需要暂停施工的。

(3)施工单位未经批准擅自施工或拒绝项目监理机构管理的。

(3)施工单位未按审查通过的工程设计文件施工的。

(4)施工单位违反工程建设强制性标准的。

(5)施工存在重大质量、安全事故隐患或发生质量、安全事故的。

学习笔记

对于建设单位要求停工的，总监理工程师经过独立判断，认为有必要暂停施工的，可签发工程暂停令；认为没有必要暂停施工的，不应签发工程暂停令。施工单位拒绝执行项目监理机构的要求和指令时，总监理工程师应视情况签发工程暂停令。对于施工单位未经批准擅自施工或分别出现上述(3)、(4)、(5)三种情况时，总监理工程师应签发工程暂停令。总监理工程师在签发工程暂停令时，可根据停工原因的影响范围和影响程度，确定停工范围。

总监理工程师签发工程暂停令，应事先征得建设单位同意。在紧急情况下，未能事先征得建设单位同意的，应在事后及时向建设单位书面报告。施工单位未按要求停工，项目监理机构应及时报告建设单位，必要时应向有关主管部门报送监理报告。

暂停施工事件发生时，项目监理机构应如实记录所发生的情况。对于建设单位要求停工且工程需要暂停施工的，应重点记录施工单位人工、设备在现场的数量和状态；对于因施工单位原因暂停施工的，应记录直接导致停工发生的原因。

（三）工程复工令的签发

因建设单位原因或非施工单位原因引起工程暂停的，在具备复工条件时，应及时签发工程复工令，指令施工单位复工。

1. 审核工程复工报审表

施工单位原因引起工程暂停的，施工单位在复工前应向项目监理机构提交工程复工报审表申请复工。工程复工报审时，应附有能够证明已具备复工条件的相关文件资料，包括相关检查记录、有针对性的整改措施及其落实情况、会议纪要、影像资料等。当导致暂停的原因是危及结构安全或使用功能时，整改完成后，应有建设单位、设计单位、监理单位各方共同认可的整改完成文件，其中涉及建设工程鉴定的文件必须由有资质的检测单位出具。

对需要返工处理或加固补强的质量缺陷，项目监理机构应要求施工单位报送经设计等相关单位认可的处理方案，并应对质量缺陷的处理过程进行跟踪检查，同时应对处理结果进行验收。

对需要返工处理或加固补强的质量事故，项目监理机构应要求施工单位报送质量事故调查报告和经设计等相关单位认可的处理方案，并对质量事故的处理过程进行跟踪检查，对处理结果进行验收。项目监理机构应及时向建设单位提交质量事故书面报告，并应将完整的质量事故处理记录整理归档。

2. 签发工程复工令

项目监理机构收到施工单位报送的工程复工报审表及有关材料后，应对施工单位的整改过程及结果进行检查、验收，符合要求的，总监理工程师应及时签署审批意见，并报建设单位批准后签发工程复工令，施工单位接到工程复工令后组织复工。施工单位未提出工程复工申请的，总监理工程师应根据工程实际情况指令施工单位恢复施工。

四、工程变更的控制

施工过程中，由于前期勘察设计的因素，或由于外界自然条件的变化，未探明的地下障碍物、管线、文物、地质条件不符等，以及施工工艺方面的限制、建设单位要求的改变，均会涉及工程变更。做好工程变更的控制工作，是工程质量控制的一项重要内容。

工程变更单由提出单位填写，写明工程变更原因、工程变更内容，并附必要的附件，包括：工程变更的依据、详细内容、图纸，对工程造价、工期的影响程度分析，以及对功能、安全影响的分析报告。

对于施工单位提出的工程变更，项目监理机构可按下列程序处理：

(1) 总监理工程师组织专业监理工程师审查施工单位提出的工程变更申请，提出审查意见。对涉及工程设计文件修改的工程变更，应由建设单位转交原设计单位修改工程设计文件。必要时，项目监理机构应建议建设单位组织设计、施工等单位召开论证工程设计文件修改方案的专题会议。

(2) 总监理工程师组织专业监理工程师对工程变更费用及工期影响做出评估。

(3) 总监理工程师组织建设单位、施工单位等共同协商确定工程变更费用及工期变化，会签工程变更单。

(4) 项目监理机构根据批准的工程变更文件监督施工单位实施工程变更。

施工单位提出工程变更的情形一般有：①图纸出现错、漏、碰、缺等缺陷而无法施工；②图纸不便施工，变更后更经济、方便；③采用新材料、新产品、新工艺、新技术的需要；④施工单位考虑自身利益，为费用索赔而提出工程变更。

施工单位提出的工程变更，当为要求进行某些材料、工艺、技术方面的技术修改时，即根据施工现场具体条件和自身的技术、经验和施工设备等，在不改变原设计文件原则的前提下，提出的对设计图纸和技术文件的某些技术上的修改要求。例如：对某种规格的钢筋采用替代规格的钢筋、对基坑开挖边坡的修改等。应在工程变更单及其附件中说明要求修改的内容及原因或理由，并附上有关文件和相应图纸。经各方同意签字后，由总监理工程师组织实施。

当施工单位提出的工程变更要求对设计图纸和设计文件所表达的设计标

学习笔记

准、状态有改变或修改时，项目监理机构经与建设单位、设计单位、施工单位研究并做出变更决定后，由建设单位转交原设计单位修改工程设计文件，再由总监理工程师签发工程变更单，并附设计单位提交的修改后的工程设计图纸交施工单位按变更后的图纸施工。

建设单位提出的工程变更，可能是由于局部调整使用功能，也可能是方案阶段考虑不周，项目监理机构应对于工程变更可能造成的设计修改、工程暂停、返工损失、增加工程造价等进行全面地评估，为建设单位正确决策提供依据，避免工程反复和不必要的浪费。对于设计单位要求的工程变更，应由建设单位将工程变更设计文件下发项目监理机构，由总监理工程师组织实施。

如果变更涉及项目功能、结构主体安全，该工程变更还要按有关规定报送施工图原审查机构及管理部门进行审查与批准。

五、质量记录资料的管理

质量记录资料是施工单位进行工程施工或安装期间，实施质量控制，活动的记录，还包括对这些质量控制活动的意见及施工单位对这些意见的答复，它详细地记录了工程施工阶段质量控制活动的全过程。因此，它不仅在工程施工期间对工程质量的控制有重要作用，而且在工程竣工和投入运行后，对于查询和了解工程建设的质量情况以及工程维修和管理提供大量有用的资料和信息。

质量记录资料包括以下三方面的内容。

（一）施工现场质量管理检查记录资料

施工现场质量管理检查记录资料主要包括施工单位现场质量管理制度，质量责任制；主要专业工种操作上岗证书；分包单位资质及总承包施工单位对分包单位的管理制度；施工图审查核对资料（记录），地质勘察资料；施工组织设计、施工方案及审批记录；施工技术标准；工程质量检验制度；混凝土搅拌站（级配填料拌和站）及计量设置；现场材料、设备存放与管理等。

（二）工程材料质量记录

工程材料质量记录主要包括进场工程材料半成品、构配件、设备的质量证明资料；各种试验检验报告（如力学性能试验、化学成分试验、材料级配试验等）；各种合格证；设备进场维修记录或设备进场运行检验记录。

学习笔记

（三）施工过程作业活动质量记录资料

施工或安装过程可按分项、分部、单位工程建立相应的质量记录资料。在相应质量记录资料中应包含有关图纸的图号、设计要求；质量自检资料；项目监理机构的验收资料；各工序作业的原始施工记录；检测及试验报告；材料、设备质量资料的编号、存放档案卷号。此外，质量记录资料还应包括不合格项的报告、通知以及处理及检查验收资料等。

质量记录资料应在工程施工或安装开始前，由项目监理机构和施工单位一起，根据建设单位的要求及工程竣工验收资料组卷归档的有关规定，研究列出各施工对象的质量资料清单。之后，随着工程施工的进展，施工单位应不断补充和填写关于材料、构配件及施工作业活动的有关内容，记录新的情况。当每一阶段（如检验批，一个分项或分部工程）施工或安装工作完成后，相应的质量记录资料也应随之完成，并整理组卷。

施工质量记录资料应真实、齐全、完整，相关各方人员的签字齐备、字迹清楚、结论明确，与施工过程的进展同步。在对作业活动效果的验收中，如资料不全，项目监理机构应拒绝验收。

监理资料的管理应由总监理工程师负责，并指定专人具体实施。总监理工程师作为项目监理机构的负责人应根据合同要求，结合监理项目的大小、工程复杂程度配置一至多名专职熟练的资料管理人员具体实施资料的管理工作。对于建设规模较小、资料不多的监理项目，可以结合工程实际，指定一名受过资料管理业务培训，懂得资料管理的监理人员兼职完成资料管理工作。

除配置资料管理员外，还需要包括项目总监理工程师、各专业监理工程师、监理员在内的各级监理人员自觉履行各自的监理职责，保证监理文件资料管理工作的顺利完成。

【思政园地】

监理公司未按规定实施旁站监理案

2008年5月20日，某支队建设科至某工程进行检查时，发现该工程正在进行沉管灌注桩和水泥搅拌桩施工，工程监理单位无现场监理人员旁站监理。

该工程总建筑面积约10 000 m^2，施工合同价约700万元，监理合同价20万元，共三个单体。于2008年5月15日开工，至2008年5月20日检查时，已施工3日(15日、16日、20日)，已完成桩基16根沉管灌注桩和39根水泥搅拌桩，发现工程监理单位存在以下问题：①5月16日、20日，该工程研发车间沉管灌注桩及车间二水泥搅拌桩施工时，无监理人员旁站监理；②已完成的16

学习笔记

根沉管灌注桩和39根水泥搅拌桩无旁站记录;③配备的监理人员除监理员某某外,均未到过施工现场;④无开工报告、监理规划、监理细则、施工组织设计、专项施工方案、隐蔽工程验收记录、技术复核记录、设备报审资料、原材料质保书等相关工程技术资料。

根据建设部《房屋建筑工程施工旁站监理管理办法(试行)》第二条规定:混凝土灌注桩浇筑属于房屋建筑工程的关键部位、关键工序,施工时必须旁站监理。而某支队检查时发现:5月16日、20日,该工程研发车间沉管灌注桩及车间二水泥搅拌桩施工时,无监理人员旁站监理,且配备的总监理工程师、专业监理工程师未到过施工现场,现场监理资料严重不足,违规情节比较严重。

为此,认定该工程监理单位未按规定实施旁站监理,且违规情节比较严重,已违反了《建设工程质量管理条例》第三十八条(监理工程师应当按照工程监理规范的要求,采取旁站、巡视和平行检验等形式,对建设工程实施监理)、《浙江省建设工程监理管理条例》第十七条(重要的工程部位和隐蔽工程施工时,应当实行全过程旁站监理)的规定。但考虑当事人的执行能力,工程才施工3日,已完成监理费金额相对较少,若按已完成监理收费金额进行处罚,处罚显然偏轻,且被查后,当事人立即进行了整改,为此,根据《浙江省建设工程监理管理条例》第三十条(违反本条例第十七条规定的,由县级以上建设行政主管部门或者会同有关部门责令监理单位限期改正;情节严重的,并可处以该项监理业务收费总额一倍以上二倍以下的罚款)的规定对监理单位做出行政处罚。

任务四　工程施工质量验收

一、工程施工质量验收层次划分及目的

(一)施工质量验收层次划分

随着我国经济发展和施工技术的进步,工程建设规模不断扩大,技术复杂程度越来越高,出现了大量工程规模较大的单体工程和具有综合使用功能的综合性建筑物。由于大型单体工程可能在功能或结构上由若干个单体组成,且整个建设周期较长,可能出现已建成可使用的部分单体需先投入使用,或先

将工程中一部分提前建成使用等情况，需要进行分段验收。再加之对规模特别大的工程进行一次验收也不方便等，因此标准规定可将此类工程划分为若干个子单位工程进行验收。同时为了更加科学地评价工程施工质量和有利于对其进行验收，根据工程特点，按结构分解的原则将单位或子单位工程又划分为若干个分部工程。在分部工程中，按相近工作内容和系统又划分为若干个子分部工程。每个分部工程或子分部工程又可划分为若干个分项工程。每个分项工程中又可划分为若干个检验批。检验批是工程施工质量验收的最小单位。

(二)施工质量验收层次划分的目的

工程施工质量验收涉及工程施工过程质量验收和竣工质量验收，是工程施工质量控制的重要环节。根据工程特点，按项目层次分解的原则合理划分工程施工质量验收层次，将有利于对工程施工质量进行过程控制和阶段质量验收，特别是不同专业工程的验收批的确定，将直接影响到工程施工质量验收工作的科学性、经济性、实用性和可操作性。因此，对施工质量验收层次进行合理划分是非常必要的，这有利于工程施工质量的过程控制和最终把关，确保工程质量符合有关标准。

二、单位工程的划分

单位工程是指具备独立的设计文件、独立的施工条件并能形成独立使用功能的建筑物或构筑物。对于建筑工程，单位工程的划分应按下列原则确定：

(1)具备独立施工条件并能形成独立使用功能的建筑物或构筑物为一个单位工程。如一所学校中的一栋教学楼、办公楼、传达室，某城市的广播电视塔等。

(2)对于规模较大的单位工程，可将其能形成独立使用功能的部分划分为一个子单位工程。单位或子单位工程的划分一般可根据工程的建筑设计分区、使用功能的显著差异、结构缝的设置等实际情况，施工前，应由建设、监理、施工等单位商定划分方案，并据此收集整理施工技术资料和验收。

(3)室外工程可根据专业类别和工程规模划分单位工程或子单位工程、分部工程。室外工程的划分见表6-1。

学习笔记

表 6-1　室外工程的划分

单位工程	子单位工程	分部工程
室外设施	道路	路基、基层、面层、广场与停车场、人行道、人行地道、挡土墙、附属构筑物
	边坡	土石方、挡土墙、支护
附属建筑及室外环境	附属建筑	车棚，围墙，大门，挡土墙
	室外环境	建筑小品，亭台，水景，连廊，花坛，场坪绿化，景观桥
室外安装	给水排水	室外给水系统，室外排水系统
	供热	室外供热系统
	电气	室外供电系统，室外照明系统

三、分部工程的划分

分部工程，是单位工程的组成部分，一般按专业性质、工程部位或特点、功能和工程量确定。对于建筑工程，分部工程的划分应按下列原则确定：

(1)分部工程的划分应按专业性质、工程部位确定。如建筑工程划分为地基与基础、主体结构、建筑装饰装修、屋面、建筑给水排水及供暖、通风与空调、建筑电气、建筑智能化、建筑节能、电梯十个分部工程。

(2)当分部工程较大或较复杂时，可按材料种类、施工特点、施工程序、专业系统及类别将分部工程划分为若干子分部工程。

如建筑智能化分部工程中就包含了通信网络系统、计算机网络系统、建筑设备监控系统、火灾报警及消防联动系统、会议系统与信息导航系统、专业应用系统、安全防范系统、综合布线系统、智能化集成系统、电源与接地、计算机机房工程、住宅智能化系统等子分部工程。

四、分项工程的划分

分项工程，是分部工程的组成部分。可按主要工种、材料、施工工艺、设备类别进行划分。如建筑工程主体结构分部工程中，混凝土结构子分部工程按主要工种分为模板、钢筋、混凝土等分项工程；按施工工艺又分为预应力结构、现浇结构、装配式结构等分项工程。

建筑工程分部或子分部工程、分项工程的具体划分详见《建筑工程施工质量验收统一标准》(GB 50300—2013)及相关专业验收规范的规定。

学习笔记

五、检验批的划分

检验批在《建筑工程施工质量验收统一标准》(GB 50300—2013)中是指按相同的生产条件或按规定的方式汇总起来供抽样检验用的,由一定数量样本组成的检验体。它是建筑工程质量验收划分中的最小验收单位。

分项工程可由一个或若干个检验批组成,检验批可根据施工、质量控制和专业验收的需要,按工程量、楼层、施工段、变形缝进行划分。

施工前,应由施工单位制定分项工程和检验批的划分方案,并由项目监理机构审核。对于《建筑工程施工质量验收统一标准》(GB 50300 —2013)及相关专业验收规范未涵盖的分项工程和检验批,可由建设单位组织监理、施工等单位协商确定。

通常,多层及高层建筑的分项工程可按楼层或施工段来划分检验批;单层建筑的分项工程可按变形缝等划分检验批;地基与基础的分项工程一般划分为一个检验批,有地下层的基础工程可按不同地下层划分检验批;屋面工程的分项工程可按不同楼层屋面划分为不同的检验批;其他分部工程中的分项工程,一般按楼层划分检验批;对于工程量较少的分项工程可划分为一个检验批;安装工程一般按一个设计系统或设备组别划分为一个检验批;室外工程一般划分为一个检验批;散水、台阶、明沟等含在地面检验批中。

六、工程施工质量验收不符合要求的处理

一般情况,不合格现象在检验批验收时就应发现并及时处理,但实际工程中不能完全避免不合格情况的出现,因此工程施工质量验收不符合要求的应按下列规定进行处理:

(1)经返工或返修的检验批,应重新进行验收。在检验批验收时,对于主控项目不能满足验收规范规定或一般项目超过偏差限值时,应及时进行处理。其中,对于严重的质量缺陷应重新施工;一般的质量缺陷可通过返修或更换予以解决,允许施工单位在采取相应的措施后重新验收。如能够符合相应的专业验收规范要求,则应认为该检验批合格。

(2)经有资质的检测单位检测鉴定能够达到设计要求的检验批,应予以验收。当个别检验批发现问题,难以确定能否验收时,应请具有资质的法定检测单位进行检测鉴定。当鉴定结果认为能够达到设计要求时,该检验批可以通

学习笔记

过验收。这种情况通常出现在某检验批的材料试块强度不满足设计要求时。

(3)经有资质的检测单位检测鉴定达不到设计要求，但经原设计单位核算认可能够满足安全和使用功能要求时，该检验批可予以验收。如经检测鉴定达不到设计要求，但经原设计单位核算、鉴定，仍可满足相关设计规范和使用功能的要求时，该检验批可予以验收。一般情况下，标准、规范规定的是满足安全和功能的最低要求，而设计往往在此基础上留有一些余量。在一定范围内，会出现不满足设计要求而符合相应规范要求的情况，两者并不矛盾。

(4)经返修或加固处理的分项、分部工程，满足安全及使用功能要求时，可按技术处理方案和协商文件的要求予以验收。经法定检测单位检测鉴定以后认为达不到相关规范的相应要求，即不能满足最低限度的安全储备和使用功能时，则必须按一定的技术处理方案进行加固处理，使之能满足安全使用的基本要求。这样可能会造成一些永久性的影响，如增大结构外形尺寸，影响一些次要的使用功能等。但为了避免建筑物的整体或局部拆除，避免社会财富更大的损失，在不影响安全和主要使用功能的条件下，可按技术处理方案和协商文件的要求进行验收，责任方应按法律法规承担相应的经济责任和接受处罚。这种方法不能作为降低质量要求、变相通过验收的一种出路，这是应该特别注意的。

(5)经返修或加固处理仍不能满足安全或重要使用要求的分部工程及单位或子单位工程，严禁验收。分部工程及单位工程如存在影响安全和使用功能的严重缺陷，经返修或加固处理仍不能满足安全使用要求的，严禁通过验收。

(6)工程质量控制资料应齐全完整，当部分资料缺失时，应委托有资质的检测单位按有关标准进行相应的实体检测或抽样试验。实际工程中偶尔会遇到遗漏检验或资料丢失而导致部分施工验收资料不全的情况，使工程无法正常验收。对此可有针对性地进行工程质量检验，采取实体检测或抽样试验的方法确定工程质量状况。上述工作应由有资质的检测单位完成，检验报告可用于工程施工质量验收。

【思政园地】

质监科长收红包攒出千万身家

“红包收得太多了，具体数量，我也记不得了……”四川某市建设工程质量监督站监督四科原科长蒋某揉搓着太阳穴，背上早已被汗水濡湿，对于银行卡账户里的 1 000 余万元不明来源财产，怎么也回想不起来。从几百、几千到几

学习笔记

万，无论大小，蒋某都来者不拒，照单全收，每月收“红包雨”更成为他工作的一种习惯，“送我钱的我记不清，没送我的我反而印象更加深刻。”据他交代，2008～2022 年，他通过介绍房屋工程质量鉴定服务、开展建筑工程质量验收等方式，从 300 余个工程项目中反复收受“好处费”上千余次。

2022 年 9 月，蒋某因严重违反党的纪律并构成职务违法，被开除党籍和公职；其涉嫌受贿犯罪和巨额财产来源不明犯罪问题，被移送检察机关依法审查起诉，所涉财物一并移送。

任务五　工程质量缺陷及事故

一、工程质量缺陷

工程质量缺陷是指工程不符合国家或行业的有关技术标准、设计文件及合同中对质量的要求。工程质量缺陷可分为施工过程中的质量缺陷和永久质量缺陷，施工过程中的质量缺陷又可分为可整改质量缺陷和不可整改质量缺陷。

工程施工过程中，种种主观原因和客观原因，出现质量缺陷往往难以避免。对已发生的质量缺陷，项目监理机构应按下列程序进行处理，如图 6-1 所示。

（1）发生工程质量缺陷后，项目监理机构签发监理通知单，责成施工单位进行处理。

（2）施工单位进行质量缺陷调查，分析质量缺陷产生的原因，并提出经设计等相关单位认可的处理方案。

（3）项目监理机构审查施工单位报送的质量缺陷处理方案，并签署意见。

（4）施工单位按审查合格的处理方案实施处理，项目监理机构对处理过程进行跟踪检查，对处理结果进行验收。

（5）质量缺陷处理完毕后，项目监理机构应根据施工单位报送的监理通知回复单对质量缺陷处理情况进行复查，并提出复查意见。

（6）处理记录整理归档。

学习笔记

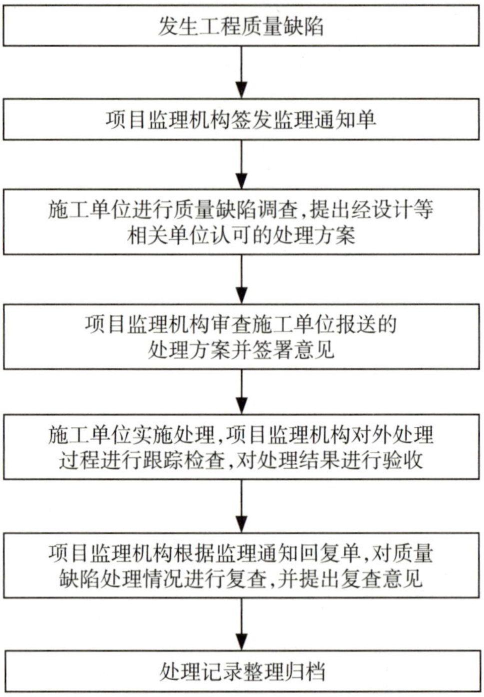

图 6-1　工程质量缺陷处理程序

二、工程质量事故等级划分

《关于做好房屋建筑和市政基础设施工程质量事故报告和调查处理工作的通知》(建质〔2010〕111 号)，工程质量事故是指由于建设、勘察、设计、施工、监理等单位违反工程质量有关法律法规和工程建设标准，使工程产生结构安全、重要使用功能等方面的质量缺陷，造成人身伤亡或者重大经济损失的事故。根据工程质量事故造成的人员伤亡或者直接经济损失，工程质量事故分为 4 个等级：

(1) 特别重大事故，是指造成 30 人以上死亡，或者 100 人以上重伤，或者 1 亿元以上直接经济损失的事故。

(2) 重大事故，是指造成 10 人以上 30 人以下死亡，或者 50 人以上 100 人以下重伤，或者 5 000 万元以上 1 亿元以下直接经济损失的事故。

(3) 较大事故，是指造成 3 人以上 10 人以下死亡，或者 10 人以上 50 人以下重伤，或者 1 000 万元以上 5 000 万元以下直接经济损失的事故。

(4) 一般事故，是指造成 3 人以下死亡，或者 10 人以下重伤，或者 100 万元以上 1 000 万元以下直接经济损失的事故。

该等级划分所称的“以上”包括本数，所称的“以下”不包括本数。

三、工程质量事故处理

质量事故的分析与处理

学习笔记

（一）工程质量事故处理程序

工程质量事故发生后，项目监理机构可按以下程序进行处理，如图 6–2 所示。

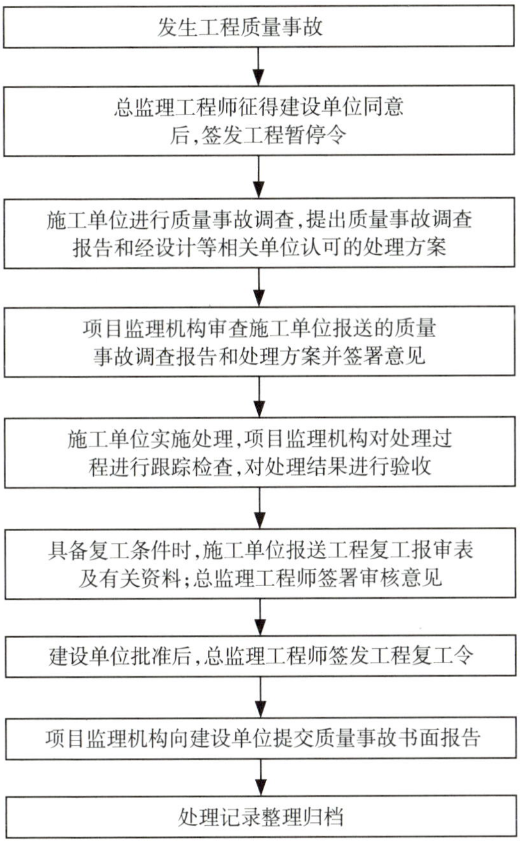

图 6–2　工程质量事故处理程序

(1) 工程质量事故发生后，总监理工程师应签发“工程暂停令”，要求暂停质量事故部位和与其有关联部位的施工，要求施工单位采取必要的措施，防止事故扩大并保护好现场。同时，要求质量事故发生单位迅速按类别和等级向相应的主管部门上报。

(2) 项目监理机构要求施工单位进行质量事故调查、分析质量事故产生的原因，并提交质量事故调查报告。对于由质量事故调查组处理的，项目监理机构应积极配合，客观地提供相应证据。

学习笔记

(3)根据施工单位的质量调查报告或质量事故调查组提出的处理意见，项目监理机构要求相关单位完成技术处理方案。质量事故技术处理方案一般由施工单位提出，经原设计单位同意签认，并报建设单位批准。对于涉及结构安全和加固处理等的重大技术处理方案，一般由原设计单位提出。必要时，应要求相关单位组织专家论证，以确保处理方案可靠、可行、保证结构安全和使用功能。

(4)技术处理方案经相关各方签认后，项目监理机构应要求施工单位制订详细的施工方案。对处理过程进行跟踪检查，对处理结果进行验收。必要时应组织有关单位对处理结果进行签订。

(5)质量事故处理完毕后，具备工程复工条件时，施工单位提出复工申请，项目监理机构应审查施工单位报送的工程复工报审表及有关资料，符合要求后，总监理工程师签署审核意见，报建设单位批准后，签发工程复工令。

(6)项目监理机构应及时向建设单位提交质量事故书面报告，并应将完整的质量事故处理记录整理归档。质量事故书面报告应包括如下内容：

①工程及各参建单位名称；

②质量事故发生的时间、地点、工程部位；

③事故发生的简要经过、造成工程损伤状况、伤亡人数和直接经济损失的初步估计；

④事故发生原因的初步判断；

⑤事故发生后采取的措施及处理方案；

⑥事故处理的过程及结果。

（二）工程质量事故处理的基本方法

工程质量事故处理的基本方法包括工程质量事故处理方案的确定及工程质量事故处理后的鉴定验收。其目的是消除质量缺陷，以达到建筑物的安全可靠和正常使用功能及寿命要求，并保证后续施工的正常进行。其一般处理原则是：正确确定事故性质，是表面性还是实质性、是结构性还是一般性、是迫切性还是可缓性；正确确定处理范围，除直接发生部位外，还应检查处理事故相邻影响作用范围的结构部位或构件。其处理基本要求是：安全可靠，不留隐患；满足建筑物的功能和使用要求；技术可行，经济合理。

工程质量事故处理方案的确定，要以分析事故调查报告中事故原因为基础，结合实地勘察成果，并尽量满足建设单位的要求。因同类和同一性质的事故常可以选择不同的处理方案，在确定处理方案时，应审核其是否遵循一般处理原则和要求，尤其应重视工程实际条件，如建筑物实际状态、材料实测性能、各种作用的实际情况等，以确保做出正确判断和选择。

学习笔记

尽管质量事故的技术处理方案多种多样，但根据质量事故的情况可归纳为三种类型的处理方案，监理人员应掌握从中选择最适用处理方案的方法，方能对相关单位上报的事故处理方案做出正确审核结论。

工程质量事故处理方案类型如下：

(1)修补处理。这是最常用的一类处理方案。通常当工程的某个检验批、分项或分部工程的质量虽未达到规定的规范、标准或设计要求，存在一定缺陷，但通过修补或更换构配件、设备后还可达到要求的标准，又不影响使用功能和外观要求，在此情况下，可以进行修补处理。

属于修补处理类的具体方案很多，诸如封闭保护、复位纠偏、结构补强、表面处理等。某些事故造成的结构混凝土表面裂缝，可根据其受力情况，仅做表面封闭处理；某些混凝土结构表面的蜂窝、麻面，经调查分析，可进行剔凿、抹灰等表面处理，一般不会影响其使用和外观。

对较严重的质量缺陷，可能影响结构的安全性和使用功能，必须按一定的技术方案进行加固补强处理，这样往往会造成一些永久性缺陷，如改变结构外形尺寸，影响一些次要的使用功能等。

(2)返工处理。在工程质量未达到规定的标准和要求，存在的严重质量缺陷，对结构的使用和安全构成重大影响，且又无法通过修补处理的情况下，可对检验批、分项、分部工程甚至整个工程返工处理。例如，某防洪堤坝填筑压实后，其压实土的干密度未达到规定值，经核算将影响土体的稳定且不满足抗渗能力要求，可挖除不合格土，重新填筑，进行返工处理。对某些存在严重质量缺陷，且无法采用加固补强等修补处理或修补处理费用比原工程造价还高的工程，应进行整体拆除，全面返工。

(3)不做处理。某些工程质量缺陷虽然不符合规定的要求和标准构成质量事故，但视其严重情况，经过分析、论证、法定检测单位鉴定和设计等有关单位认可，对工程或结构使用及安全影响不大，也可不做专门处理。通常不用专门处理的情况有以下几种：

①不影响结构安全和正常使用。例如，有的建筑物出现放线定位偏差，且严重超过规范、标准的规定，若要纠正会造成重大经济损失，若经过分析、论证其偏差不影响生产工艺和正常使用，在外观上也无明显影响，可不做处理。又如，某些隐蔽部位结构混凝土表面裂缝，经检查分析，属于表面养护不够的干缩微裂，不影响使用及外观，也可不做处理。

②有些质量缺陷，经过后续工序可以弥补。例如，混凝土墙表面轻微麻面，可通过后续的抹灰、喷涂或刷白等工序弥补，亦可不做专门处理。

③经法定检测单位鉴定合格。例如，某检验批混凝土试块强度值不满足

学习笔记

规范要求，强度不足，在法定检测单位对混凝土实体采用非破损检验方法，测定其实际强度已达规范允许和设计的要求值时，可不做处理。对经检测未达要求值，但相差不多，经分析论证，只要使用前经再次检测达设计强度，也可不做处理。

④出现的质量缺陷，经检测鉴定达不到设计要求，但经原设计单位核算，仍能满足结构安全和使用功能。例如，某一结构构件截面尺寸不足，或材料强度不足，影响结构承载力，但经按实际检测所得截面尺寸和材料强度复核验算，仍能满足设计的承载力，可不进行专门处理。这是因为一般情况下，规范、标准给出了满足安全和功能的最低限度要求，而设计往往在此基础上留有一定余量，这种处理方式实际上是挖掘了设计潜力或降低了设计的安全系数。

不论哪种情况，特别是不做处理的质量缺陷，均要备好必要的书面文件，对技术处理方案、不做处理结论和各方协商文件等有关档案资料认真组织签认。对责任方应承担的经济责任和合同中约定的罚则应正确判定。

【思政园地】

"四不放过"原则

事故处理的"四不放过"原则指事故原因未查清不放过、责任人员未处理不放过、整改措施未落实不放过、有关人员未受到教育不放过。

"四不放过"原则的第一层含义是要求在调查处理伤亡事故时，首先要把事故原因分析清楚，找出导致事故发生的真正原因，不能敷衍了事，不能在尚未找到事故主要原因时就轻易下结论，也不能把次要原因当成真正原因，未找到真正原因决不轻易放过，直至找到事故发生的真正原因，并搞清各因素之间的因果关系才算达到事故原因分析的目的。

"四不放过"原则的第二层含义也是安全事故责任追究制的具体体现，对事故责任者要严格按照安全事故责任追究规定和有关法律法规的规定进行严肃处理。

"四不放过"原则的第三层含义是要求在调查处理工伤事故时，不能认为原因分析清楚了，有关人员也处理了就算完成了任务，还必须使事故责任者和广大群众了解事故发生的原因及所造成的危害，并深刻认识到搞好安全生产的重要性，使大家从事故中吸取教训，在今后工作中更加重视安全工作。

"四不放过"原则的第四层含义是要求必须针对事故发生的原因，在对安全生产工伤事故必须进行严肃认真的调查处理的同时，还必须提出防止相同或类似事故发生的切实可行的预防措施，并督促事故发生单位加以实施。只有这样，才算达到了事故调查和处理的最终目的。

考证知识训练

模块六考证
知识训练

Study
学习笔记

学习笔记

模块七　建设工程进度控制和投资控制

【任务导入】 前文我们已经讲过了监理“三控”工作中的质量控制，本模块我们学习另外“两控”，即进度控制和投资控制。进度控制是指在工程项目各建设阶段编制进度计划，并将计划付诸实施，在实施过程中检查实际进度与计划进度是否存在偏差，如有偏差，则分析产生偏差的原因，采取措施进行补救、调整或修改原计划，以使项目进度总目标得以实现。投资控制主要是确定建设项目的实际投资额，使它不超过计划投资额，若有偏差，找出其产生的原因，采取有效措施加以控制，保证投资控制目标的实现。在保证工程质量和进度的前提下做好工程计量和工程价款支付工作，以及正确处理对工程支付影响较大的变更和索赔，预防并减少各类风险干扰等。

任务一　建设工程进度控制

一、影响进度的因素

建设工程进度控制的含义

进度控制影响因素及进度的表示方法

工程建设项目由于施工内容多、工程量大、作业复杂、施工周期长及参与施工单位多等特点，影响进度的因素很多，主要可归为人为因素，技术因素，项目合同因素，资金因素，材料、设备与配件因素，地质、气象及其他环境因素，社会因素和一些难以预料的偶然突发因素等。这就要求监理人员在其工作过程中，对影响施工进度的各种因素进行全面的分析和预测，对施工进度采取有效的控制措施，在实施过程中通过认真检查对比，有组织地进行动态控制及管理，使进度得到有效控制。

学习笔记

二、施工阶段工程进度控制的内容

工程项目施工进度控制是从审核承包单位的施工进度计划开始，直到工程项目保修期满止。监理人员在整个工程项目实施过程中，对施工进度的控制进行事前、事中、事后的控制管理，其工作内容如下所述。

（一）开工前的预先进度控制

首先由负责工程项目进度控制的监理工程师，根据工程项目监理规划编制具体实施性和操作性的监理业务文件、施工阶段进度控制工作细则，其主要内容如下。

1. 对施工进度控制目标系统分解

(1) 进度控制的主要工作任务。

(2) 进度管理组织机构划分与进度控制人员的职责分工。

(3) 与进度控制有关的各项工作的时间安排及工作流程。

(4) 进度控制的具体措施方法（包括组织措施、技术措施、经济措施及合同措施等）。

(5) 施工进度目标实现的风险分析。

(6) 尚待解决的有关问题。

2. 编制或审核施工进度计划

施工阶段监理单位的任务之一是力求工程项目的施工任务如期完成，这就要求监理工程师必须审核承包单位的施工进度计划。当采用多标发包时，监理工程师可能要负责施工总进度计划的编制，以便对各施工进度保持衔接关系，据此审批各承包人提交的施工进度计划。当工程项目有总承包单位时，监理工程师只需负责审查总承包单位的总进度计划。对于单位工程施工进度计划，只负责审核而不需负责编制。施工进度计划审核的主要内容有：

(1) 进度安排是否符合工程建设总目标及分目标的要求。

(2) 施工总进度计划中所列的施工项目是否全面完整，能否满足施工的需要。

(3) 施工顺序的安排是否合理。

(4) 资金、劳动力、设备、材料供应计划是否能保证进度计划的实现。

(5)各单位工程进度计划之间是否相协调，是否能满足总进度计划的要求。

监理人员对承包人提交的施工进度计划审核后，要在若干个有相互关系的施工进度计划之间，施工进度计划与资源保障计划之间及外部协助施工条件的延伸性计划之间进行综合平衡与相互衔接，形成一个多阶段施工总进度计划，以利于工程项目进行总体控制。

（二）施工过程中的同步进度控制

在施工实施阶段，监理人员要及时监督检查承包人的实际施工进度，与计划进度之间进行对比，发现偏差时，必须及时采取有效措施加以纠正。其主要工作内容包括：

(1) 建立施工现场职能部门，监督施工进度实施。

(2) 检查双方的准备情况，下达开工命令。

(3) 了解施工进度计划的执行情况，协助承包人实施进度计划。

(4) 及时检查承包人上报的施工进度报表和分析资料，核实已完成项目的时间及工程量，验收后签发工程进度款支付凭证。

(5) 定期向发包人汇报实际进度情况，按期提供进度报告。

(6) 组织现场协调会，及时分析、通报工程进度状况，协调各方面的生产活动。

(7) 对实际进度与计划进度进行比较、分析，发现偏差，预测对工程进度将带来的影响程度，同时提出可行性的修改措施。

(8) 编写施工监理日志。

（三）完成施工任务后的反馈进度控制

(1) 提交竣工申请报告，协助组织竣工验收。

(2) 处理争议和施工索赔。

(3) 整理工程进度资料。

(4) 将工程进度资料进行归类、编目和建档，以便为今后工程进度控制提供参考。

(5) 督促承包人办理工程移交手续，进行工程移交。

三、施工进度计划的表示方法

（一）横道图

横道图也叫条形图或甘特图，是建筑工程中普遍采用的一种计划方式。如表 7-1 所示，其横坐标为时间，一般以月为单位，纵向每栏为一个单项。用一横道线表示各分项的施工安排，即各分项的起止及进行的时间。为了便于管理，可在横线端部标出每项工程的开工日期和完工日期，同时可在横道线上面，标出每月计划完成该项工程的百分数。在施工过程中，在横道线下面逐月填写每月实际完成的百分数，与计划进度加以对比。

表 7–1　横道图

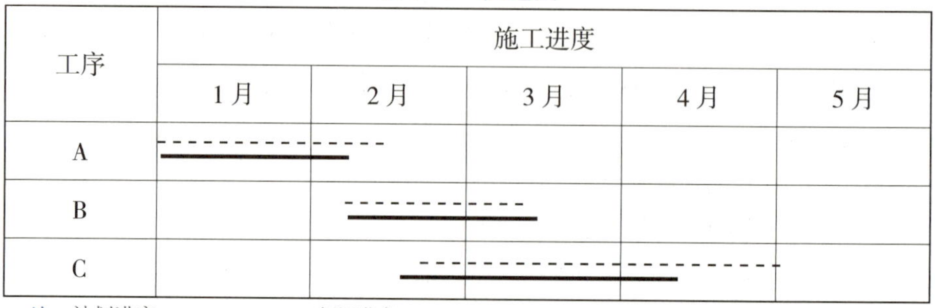

注：计划进度- - - - - - - - - -；实际进度————。

横道图的优点是易于制定，能把各事件的持续时间清楚地表现出来，易于阅读，特别是对于单项工程直观性很强，能十分清楚地显示出每项单项工程开工日期和完工日期以及每个月计划和完成的工作量，具有较强的实用价值，易于监控；缺点是不能清晰地表达工序相互衔接的关系，看不出一个工作提前或推迟完成对整个进度计划有无影响和影响程度，看不出哪些是关键工作，利用横道图控制大而复杂的工程进度是困难的。

由于横道图存在上述不足，给建设工程进度控制工作带来很大不便。即使进度控制人员在编制计划时已充分考虑了各方面的问题，在横道图上也不能全面地反映出来，特别是当工程项目规模大、工艺关系复杂时，横道图就很难充分暴露矛盾，而且在横道计划的执行过程中，对其进行调整也是十分烦琐和费时。由此可见，利用横道计划控制建设工程进度有较大的局限性。

（二）工程进度曲线

工程进度曲线也叫 S 形曲线，是一个以横坐标表示时间，纵坐标表示累计完成工作量的曲线图。通过计算进度曲线与实际施工进度曲线的比较，可掌握工程进度情况，并利用它来控制施工进度。在固定的施工机械、劳动力条件下，若对施工进度适当的控制，且无任何偶发的时间损失，能以正常施工速度进行，则工程每天完成的数量保持一定，施工进度曲线呈直线展开形状，如图 7–1 所示的虚线。在施工初期，由于临时设施的布置、工作的安排、装修、整理等，施工进度的速度一般较中期为小，施工后期由于装修、整理等，每天的完成数量通常自初期至中期呈递增趋势，由中期至末期呈递减趋势，施工曲线时间呈 S 形，如图 7–1 所示的实线。

学习笔记

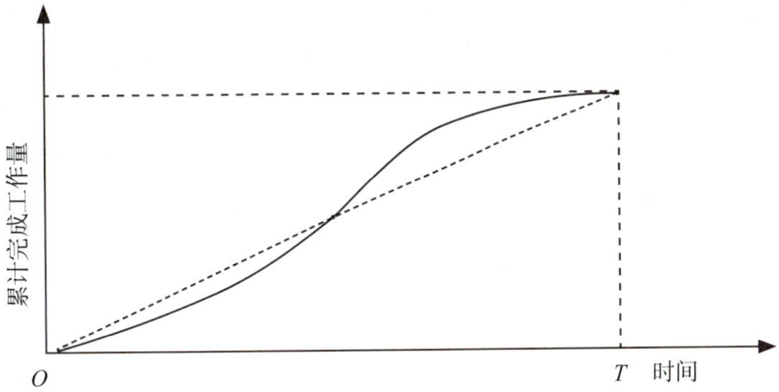

图 7-1　以进度曲线表示的网络计划

(三)网络计划

网络进度计划,也称网络计划,利用网络图进行进度控制,不仅能将现在和将来完成的工程内容、各工序之间的关系明确地表示出来,而且能预先确定各工作的时差,明确关键工作以及进度超前或落后将对以后工程施工和总工期产生多大影响等。

四、网络计划技术

网络计划技术

在建设工程进度控制工作中,较多地采用确定型网络计划。确定型网络计划的基本原理是:首先,利用网络图形式表达一项工程计划方案中各项工作之间的相互关系和先后顺序关系;其次,通过计算找出影响工期的关键线路和关键工作;再次,通过不断调整网络计划,寻求最优方案并付诸实施;最后,在计划实施过程中采取有效措施对其进行控制,以合理使用资源,高效、优质、低耗地完成预定任务。网络计划有多种形式,如双代号网络图、单代号网络图等,此处主要介绍双代号网络图。

(一)双代号网络图

双代号网络图是由一些箭线和箭线间的节点构成,用两个数字节点和一箭线代表一个项目、一项任务或一项工作,如①→②。两个数字为箭线的首尾节点编号,作业时间写在箭线上,箭尾表示工作的开始,箭头表示工作的结束。

1. 工作

要完成一项工程项目,需要进行并完成许多有关的工作项目,把这些工作项目通称为工作。在实际中有两类工作:一类工作是既要消耗时间又需要消

Study 学习笔记

耗资源的工作，例如开挖这项工作，需要有一定的时间才能完成，而且还需要有人力和挖掘机械等资源；另一类工作是只需要消耗时间而不需要消耗资源的工作，例如建筑施工中的“抹灰干燥”“混凝土浇筑后的养护”“油漆干燥”等工作，都是由于技术因素引起的某种停歇或等待。在双代号网络图中，还有一类工作，它既不消耗时间，也不消耗资源，称为虚工作。虚工作就是为了准确而清楚地表示各工作之间的相互关系而引入的，在双代号网络图中用虚线表示，如图 7-2 所示。

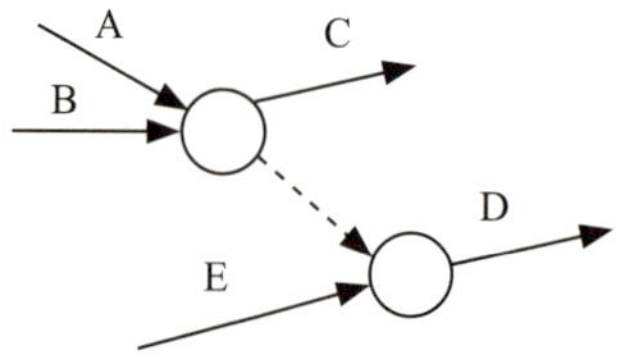

图 7-2　逻辑关系

2. 节点

节点又称事项、事件或结点。它表示一项工作开始或结束的瞬间。在网络图中，用圆圈或方框表示，表示一项工作开始的节点称为工作的开始节点。表示一项工作结束的节点称为工作的结束节点。节点只是一个“瞬间”，既不消耗时间，也不消耗资源。

3. 路线

路线又称为线路，从网络的起点节点出发，顺箭线方向连续不断地经过一系列节点和箭线，到达网络的终点节点有若干条通路，每一条通路都称为一条路线。路线上各工作的延续时间之和，称为该路线的长度。网络中长度最大的路线称为关键路线。关键路线可能仅有一条，也可能不止一条，关键路线上的工作称为关键工作。关键路线完成的快慢直接影响整个工程的工期。长度短于关键路线长度的任何路线都称为非关键路线。

4. 网络的逻辑关系

逻辑关系是反映一项工作与其他有关的工作之间相互联系与制约的关系，也就是各项工作在工艺上、技术管理上所要求的顺序关系。紧前工作是指安排在本工作之前的工作。紧后工作是指排在本工作之后的工作。某工作的紧前工作可以不止一个，如图 7-2 所示，C 的紧前工作是 A、B，而 D 的紧前工作是 A、B、E，虚工作是隔开 C 与 E 的关系，联系 A、B 与 D 的关系。

（二）双代号网络图的绘制原则

1. 双代号网络图的绘制原则

（1）网络图的节点应用圆点表示，网络图中所有的节点都必须有编号，编号标注在节点内，严禁重复，同时要求箭尾节点的编号应小于箭头节点的编号。

⑵在网络图中，不允许同时出现节点编号相同的箭线，如图 7–3 所示。

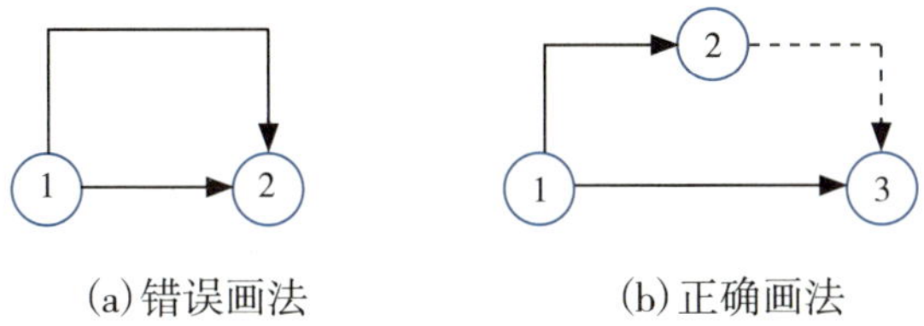

图 7–3　节点编号

⑶在一个网络图中，只允许有一个起始节点，一个终止节点，如图 7–4 所示。

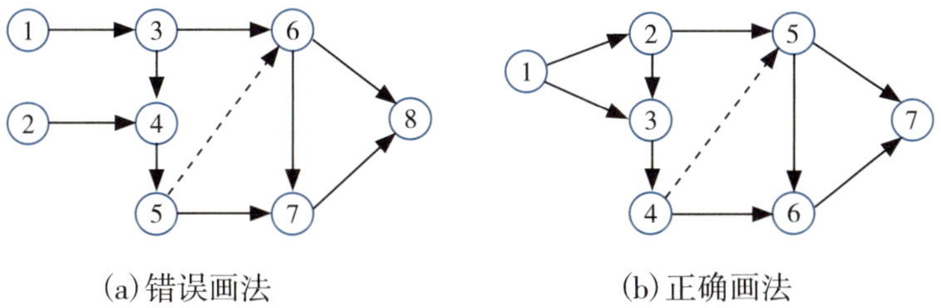

图 7–4　多个起点节点或终点节点

⑷严禁在箭线上引入或引出箭线，如图 7–5 所示。

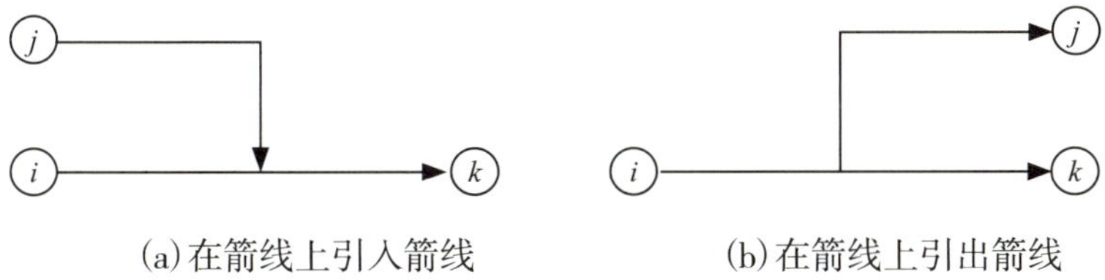

图 7–5　错误的箭线画法

⑸网络图中不允许出现循环回路，如图 7–6 所示。

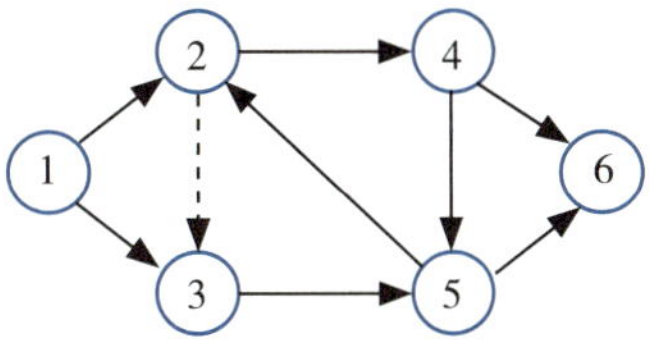

图 7–6　有循环回路的错误网络图

⑹在网络图中，不允许出现双箭头或无箭头的线段，如图 7–7 所示。

图 7–7　错误的箭线画法

学习笔记

(7)网络图应正确表达各工作之间的逻辑关系,同时尽量减少虚工作。

2. 绘图方法

(1)根据各工作之间的逻辑关系及前后顺序,确定出本工作的紧前工作及紧后工作。

(2)确定各个工作的开始节点的位置号和完成节点的位置号。无紧前工作的工作开始节点的位置号为1,有紧前工作的开始节点位置号等于其紧前工作开始节点的位置号的最大值加1;有紧后工作的工作完成节点的位置号等于其紧后工作的开始节点位置号中的最小值;无紧后工作的完成节点的位置号等于各有紧后工作的工作完成节点位置号中的最大值加1。

(3)根据节点位置号和逻辑关系绘出初始网络图。

(4)检查逻辑关系,对初始网络图进行修改。

(三)双代号网络图时间参数计算

1. 时间参数的概念

网络计划的时间参数是确定工程项目计划工期、关键路线、关键工作的基础,是进行计划调整及管理的依据。

1)工作持续时间

工作持续时间是对一项工作规定的从开始到完成的时间。工作 $i—j$ 的持续时间用 D_{i-j} 表示。工作持续时间的主要计算方法可参照以往实践经验估算,或经过试验推算,或有标准可查,按定额进行计算。

2)工期

工期泛指完成一项任务所需的时间,一般有计算工期、要求工期、计划工期三种。计算工期是根据网络计划时间参数计算出来的工期,用 T_c 表示。要求工期是任务委托人所要求的工期,用 T_r 表示。计划工期是在要求工期和计算工期的基础上综合考虑需要和可能而确定的工期,用 T_p 表示。

(1)当已规定了要求工期时,计划工期不应超过要求工期,即 $T_p \leq T_r$。

(2)当未规定要求工期时,可令计划工期等于计算工期,即 $T_p=T_c$。

3)最早开始时间和最早完成时间

任何一项工作,只有当它的紧前工作全部完成后才能开工,否则就违反施工程序,引发一些混乱,即最早开始时间是在紧前工作的约束下,本工作有可能开始的最早时间,工作 $i—j$ 的最早开始时间用 ES_{i-j} 表示。最早完成时间是在紧前工作的约束下,本工作有可能完成的最早时间,工作 $i—j$ 的最早完成时间用 EF_{i-j} 表示。

学习笔记

4) 最迟完成时间和最迟开始时间

最迟完成时间是指在本工作不影响工程工期的条件下，该工作必须完成的最迟时间，工作 i—j 的最迟完成时间以 LF_{i-j} 表示。最迟开始时间是指一个工作，只有当它保证适时开工，才不致影响后续工作的施工和整个进度计划的实现，工作 i—j 的最迟开始时间用 LS_{i-j} 表示。

5) 总时差和自由时差

总时差是在不影响工期的前提下，一项工作可以利用的机动时间。工作 i—j 的总时差用 TF_{i-j} 表示。自由时差是在不影响紧后工作最早开始的前提下，一项工作可以利用的机动时间。工作 i—j 的自由时差用 FF_{i-j} 表示。

2. 双代号网络图时间参数计算

双代号网络计划的时间参数既可以按工作计算，也可以按节点计算，下面以简例说明按工作法计算时间参数的过程，图 7-8 为所计算简例及计算结果。

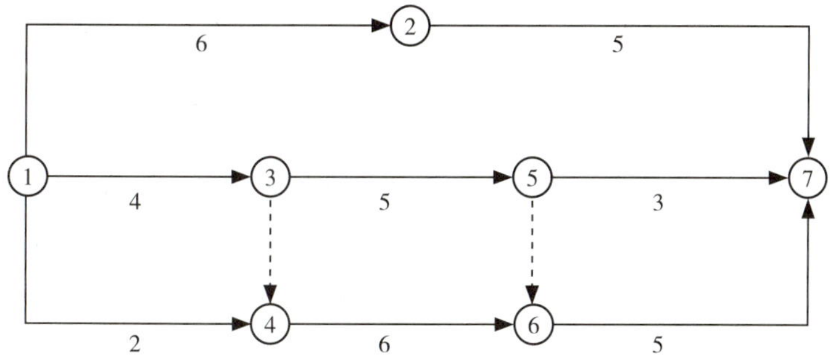

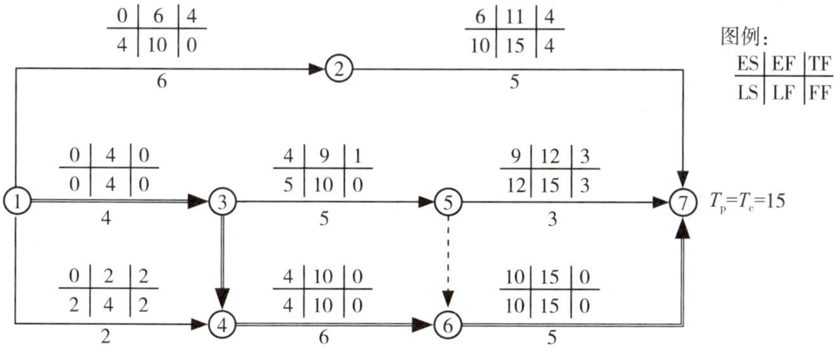

图 7-8 双代号网络

1) 计算工作的最早开始时间和最早完成时间

工作最早开始时间和最早完成时间的计算应从网络计划的起点节点开始，顺着箭线方向依次进行。以网络计划起点节点为开始节点的工作，当未规定其最早开始时间时，其最早开始时间为零。

学习笔记

$$ES_{i-j}=0(i=1) \tag{7-1}$$

本例中：

$$ES_{1-2}=ES_{1-3}=ES_{1-4}=0$$

工作最早完成时间等于该工作最早开始时间与其持续时间之和。

$$EF_{i-j}=ES_{i-j}+D_{i-j} \tag{7-2}$$

本例中：

工作 1—2：$EF_{1-2}=ES_{1-2}+D_{1-2}=0+6=6$

工作 1—3：$EF_{1-3}=ES_{1-3}+D_{1-3}=0+4=4$

工作 1—4：$EF_{1-4}=ES_{1-4}+D_{1-4}=0+2=2$

其余每一工作的最早开始时间等于该工作的各紧前工作最早完成时间中的最大值。

$$ES_{i-j}=\max\{EF_{h-j}\} \quad 或 \quad ES_{i-j}=\max\{ES_{h-i}+D_{h-i}\} \tag{7-3}$$

本例中：

工作 3—5：$ES_{3-5}=EF_{1-3}=4$

工作 4—6：$ES_{4-6}=\max\{EF_{1-3}, EF_{1-4}\}=\max\{4,2\}=4$

2) 确定网络计划的计划工期

网络计划的计算工期应等于以网络计划终点节点为完成节点的工作的最早完成时间的最大值。例如，在本例中，网络计划的计算工期为 15 d。

网络计划的计划工期应按前述工期内容中的公式确定。在本例中，假设未规定要求工期，则其计划工期就等于计算工期，即 $T_p=T_c=15$ d。

3) 计算工作最迟完成时间和最迟开始时间

工作最迟完成时间的计算应从网络计划的终点节点开始，逆箭线方向进行。以终点节点为完成节点的工作，其最迟完成时间等于计划工期。其余工作的最迟完成时间和最迟开始时间以此值可依次推算出。工作的最迟开始时间等于该工作的最迟完成时间与其持续时间之差。其余每一工作的最迟完成时间等于该工作的各紧后工作最迟开始时间中的最小值。

$$LF_{1-n}=T_p \ (n\text{ 为终点节点}) \tag{7-4}$$

$$LF_{i-j}=\min[LS_{j-k}] \tag{7-5}$$

$$LS_{i-j}=LF_{i-j}-D_{i-j} \tag{7-6}$$

本例中：

工作 2—7、工作 5—7 和工作 6—7 的最迟完成时间为：

$$LF_{2-7}=LF_{5-7}=LF_{6-7}=T_p=15$$

工作 2—7、工作 5—7 和工作 6—7 的最迟开始时间分别为：

$$LS_{2-7}=LF_{2-7}-D_{2-7}=15-5=10$$

$$LS_{5—7}=LF_{5—7}-D_{5—7}=15-3=12$$

$$LS_{6—7}=LF_{6—7}-D_{6—7}=15-5=10$$

工作 3—5 和工作 4—6 的最迟完成时间分别为:

$$LF_{3—5}=\min\{LS_{5—7}, LS_{6—7}\}=\min\{12, 10\}=10$$

$$LF_{4—6}=LS_{6—7}=10$$

4)计算工作的总时差

工作的总时差等于该工作最迟完成时间与最早完成时间之差,或该工作最迟开始时间与最早开始时间之差,即

$$TF_{i—j}=LS_{i—j}-ES_{i—j} \quad 或 \quad TF_{i—j}=LF_{i—j}-EF_{i—j} \tag{7-7}$$

本例中:

工作 3—5 的总时差为:

$$TF_{3—5}=LF_{3—5}-EF_{3—5}=10-9=1 \quad 或 \quad TF_{3—5}=LS_{3—5}-ES_{3—5}=5-4=1$$

5)计算工作自由时差

当工作 $i—j$ 有紧后工作 $j—k$ 时,其自由时差等于本工作紧后工作最早开始时间减本工作最早完成时间所得之差的最小值,即

$$FF_{i—j}=\min\{ES_{j—k}\}-EF_{i—j} \tag{7-8}$$

本例中,工作 1—4 和工作 3—5 的自由时差分别为:

$$FF_{1—4}=ES_{4—6}-EF_{1—4}=4-2=2$$

$$FF_{3—5}=\min\{ES_{5—7}-EF_{3—5}, ES_{6—7}-EF_{3—6}\}=\min(9-9, 10-9)=0$$

无紧后工作的工作时,也就是以网络计划终点节点($j=n$)为完成节点的工作,其自由时差等于计划工期与本工作最早完成时间之差,即

$$FF_{1—n}=T_p-EF_{1—n} \tag{7-9}$$

本例中,工作 2—7、工作 5—7 和工作 6—7 的自由时差分别为:

$$EF_{2—7}=T_p-EF_{2—7}=15-11=4$$

$$FF_{5—7}=T_p-EF_{5—7}=15-12=3$$

$$FF_{6—7}=T_p-EF_{6—7}=15-15=0$$

(四)双代号网络图在进度控制中的应用

施工进度计划是监理人员实现进度控制的前提,在施工进度计划执行过程中,监理人员必须采取准确的监测手段来发现问题、分析问题,并应用行之有效的进度调整方法及时解决问题,只有这样才能及时发现进度计划执行过程中产生的偏差,使偏差得到及时纠正,确保工程建设项目进度总目标的实现。

1. 施工进度计划实施过程中的监测

在施工进度计划执行过程中,监理人员的监测可全面准确地了解进度计

划执行情况，是发现偏差的主要手段。此阶段的工作过程为：首先，监理人员跟踪检查，收集有关的工程实际进度资料。实际进度资料可通过收集进度报表，即施工单位按监理人员要求的格式、详细程度、方式，定期填写进度报表，监理人员根据进度报表了解工程实际进度；通过常驻施工现场，掌握实际进度的第一手资料，检查进度计划实际执行情况；定期召开现场进度会议；监理人员与施工单位有关人员面对面地了解实际进度情况。其次，将收集的实际进度资料进行整理、统计分析，形成具有可比性的数据。如根据检查等得到实际完成量，据此计算累计完成量、完成的百分比和累计完成百分比等数据资料。最后，将整理后的实际进度数据与计划进度数据进行比较，找出实际进度与计划进度的偏差。实际进度与计划进度比较方法主要有标图检查法、前锋线检查法、割切检查法、列表检查法。

1)标图检查法

标图检查法是将所查时段内所完成的工作项目用图或文字及时地标注到网络图上，并随时加以分析采取措施，从而将施工活动向前推进。此法简单、方便，是监理人员检查网络计划的第一手资料，适合于经常性、周期性检查。

2)前锋线检查法

前锋线检查法是一种工程实际进度与计划进度比较的简单方法，主要适合于时标网络计划。所谓时标网络计划，是以时间坐标为尺度绘制的网络计划。它既有网络计划的优点，又有横道图计划时间直观的优点，故在实际工作中经常被使用。在时标网络计划中，以实箭线表示工作，以虚箭线表示虚工作，以波形线表示工作与其紧后工作之间的时间间隔，如图7-9所示的双代号时标网络图。

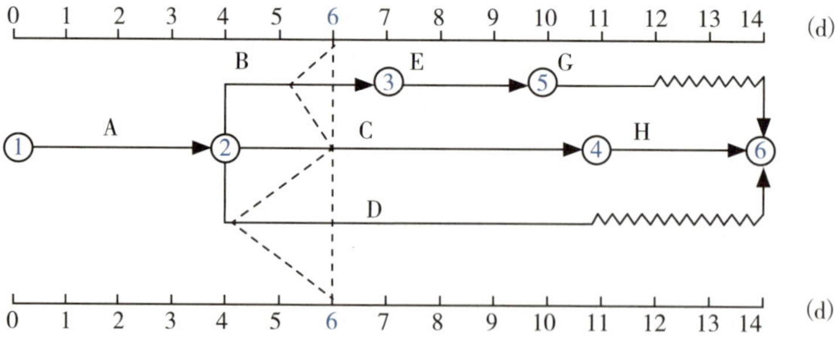

图7-9 双代号时标网络图

前锋线检查法是从检查时刻出发，将检查时刻正在进行工作的实际进度点依次连接起来，组成一条前锋线。按前锋线与箭线交点的位置判定工作实际进度与计划进度的偏差。其比较步骤是：首先在网络图上、下方各设一时间坐标，然后从上方时间坐标的检查时刻绘起，依次连接各工作箭线的实际进度点，并与下方时间坐标的检查时刻连接。最后进行实际进度与计划进度的对比。如实际进度点位置与检查日时间坐标相同，则说明进度一致；如实际进度点位置在检查日时间坐标右侧，则说明工作实际进度超前，超前天数为二者之差；如工作实际进度点位置在检查日时间坐标左侧，则说明该工作实际进度拖后，延误天数为二者之差。

3）割切检查法

割切检查法是一种将网络计划中已完成的部分割除，然后对剩余网络部分进行分析的一种方法，即把检查日期作为剩余网络计划的开始时间（最早开始时间），计算各工作的最早开始时间，各工作的最迟完成时间保持不变，然后计算各工作总时差，若产生负时差，则说明项目进度拖后。应在出现负时差的工作线路上，调整工作历时，消除负时差，以保证工期按时完成。

4）列表检查法

列表检查法是记录检查时应该进行的工作名称和已进行的天数，然后列表计算有关时间参数，根据总时差和尚有总时差判断工程的偏差情况。若工作尚有总时差与原有总时差相等，则说明该工作的实际进度与计划进度一致；若工作尚有总时差小于原有总时差，但仍为正值，则说明该工作的实际进度比计划进度拖后，但不影响总工期；若尚有总时差为负值，则说明对总工期有影响；若工作尚有总时差大于原有总时差，则说明该工作的实际进度比计划进度超前，超前值为尚有总时差与原有总时差之差。

【例 7-1】 某项工程项目分解后，根据工作间的逻辑关系绘制的双代号网络计划如图 7-10 所示。工程实施到第 12 天末进行检查时，各工作进展如下：A、B、C 三项工作已经完成，D 工作与 G 工作分别已完成 5 d 的工作量，E 工作完成了 4 d 的工作量。

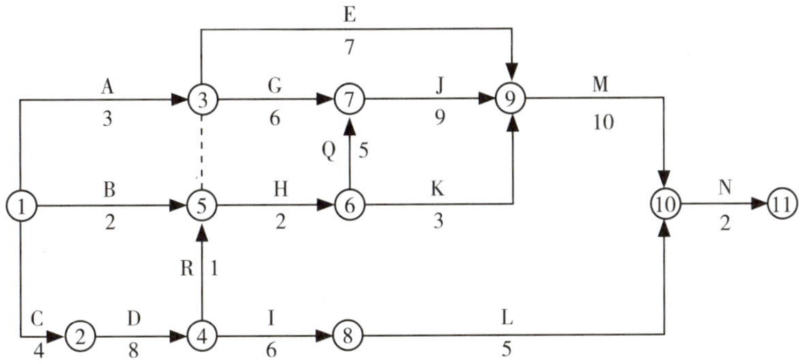

图 7-10　双代号网络计划

问题：

（1）该网络计划的计划工期为多少天？

学习笔记

(2)哪些工作是关键工作？

(3)按计划的最早第 12 天末进行检查时三项工作是否已推迟？推迟的时间是否影响计划工期？

参考答案：

(1)通过网络计算，计划总工期为 41 d。

(2)改网络计划关键线路为：①→②→④→⑤→⑥→⑦→⑨→⑩→⑪，则关键工作为 C、D、R、H、Q、J、M、N。

(3)D 工作滞后 3 d，预计完成时间为第 15 天。因属于关键工作，导致总工期推迟 3 d。E 工作滞后 3 d，预计完成时间为第 15 天。因有总时差 19 d，对总工期不产生影响。G 工作滞后 1 d，预计完成时间为第 13 天。因有总时差 11 d，对总工期不产生影响。

2. 施工进度计划实施中的调整方法

经过施工实际进度与计划进度的对比分析，根据合同或计划中规定的目标，进行施工预测，估计各项工作按时完成的可能性。

当进度出现偏差时，需要分析偏差的大小及其所处的位置，对后续工作和总工期的影响程度。分析的方法主要是利用网络计划中总时差和自由时差的概念。当偏差大于自由时差而小于总时差时，影响后续工作的最早开工时间，对总工期无影响；当偏差大于总时差时，后续工作和总工期都有影响。经过分析，监理人员应根据分析结果，确定调整措施，得到符合实际进度情况和计划目标的新的进度计划。

对于进度计划的调整，监理人员应该将实际工程进度所产生的偏差，消除在计划总工期之内，使工程项目能够按时完成。

(1)改变某些工作间的逻辑关系。

如果实际进度偏差影响了总工期，而且有关工作之间的逻辑关系可以改变，调整关键线路和超计划工期的非关键线路上的有关工作之间的逻辑关系，以达到缩短工期的目的。

(2)缩短某些工作的持续时间。

这种方法是在不改变工作之间的逻辑关系的基础上，缩短那些由于工期拖延而引起总工期增长的关键线路和某些非关键线路上的工作持续时间，从而加快施工速度，以保证实现计划工期的方法。

【思政园地】

赶工事故

岁末年初，建筑施工赶工期现象较为普遍。但是，建筑施工现场复杂，各种作业交错进行，加之赶进度造成风险隐患积累，安全风险突出，极易引发基坑坍塌、高处坠落、模板坍塌、施工机械事故等“四大事故”，威胁作业人员的生命安全。各企业应提高警惕，切勿因盲目赶工期导致事故发生。

2021 年 8 月 1 日 23 时 26 分许，浙江金华某高速公路项目中高村汽车天桥防撞护栏混凝土浇筑施工时，发生桥面空心板边梁板侧翻，5 名施工人员随梁板坠落到天桥下面的高速路面上，造成 1 人死亡，4 人受伤。该起事故直接原因是：施工班组为赶工期，违反工序施工，在桥面铺装施工及梁板间横向连接未完成的情况下，组织防撞护栏浇筑施工，仅靠边板梁端双支座支撑所形成的抵抗力矩，无法抵抗由护栏自重＋护栏模板重量产生的横向偏心所形成的倾覆力矩，再加上 5 名施工作业人员同时站在边梁板上进行护栏顶面混凝土收面作业，致使边梁板失稳倾覆坠落。

2022 年 9 月 21 日，新安街道海滨社区某项目给水排水管线迁改工程工地发生一起坍塌事故，造成 1 人死亡。该起事故发生的主要原因是：涉事工程开挖位置部分土体为回填土，与原场地土层存在差异，土层开挖后回填会引起土体松散，造成土层失稳的不确定性增加。现场作业人员为赶工程进度未按照施工方案规定采取支护等防坍塌措施进行沟槽开挖作业，导致本次事故的发生。

任务二　建设工程投资控制

一、影响投资控制的主要因素

建设工程投资控制的含义

影响投资控制的主要因素－资金使用计划的编制

施工阶段项目投资总额是通过工程概预算确定的。它主要由工程质量成本、材料成本、人工成本、机械使用成本、施工管理费、计划利润、税金、规定的取费及不可预见费等组成。其中，计划利润、税金、规定的取费及不可预见费属于固定费用，不可控制，仅对投资总额产生影响，因此施工阶段影响投资的主要因素是工程质量成本、材料成本、人工成本、机械使用成本和施工管理费、总工期、施工索赔等。

总工期是指工程破土动工到竣工交付使用的全部日历天数。它直接影响工程投资总额、投资回收期和建设项目效益的发挥，若在施工过程中，工期发生了变化，无论是工期延长还是加速施工，都会带来投资的变化。工程建设项目周期长，还可能因物价上涨，导致工程投资增大。

工程质量成本是指为保证建筑安装工程质量所付出的代价。长期以来，工程质量成本混淆于工程成本之中，而工程产品优质优价问题一直未得到合理解决，常常发包人只提出工程的质量要求，而不为高质量付出代价，工程质量也就得不到保证而影响投资控制。

施工阶段的材料成本、人工成本是通过工程概预算确定的，属于可变动的直接成本，随已完工程量呈正比例变化，若实际成本超过计划成本，将增加工程总投资。

施工机械使用成本是通过施工图预算确定的，属于工程投资中的直接成本，这种直接成本既包含固定成本，也包含可变动的混合成本。使用租赁施工机械的租金，属固定成本，使用自有施工机械的成本是混合成本。施工机械使用成本的增加，将增加工程总投资。

施工管理费是通过工程概预算确定的，是一种可变的混合成本。由于它包括的内容繁杂，金额较大，对投资的影响也较大，且具有综合性。

当承包人并非自身的原因而造成成本增加或工期延误时，承包人根据合同条款的有关规定向项目法人提出索赔要求，由于索赔直接影响到承包人的经济利益，承包人往往通过索赔的渠道，提出过高的索赔要求或提出一些投机性的索赔，如果处理不当，将使项目投资失控。

二、资金使用计划的编制

（一）资金使用计划的作用

资金使用计划是指在设计概算的基础上，根据承包人的投标报价和投标文件中的进度计划，综合考虑物资、材料供应，土地征用、设计费及不可预见费等，按子项目编制或按时间进度编制的资金使用计划。监理人员编制资金使用计划，可以合理地确定建设项目投资控制总目标值、分目标值、各细目标值，如果没有明确的投资控制目标，就无法进行投资控制。监理人编制资金使用计划的作用是：

(1)资金使用计划是审核承包人施工进度计划、现金流计划的依据。

(2)资金使用计划是项目筹措资金的依据。

(3)资金使用计划是项目检查、分析实际投资值和计划投资值偏差的依据。

(4)资金使用计划是审核承包人工程施工进度款申请的参考依据。

（二）按子项目编制资金使用计划

按不同子项目划分资金的使用，首先将投资目标分解到各单项工程和单位工程。投资构成中的建筑安装工程费用、设备及工器具购置费用均是按单位工程和单项工程计算的，但其中工程建设其他费用的内容繁杂，既有与具体单项工程或单位工程直接有关的费用，也有与整个项目建设有关的费用，要把它分解到各个单项工程和单位工程，需采取适当的方法。对各单位工程的建筑安装工程费用还需要分解到分部分项工程。在完成投资项目分解工作之后，还要具体地分配各分项投资支出预算，工程分项支出预算包括材料费、人工费、机械费、承包企业的间接费、利润等。

（三）按时间进度编制资金使用计划

建设项目的投资一般是分阶段、分期支出的，资金使用是否合理与资金时间安排有密切关系。资金使用计划是筹措资金的依据，将总投资按使用时间进行分解，确定各阶段的目标值，尽可能减少资金占用和利息支付。

编制按时间进度的资金使用计划，通常可利用控制项目进度的网络图进一步扩充而得。

由于在编制资金使用计划时，对施工进展情况的估计水平和拥有的资料有限，同时施工过程中变化因素多，资金使用计划中的投资目标值不是一成不变的。在工程实施过程中，既要维护投资控制目标的严肃性，又要根据实际情况按照有关规定程序，对原有计划做出必要的调整。

三、工程计量

工程计量

在施工过程中，对承包人所完成工程量的测量和计算，简称计量。根据合同规定，监理人员有工程计量与支付上的签字认可权和否决权。在水利工程中，大多数情况是以实际完成的工程量作为工程款结算的依据，监理人员必须对已完工的工程进行计量，并签发支付凭证，任何未经监理人员计量确认的项目，一律不予支付。所以，计量是控制项目投资支出的关键环节。

（一）工程计量的目的

1. 计量是工程投资控制的需要

工程量清单中的工程量是用作投标报价的估算工程量，不作为最终结算

学习笔记

的工程量,用于结算的工程量是承包人实际完成,并按合同有关计量规定计量的工程量。由于实际情况千变万化,施工中变更是不可避免的。因此,计量工程量清单项目及变更、索赔项目中的工程量,对工程的投资控制非常必要。承包人向监理人提交的支付月报表中,多报、少报、乱报的情况屡有发生,如对单价不同的相邻部位的工程量,承包人往往合计在一起,取单价高的项目进行计量申报。不是计量合同中规定的项目也计量,如承包人自己的施工便道、临时栈桥、脚手架等,这些项目的费用被认为在承包人报价中已经考虑,分摊到合同规定的相应项目中。

2. 计量是对承包人进行中间支付的需要

资金是进行施工生产活动的物质基础和必要条件,承包人为保证施工的连续进行,就必须维持合适的现金流,而保证承包人现金流的实现,监理人就必须适时进行计量支付。

(二)工程计量的程序

1. 承包人计量

承包人按合同规定的计量办法,按月对已完成的质量合格的工程进行准确计量,并在每月末随同月付款申请单,按工程量清单的项目分项向监理人员提交完成工程量月报表和有关计量资料。

2. 监理人复核

监理人对承包人提交的工程量月报表进行复核,以确定当月完成的工程量,有疑问时,可要求承包人按有关规定进行抽样复测,并要求承包人派员协助监理人共同复核,以及按监理人的要求提供补充的计量资料。若承包人无正当理由不参加复核,则监理人复核修正的工程量应被视为承包人实际完成的准确工程量。若监理人认为有必要,可要求与承包人联合进行测量计量,承包人应遵照执行。

3. 联合确定准确工程量

承包人完成了工程量清单中每个项目的全部工程量后,监理人员应要求承包人派员共同对每个项目的历次计量报表进行汇总和通过测量、核实该项目的最终结算工程量,并可要求承包人提供补充计量资料,以确定该项目最后一次进度付款的准确工程量。如承包人未按监理人员的要求派人员参加,则监理人员最终核实的工程量应被视为该项目完成的准确工程量。

如混凝土构造物,所有中间计量结果的总和,应符合该构造物混凝土的总体积。有些土工建筑物,由于材料性质会引起体积发生变化,导致中间计量的总和与规定的总量不符。如某土堤,考虑到施工沉降后在图纸上设计总压实方量为 48 万 m^3,中间计量按分层压实检验、计量,总共 12 次阶段付款,由于每次计量都有误差,第 11 次计量时就已经达到总数 48 万 m^3,而工程尚未结束,这种情况的计量仍应在最后以总量控制。

学习笔记

(三)工程计量的前提与依据

准备计量的工程必须是符合质量要求,而且计量工程的申报资料和验收手续齐全,质量合格是工程计量最重要的前提。质量检验和计量是监理过程中的两个阶段,经过监理工程师检验,工程质量合格时,监理工程师签发中间交工证书(质量合格证书),即可进行计量。

计量的依据是中间交工证书、工程量清单前(序)言、技术规范中的“计量支付”条款和设计图纸,其中“工程量清单”前言和技术规范是确定计量方法的依据。对于计量的几何尺寸要以设计图纸为依据,监理人对承包人超出设计图纸要求增加的工程量和自身原因造成返工的工程量,不予计量。

(四)工程计量的方法

工程计量的范围有三个方面:第一是“工程量清单”中的全部项目;第二是合同文件中规定的项目;第三是工程变更项目。监理人的计量工作,既要以公正、诚信、科学为原则,又要严格按照合同文件所规定的计量方法进行计量。例如:在小浪底水利工程的技术规范中对表面处理工作的计量有以下特殊规定:表面处理的工程量应按合同或图纸要求所做的表面处理的平面投影面积以平方米计算。根据这个规定,对垂直面所做的表面处理的工程量应为零。虽然该项规定并不合理,但可以认为承包人在投标时已经考虑了该项特殊规定,并以别的方式对此进行了补偿。如果监理人在计量时没有注意到该项规定,那么将会引起计量的失误。一般情况下,计量有以下几种方法。

1. 现场测量

现场测量就是根据现场实际完成的工程情况,按规定的方法进行丈量、测算,最终确定支付工程量。

2. 按设计图纸计量

按设计图纸计量是指根据施工图对完成的工程进行计算,以确定支付的工程计量方法。

3. 仪表测量

仪表测量是指通过使用仪表对所完成的工程进行计量,如混凝土灌浆计量等。

学习笔记

4. 按单据计算

按单据计算是指根据工程实际发生的发票、收据等，对所完成工程进行的计量。

5. 按监理人批准计量

按监理人批准计量是指在工程实施中，监理人批准确认的工程量直接作为支付工程量，承包人据此进行支付申请工作。

6. 合同中个别采用包干计价项目的计量

在水利工程中，有一些项目由于种种因素，采用包干计价，如临建工程、房建工程、某些导截流工程、观测仪器埋设、机电安装工程等。包干计价项目一般以总价控制、检查项目完成的形象面貌，按均摊法逐月或逐季支付价款。

（五）工程量计量方法

所有工程项目的计量方法均应符合技术条款的规定，使用的计量设备和用具均应符合国家度量衡标准的精度要求。

1. 重量计量的计算

钢材的计量是以重量来计量的，钢材的计量应按施工图纸所示的净值计量。钢筋应按监理人批准的钢筋下料表，以直径和长度计算，不计入钢筋损耗和架设定位的附加钢筋量；预应力钢绞线、预应力钢筋和预应力钢丝的工程量，按锚固长度与工作长度之和计算重量；钢板和型钢钢材按制成件的成型净尺寸和使用钢材规格的标准单位重量计算其工程量，不计其下料损耗量和施工安装等所需的附加钢材用量。施工附加量均不单独计量，而应包括在有关钢筋、钢材和预应力钢材等各自的单价中。

2. 面积计量的计算

结构面积的计算，应按施工图纸所示结构物尺寸线或监理人指示在现场实际测量的结构物净尺寸线进行计算。

3. 体积计量的计算

结构物体积计量的计算，应按施工图纸所示轮廓线内的实际工程量或按监理人指示在现场量测的净尺寸线进行计算。经监理人批准，大体积混凝土中所设体积小于 0.1 m^3 的孔洞、排水管、预埋管和凹槽等工程量不予扣除，按施工图纸和指示要求对临时孔洞进行回填的工程量不重复计量。

混凝土工程量的计量，应按监理人签认的已完工程的净尺寸计算；土石方填筑工程量的计量，应按完工验收时实测的工程量进行最终计量。

4. 长度计量的计算

所有以“延米”计量的结构物，除施工图纸另有规定，应按平行于结构物位置的纵向轴线或基础方向的长度计算。

学习笔记

四、工程款的支付

工程款的支付

合同内支付指监理人在项目法人明确授权的合同价格范围内，以及可以直接援引合同规定通过计量和支付手段进行的费用控制活动。合同内支付的内容包括：预付款的支付与扣还，工程进度付款，保留金的扣留与退还，完工支付与最终支付，工程变更支付，合同内支付的价格调整，索赔支付。

（一）工程款的主要结算方式

1. 按月结算

按月结算即实行旬末或月中预支、月终结算、竣工后清算的办法。跨年度的工程，还需要进行年终结算。水电工程中的主体工程一般采用此方法。

2. 分段结算

分段结算即当年开工、当年不能竣工的单项工程或单位工程按照工程的形象进度，划分不同阶段进行结算。分段结算可以按月预支工程款。水电工程中总价承包的单位工程或单项工程，以及当年不能竣工的一些临时工程均采用此方式进行结算。

3. 竣工后一次结算

当一些零星工程的工期在 12 个月以内时，可采用每月月中预支价款，竣工后一次结算的方式。

4. 其他结算方式

（略）

（二）预付款的支付与扣还

承包人中标后，施工准备需要大量的资金投入。由于工程项目一般投资巨大，承包人往往难以承受，项目法人以无息贷款方式在中标后、工程正式开工前支付给承包人一部分资金，帮助承包人尽快开始正常施工。

1. 工程预付款的支付

工程预付款可使承包人在合同签订后，尽快做好施工准备，并用于工程施工初期各项费用的支出。工程预付款的总金额应不低于合同价格的 10%，分两次支付给承包人。第一次预付款的金额应不低于工程预付款总金额的 40%，在协议书签订后的 21d 内，由承包人向发包人提交了经发包人认可的工程预付款保函，并经监理人出具付款证书报送发包人批准后予以支付。第二次预付款须待承包人主要设备进入工地后，其估算价值已达到本次预付款金额时，由承包人提出书面申请，经监理人核实后出具付款证书报送发包人，发包人收到监理人出具的付款证书后的14 d内支付给承包人。工程预付款总金额的额度和分次付款比例在专用合同条款中规定。

2. 工程预付款的扣还

工程预付款由发包人从月进度付款中扣回。在合同累计完成金额达到专用合同条款规定的数额时开始扣款，直至合同累计完成金额达到专用合同条款规定的数额时全部扣清。

在每次进度付款时，累计扣回的金额按以下公式计算：

$$R=A/(F_2-F_1)S\times(C-F_1S) \tag{7-10}$$

式中 R——每次进度付款中累计扣回的金额；

A——工程预付款总金额；

S——合同价格；

C——合同累计完成金额；

F_1——按专用合同条款规定开始扣款时合同累计完成金额达到合同价格的比例；

F_2——按专用合同条款规定全部扣清时合同累计完成金额达到合同价格的比例。

上述合同累计完成金额均指价格调整前未扣保留金的金额。

3. 工程材料预付款的支付与扣还

工程材料预付款主要用来帮助承包人购进专用合同条款中规定的工程主要材料的款项。工程主要材料到达工地并满足以下条件后，承包人可向监理人提交材料预付款支付申请单。

(1)材料的质量和储存条件符合《技术条款》的要求。

(2)材料已到达工地，并经承包人和监理人共同验点入库。

(3)承包人应按监理人的要求提交材料的订货单、收据或价格证明文件。

预付款金额为经监理人审核后的实际材料价的90%，在月进度付款中支付。预付款从付款月后的6个月内在月进度付款中每月按该预付款金额的1/6平均扣还。

(三)工程进度付款

工程进度款的支付也称中间结算，在水利工程施工合同中，一般规定按月支付。每月结算是在上月结算的基础上进行的，这种支付方式公平合理，风险性小，便于控制。

学习笔记

1. 月进度付款申请单

承包人应在每月末按监理人规定的格式提交月进度付款申请单（一式四份），并附上完成工程量月报表。该申请单应包括以下内容：

(1) 已完成的工程量清单中的工程项目及其他项目的应付金额。

(2) 经监理人签认的当月计日工支付凭证标明的应付金额。

(3) 按规定应付的工程材料预付款金额。

(4) 价格调整金额。

(5) 根据合同规定承包人应有权得到的其他金额。

(6) 扣除工程预付款和工程材料预付款金额。

(7) 扣除保留金金额。

(8) 扣除按合同规定应由承包人付给发包人的其他金额。

2. 月进度付款证书

监理人在收到月进度付款申请单后的 14 d 内完成核查，并向发包人出具月进度付款证书，提出他认为应当到期支付给承包人的金额。

3. 工程进度付款的修正和更改

监理人有权通过对以往历次已签证的月进度付款证书的汇总和复核中发现的错、漏或重复进行修正或更改；承包人亦有权提出此类修正或更改。经双方复核同意的此类修正或更改，应列入月进度付款证书中予以支付或扣除。

4. 支付时间

发包人收到监理人签证的月进度付款证书并审批后支付给承包人，支付时间不应超过监理人收到月进度付款申请单后 28 d。若不按期支付，则应从逾期第 1 天起按专用合同条款中规定的逾期付款违约金加支给承包人。

（四）保留金的扣留与退还

保留金是发包人持有的一种保证，为了确保在施工阶段，或在缺陷责任期间（保修期），由于承包人未能履行合同义务，由发包人（或监理人）指定他人完成应由承包人承担的工作所发生的费用。合同一般规定：

(1) 监理人应从第一个月开始，在给承包人的月进度付款中扣留按专用合同条款规定百分比（一般为 5%~10%）的金额作为保留金（其计算额度不包括预付款和价格调整金额），直至扣留的保留金总额达到专用合同条款规定的数额（一般为合同价的 5%）。

(2) 在签发工程移交证书后 14 d 内，由监理人出具保留金付款证书，发包人将保留金总额的一半支付给承包人。

学习笔记

(3) 在单项工程验收并签发移交证书后，将其相应的保留金总额的一半在月进度付款中支付给承包人。

(4) 监理人在全部工程的保修期满时，出具为支付剩余保留金的付款证书。发包人应在收到上述付款证书后 14 d 内将剩余的保留金支付给承包人。若保修期满尚需承包人完成剩余工作，则监理人有权在付款证书中扣留与剩余工作所需金额相应的保留金余额。

（五）完工支付与最终结清

完工支付证书是对发包人以前支付过的所有款额以及发包人有权得到的款额的确认，指出发包人还应支付给承包人或承包人还应支付给发包人的余额，具有结算性质。因此，完工支付也叫竣工结算。在工程移交证书颁发后的 28 d 内，承包人提交完工付款申请单，监理人在收到完工付款申请单后的 28 d 内完成复核，并与承包人协商修改后，签字并出具完工付款证书报送发包人审批。发包人应在收到完工付款证书后的 42 d 内审批后支付承包人。若发包人不按期支付，则应将逾期付款违约金加付给承包人。

保修责任期终止后，并且监理人颁发了保修责任终止证书，可进行工程的最终结算。在保修责任终止证书颁发后的 28 d 内，承包人向监理人提交最终付款申请单，同时向发包人提交结清单，结清单的副本提交监理人。监理人收到经其同意的最终付款申请单副本后的 14 d 内，向发包人出具最终付款证书提交发包人审批，发包人审查监理人提交的最终付款证书后，若确认还应向承包人付款，则应在收到该证书后的 42 d 内支付给承包人。若确认承包人应向发包人付款，则发包人应通知承包人，承包人应在收到通知后的 2 d 内付还给发包人。不论是发包人还是承包人，若不按期支付，则需将逾期付款违约金加付给对方。

（六）价格调整

价格调整是指以合同条款为依据，根据工程实施中实际发生的情况，通过计算所得的调整款额，由承包人报请监理人审批。价格调整包括物价波动引起的价格调整，以及法规更改引起的价格调整。

【例 7-2】 某工程项目法人与承包商签订了工程承包合同。合同中估算工程量为 5 300 m^3，单价为 180 元 /m^3。合同工期为 6 个月。有关付款条款如下：

(1) 开工前项目法人应向承包商支付估算合同总价 20% 的工程预付款。

(2) 项目法人自第一个月起，从承包商的工程款中，按 5% 的比例扣留保修金。

(3) 当累计实际完成的工程量超过(或低于)估算工程量的 10% 时,可进行调价,调价系数为 0.9(或 1.1)。

(4) 每月签发最低金额为 15 万元。

(5) 工程预付款从乙方获得累计工程款超过估算合同价的 30% 以后的下一个月起,至第 5 个月均匀扣除。

承包商每月完成并经签证确认的工程量见表 7–2。

表 7–2　每月实际完成工程量

月份	1	2	3	4	5	6
完成工程量 /m^3	800	1 000	1 200	1 200	1 200	500
累计完成工程量 /m^3	800	1 800	3 000	4 000	5 400	5 900

问题:

(1) 估算合同总价为多少?

(2) 工程预付款为多少? 工程预付款从哪个月起扣留? 每月应扣工程预付款为多少?

(3) 每月工程量价款为多少? 应签证的工程款为多少? 应签发的付款凭证金额为多少?

答案:

1. 问题 1

估算合同总价:

$$5\,300 \times 180 = 95.4（万元）$$

2. 问题 2

(1) 工程预付款金额:

$$95.4 \times 20\% = 19.08（万元）$$

(2) 工程预付款应从第 3 个月起扣留,因为第 1、2 月累计工程款为

$$1\,800 \times 180 = 32.4（万元）> 95.4 \times 30\% = 28.62（万元）$$

(3) 每月应扣工程预付款:

$$19.08 \div 3 = 6.36（万元）$$

3. 问题 3

(1) 第 1 个月工程量价款:

$$800 \times 180 = 14.40（万元）$$

应签证的工程款:

$$14.40 \times 0.95 = 13.68（万元）< 15 万元$$

第 1 个月不予付款。

(2) 第 2 个月工程量价款为

$$1\,000 \times 180 = 18.00（万元）$$

应签证的工程款：

$$18.00 \times 0.95 = 17.10（万元）$$

$$13.68 + 17.1 = 30.78（万元）$$

应签发的付款凭证金额为 30.78 万元。

(3) 第 3 个月工程量价款为

$$1\,200 \times 180 = 21.60（万元）$$

应签证的工程款：

$$21.60 \times 0.95 = 20.52（万元）$$

应扣工程预付款：6.36 万元。

$$20.52 - 6.36 = 14.16（万元）< 15 万元$$

第 3 个月不予签发付款凭证。

(4) 第 4 个月工程量价款：

$$1\,200 \times 180 = 21.60（万元）$$

应签证的工程款：20.52 万元。

应扣工程预付款：6.36 万元。

应签发的付款凭证金额：

$$14.16 + 20.52 - 6.36 = 28.32（万元）$$

(5) 第 5 个月累计完成工程量为 5 400 m^3，比原估算工程量超出 100 m^3，但未超出估算工程量的 10%，所以仍按原单价结算。

第 5 个月工程量价款为

$$1\,200 \times 180 = 21.60（万元）$$

应签证的工程款为：20.52 万元。

应扣工程预付款为：6.36 万元。

$$20.52 - 6.36 = 14.16（万元）< 15 万元$$

第 5 个月不予签发付款凭证。

(6) 第 6 个月累计完成工程量为 5 900 m^3，比原估算工程量超出 600 m^3，已超出估算工程量的 10%，对超出的部分应调整单价。

应按调整后的单价结算的工程量：

$$5\,900 - 5\,300 \times（1 + 10\%）= 70（m^3）$$

第 6 个月工程量价款：

$$70 \times 180 \times 0.9 +（500 - 70）\times 180 = 8.874（万元）$$

应签证的工程款：

$$8.874 \times 0.95=8.43（万元）$$

应签发的付款凭证金额：

$$14.16+8.43=22.59（万元）$$

【思政园地】

拖欠工程款

拖欠工程款是指在建设工程中，发包方不按合同或结算报告支付工程款，导致拖欠承包方工程款，而承包方又拖欠分包商等一系列债务。

社会危害：

第一，影响建筑企业的生存与发展。

建筑施工企业本来就是一个劳动密集型的微利企业，在没有改革以前，我国建筑企业的法定利润只有2.5%～3%，进入市场后随着竞争的加剧，企业之间竞相压价，本已是步履维艰，加上拖欠工程款，更是苦不堪言。

第二，影响整个建筑市场不能正常运行。

第三，给工程质量和安全留下了隐患。

由于资金上的拮据，一些施工企业不得不在材料、工艺上下功夫，甚至建筑工人的一些必备安全措施也得不到保证。

第四，影响社会的稳定。

考证知识训练

模块七考证知识训练

学习笔记

模块八　建设工程施工合同管理

【任务导入】 合同管理制是我国四项工程建设管理的基本制度之一，本模块即学习合同管理，且因篇幅受限，加之施工合同管理是各合同管理中的重点，所以本模块只讲施工合同管理。任务一先学习合同管理法律基础知识，有此基础后我们再开始学习专业的施工合同管理知识，从任务二至任务五分别学习施工准备阶段、施工阶段、竣工和缺陷责任期阶段及分包合同管理知识。

任务一　建设工程合同管理的法律基础

《民法典》第三编合同指出，合同是民事主体之间设立、变更、终止民事法律关系的协议。《民法典》合同编第一分编通则中明确了合同订立、合同效力、合同履行、合同保全、合同变更和转让、合同权利义务终止、违约责任等事项。第二分编典型合同中明确了 19 类合同，即买卖合同，供用电、水、气、热力合同，赠与合同，借款合同，保证合同，租赁合同，融资租赁合同，保理合同，承揽合同，建设工程合同，运输合同，技术合同，保管合同，仓储合同，委托合同，物业服务合同，行纪合同，中介合同，合伙合同。其中，建设工程合同包括工程勘察、设计、施工合同；建设工程监理合同、项目管理服务合同则属于委托合同。第三分编准合同明确了无因管理和不当得利。《民法典》合同编通则主要内容如下所述。

一、合同订立

当事人订立合同，应当具有相应的民事权利能力和民事行为能力。当事人依法可以委托代理人订立合同。

学习笔记

（一）合同形式

当事人订立合同，可以采用书面形式、口头形式或者其他形式。书面形式是指合同书、信件、电报、电传、传真等可以有形地表现所载内容的形式。以电子数据交换、电子邮件等方式能够有形地表现所载内容，并可以随时调取查用的数据电文，视为书面形式。建设工程合同、建设工程监理合同、项目管理服务合同应当采用书面形式。口头形式是指当事人以谈话方式订立的合同，如当面交谈、电话联系等。其他形式是指除书面形式、口头形式外的方式来表现合同内容的形式。主要包括默示形式和推定形式。

（二）合同内容

合同内容由当事人约定，一般包括下列条款：①当事人的姓名或名称和住所；②标的；③数量；④质量；⑤价款或者报酬；⑥履行期限、地点和方式；⑦违约责任；⑧解决争议的方法。当事人可以参照各类合同的示范文本订立合同。

（三）合同订立程序

当事人订立合同，可以采取要约、承诺方式或者其他方式。

1. 要约

要约是希望与他人订立合同的意思表示。要约应当符合如下规定：①内容具体确定；②表明经受要约人承诺，要约人即受该意思表示约束。也就是说，要约必须是特定人的意思表示，必须是以缔结合同为目的，必须具备合同的主要条款。

有些合同在要约之前还会有要约邀请。所谓要约邀请，是希望他人向自己发出要约的意思表示。要约邀请并不是合同成立过程中的必经过程，它是当事人订立合同的预备行为，这种意思表示的内容往往不确定，不含有合同得以成立的主要内容和相对人同意后受其约束的表示，在法律上无须承担责任。寄送的价目表、拍卖公告、招标公告、招股说明书、债券募集办法、基金招募说明书、商业广告和宣传、寄送的价目表等为要约邀请。商业广告和宣传的内容符合要约条件的，构成要约。

(1) 要约生效。要约到达受要约人时生效。采用数据电文形式订立合同，受要约人指定特定系统接收数据电文的，该数据电文进入该特定系统时生效；未指定特定系统的，受要约人知道或者应当知道该数据电文进入其系统时生效。当事人对采用数据电文形式的意思表示的生效时间另有约定的，按照其约定。

(2) 要约撤回与撤销。要约可以撤回，撤回要约的通知应当在要约到达受要约人之前或者与要约同时到达受要约人。

要约可以撤销，但是有下列情形之一的除外：

①要约人已确定承诺期限或者以其他形式明示要约不可撤销；

②受要约人有理由认为要约是不可撤销的，并已经为履行合同做了合理准备工作。

撤销要约的意思表示以对话方式做出的，该意思表示的内容应当在受要约人做出承诺之前为受要约人所知道；撤销要约的意思表示以非对话方式做出的，应当在受要约人做出承诺之前到达受要约人。

(3) 要约失效。

有下列情形之一的，要约失效：

①要约被拒绝；

②要约被依法撤销；

③承诺期限届满，受要约人未做出承诺；

④受要约人对要约的内容做出实质性变更。

2. 承诺

承诺是受要约人同意要约的意思表示。除根据交易习惯或者要约表明可以通过行为做出承诺外，承诺应当以通知的方式做出。

(1) 承诺期限。承诺应当在要约确定的期限内到达要约人。要约没有确定承诺期限的，承诺应当依照下列规定到达：

①要约以对话方式做出的，应当即时做出承诺；

②要约以非对话方式做出的，承诺应当在合理期限内到达。

要约以信件或者电报做出的，承诺期限自信件载明的日期或者电报交发之日开始计算。信件未载明日期的，自投寄该信件的邮戳日期开始计算。要约以电话、传真、电子邮件等快速通信方式做出的，承诺期限自要约到达受要约人时开始计算。

(2) 承诺生效。承诺通知到达要约人时生效。承诺不需要通知的，根据交易习惯或者要约的要求做出承诺的行为时生效。

受要约人在承诺期限内发出承诺，按照通常情形能够及时到达要约人，但因其他原因承诺到达要约人时超过承诺期限的，除要约人及时通知受要约人因承诺超过期限不接受该承诺的外，该承诺有效。

(3) 承诺撤回。承诺可以撤回，撤回承诺的通知应当在承诺通知到达要约人之前或者与承诺通知同时到达要约人。

(4) 逾期承诺。受要约人超过承诺期限发出承诺的，或者在承诺期限内发出承诺，按照通常情形不能及时到达要约人的，为新要约。但要约人及时通知受要约人该承诺有效的除外。

(5)要约内容变更。承诺的内容应当与要约的内容一致。受要约人对要约的内容做出实质性变更的，为新要约。有关合同标的、数量、质量、价款或者报酬、履行期限、履行地点和方式、违约责任和解决争议方法等的变更，是对要约内容的实质性变更。

承诺对要约的内容做出非实质性变更的，除要约人及时表示反对或者要约表明承诺不得对要约的内容做出任何变更的外，该承诺有效，合同的内容以承诺的内容为准。

(四)合同成立

承诺生效时合同成立，但是法律另有规定或者当事人另有约定的除外。

(1)合同成立时间。当事人采用合同书形式订立合同的，自当事人均签字、盖章或者按指印时合同成立。当事人采用信件、数据电文等形式订立合同要求签订确认书的，签订确认书时合同成立。

当事人一方通过互联网等信息网络发布的商品或者服务信息符合要约条件的，对方选择该商品或者服务并提交订单成功时合同成立，但是当事人另有约定的除外。

(2)合同成立地点。承诺生效的地点为合同成立的地点。采用数据电文形式订立合同的，收件人的主营业地为合同成立的地点；没有主营业地的，其住所地为合同成立的地点。当事人另有约定的，按照其约定。当事人采用合同书形式订立合同的，最后签名、盖章或者按手印的地点为合同成立的地点，但是当事人另有约定的除外。

(3)合同成立的其他情形。合同成立的情形还包括：

①法律、行政法规规定或者当事人约定采用书面形式订立合同，当事人未采用书面形式但一方已经履行主要义务，对方接受的。

②采用合同书形式订立合同，在签名、盖章或者按手印之前，当事人一方已经履行主要义务，对方接受的。

(五)特殊合同

(1)特殊需求合同。国家根据抢险救灾、疫情防控或者其他需要下达国家订货任务、指令性任务的，有关民事主体之间应当依照有关法律、行政法规规定的权利和义务订立合同。

依照法律、行政法规的规定，负有发出要约义务的当事人，应当及时发出合理的要约。负有做出承诺义务的当事人，不得拒绝对方合理地订立合同

学习笔记

要求。

(2)预约合同。当事人约定在将来一定期限内订立合同的认购书、订购书、预定书等,构成预约合同。当事人一方不履行预约合同约定的订立合同义务的,对方可以请求其承担预约合同的违约责任。

(六)格式条款

格式条款是当事人为了重复使用而预先拟定,并在订立合同时未与对方协商的条款。

(1)格式条款提供者的义务。采用格式条款订立合同的,提供格式条款的一方应当遵循公平原则确定当事人之间的权利和义务,并采取合理的方式提示对方注意免除或减轻其责任等与对方有重大利害关系的条款,按照对方的要求,对该条款予以说明。

提供格式条款的一方未履行提示或者说明义务,致使对方没有注意或者理解与其有重大利害关系的条款的,对方可以主张该条款不成为合同的内容。

(2)格式条款无效。提供格式条款一方免除或者减轻自己的责任、加重对方责任、限制或者排除对方主要权利的,该条款无效。此外,《民法典》合同编规定的无效合同情形,同样适用于格式合同条款。

(3)格式条款争议解决。对格式条款的理解发生争议的,应当按照通常理解予以解释。对格式条款有两种以上解释的,应当做出不利于提供格式条款一方的解释。格式条款和非格式条款不一致的,应当采用非格式条款。

(七)缔约过失责任

当事人在订立合同过程中有下列情形之一,给对方造成损失的,应当承担损害赔偿责任:

(1)假借订立合同,恶意进行磋商。

(2)故意隐瞒与订立合同有关的重要事实或者提供虚假情况。

(3)有其他违背诚信原则的行为。

当事人在订立合同过程中知悉的商业秘密或者其他应当保密的信息,无论合同是否成立,均不得泄露或者不正当地使用。泄露或者不正当地使用该商业秘密或者信息,给对方造成损失的,应当承担损害赔偿责任。

学习笔记

二、合同效力

（一）合同生效

依法成立的合同，自成立时生效。但是法律另有规定或者当事人另有约定的除外。

依照法律、行政法规的规定，合同应当办理批准等手续的，依照其规定。未办理批准等手续影响合同生效的，不影响合同中履行报批等义务条款以及相关条款的效力。应当办理申请批准等手续的当事人未履行义务的，对方可以请求其承担违反该义务的责任。

依照法律、行政法规的规定，合同的变更、转让、解除等情形应当办理批准等手续的，适用前述规定。

（二）无权代理人代订合同

无权代理人以被代理人的名义订立合同，被代理人已经开始履行合同义务或者接受相对人履行的，视为对合同的追认。

法人的法定代表人或者非法人组织的负责人超越权限订立的合同，除相对人知道或者应当知道其超越权限外，该代表行为有效，订立的合同对法人或者非法人组织发生效力。

当事人超越经营范围订立的合同的效力，应当依照法律规定确定，不得仅以超越经营范围确认合同无效。

（三）合同中免责条款无效情形

合同有下列情形之一的，合同无效：

（1）造成对方人身损害的。

（2）因故意或者重大过失造成对方财产损失的。

三、合同履行

当事人应当按照约定全面履行自己的义务。当事人应当遵循诚信原则，根据合同的性质、目的和交易习惯履行通知、协助、保密等义务。当事人在履行合同过程中，还应当避免浪费资源、污染环境和破坏生态。

（一）合同履行的一般规则

合同生效后，当事人就质量、价款或者报酬、履行地点等内容没有约定或者约定不明确的，可以协议补充；不能达成补充协议的，按照合同有关条款或者交易习惯确定。依照上述规定仍不能确定的，适用下列规定：

（1）质量要求不明确的，按照强制性国家标准履行；没有强制性国家标准的，按照推荐性国家标准履行；没有推荐性国家标准的，按照行业标准履行；没有国家标准、行业标准的，按照通常标准或者符合合同目的的特定标准履行。

（2）价款或者报酬不明确的，按照订立合同时履行地的市场价格履行；依法应当执行政府定价或者政府指导价的，按照规定履行。

（3）履行地点不明确，给付货币的，在接受货币一方所在地履行；交付不动产的，在不动产所在地履行；其他标的，在履行义务一方所在地履行。

（4）履行期限不明确的，债务人可以随时履行，债权人也可以随时要求履行，但应当给对方必要的准备时间。

（5）履行方式不明确的，按照有利于实现合同目的的方式履行。

（6）履行费用的负担不明确的，由履行义务的一方负担；因债权人原因增加的履行费用，由债权人负担。

（二）合同履行的特殊规则

1. 电子合同履行

通过互联网等信息网络订立的电子合同的标的为交付商品并采用快递物流方式交付的，收货人的签收时间为交付时间。电子合同的标的为提供服务的，生成的电子凭证或者实物凭证中载明的时间为提供服务时间；前述凭证没有载明时间或者载明时间与实际提供服务时间不一致的，以实际提供服务的时间为准。

电子合同的标的物为采用在线传输方式交付的，合同标的物进入对方当事人指定的特定系统且能够检索识别的时间为交付时间。

电子合同当事人对交付商品或者提供服务的方式、时间另有约定的，按照其约定。

2. 价格调整

执行政府定价或政府指导价的，在合同约定的交付期限内政府价格调整时，按照交付时的价格计价。逾期交付标的物的，遇价格上涨时，按照原价格执行；价格下降时，按照新价格执行。逾期提取标的物或者逾期付款的，遇价格上涨时，按照新价格执行；价格下降时，按照原价格执行。

学习笔记

3. 债务履行

以支付金钱为内容的债，除法律另有规定或者当事人另有约定外，债权人可以请求债务人以实际履行地的法定货币履行。

⑴多项标的的履行。标的有多项而债务人只需履行其中一项的，债务人享有选择权；但法律另有规定、当事人另有约定或者另有交易习惯的除外。

享有选择权的当事人在约定期限内或者履行期限届满未作选择，经催告后在合理期限内仍未选择的，选择权转移至对方。

当事人行使选择权应当及时通知对方，通知到达对方时，标的确定。标的确定后不得变更，但是经对方同意的除外。

可选择的标的发生不能履行情形的，享有选择权的当事人不得选择不能履行的标的，但是该不能履行的情形是由对方造成的除外。

⑵多个债权人情形。债权人为二人以上，标的可分，按照份额各自享有债权的，为按份债权；债务人为二人以上，标的可分，按照份额各自负担债务的，为按份债务。按份债权人或者按份债务人的份额难以确定的，视为份额相同。

债权人为二人以上，部分或者全部债权人均可以请求债务人履行债务的，为连带债权；债务人为二人以上，债权人可以请求部分或者全部债务人履行全部债务的，为连带债务。连带债权或者连带债务，由法律规定或者当事人约定。

⑶连带债务。连带债务人之间的份额难以确定的，视为份额相同。

实际承担债务超过自己份额的连带债务人，有权就超出部分在其他连带债务人未履行的份额范围内向其追偿，并相应地享有债权人的权利，但是不得损害债权人的利益。其他连带债务人对债权人的抗辩，可以向该债务人主张。

被追偿的连带债务人不能履行其应分担份额的，其他连带债务人应当在相应范围内按比例分担。

部分连带债务人履行、抵销债务或者提存标的物的，其他债务人对债权人的债务在相应范围内消灭；该债务人可以依据前条规定向其他债务人追偿。

部分连带债务人的债务被债权人免除的，在该连带债务人应当承担的份额范围内，其他债务人对债权人的债务消灭。

部分连带债务人的债务与债权人的债权同归于一人的，在扣除该债务人应当承担的份额后，债权人对其他债务人的债权继续存在。

债权人对部分连带债务人的给付受领迟延的，对其他连带债务人发生效力。

⑷连带债权。连带债权人之间的份额难以确定的，视为份额相同。实际受领债权的连带债权人，应当按比例向其他连带债权人返还。

4. 代为履行

当事人约定由债务人向第三人履行债务，债务人未向第三人履行债务或者履行债务不符合约定的，应当向债权人承担违约责任。

法律规定或者当事人约定第三人可以直接请求债务人向其履行债务，第三人未在合理期限内明确拒绝，债务人未向第三人履行债务或者履行债务不符合约定的，第三人可以请求债务人承担违约责任；债务人对债权人的抗辩，可以向第三人主张。

当事人约定由第三人向债权人履行债务，第三人不履行债务或者履行债务不符合约定的，债务人应当向债权人承担违约责任。

债务人不履行债务，第三人对履行该债务具有合法利益的，第三人有权向债权人代为履行；但根据债务性质、按照当事人约定或者依照法律规定只能由债务人履行的除外。债权人接受第三人履行后，其对债务人的债权转让给第三人，但债务人和第三人另有约定的除外。

5. 抗辩权

当事人互负债务，没有先后履行顺序的，应当同时履行。一方在对方履行之前有权拒绝其履行要求。一方在对方履行债务不符合约定时，有权拒绝其相应的履行要求。

当事人互负债务，有先后履行顺序，先履行一方未履行的，后履行一方有权拒绝其履行要求。先履行一方履行债务不符合约定的，后履行一方有权拒绝其相应的履行要求。

应当先履行债务的当事人，有确切证据证明对方有下列情形之一的，可以中止履行：

(1)经营状况严重恶化。

(2)转移财产、抽逃资金，以逃避债务。

(3)丧失商业信誉。

(4)有丧失或者可能丧失履行债务能力的其他情形。

当事人没有确切证据中止履行的，应当承担违约责任。当事人依照上述规定中止履行的，应当及时通知对方。当对方提供适当担保时，应当恢复履行。中止履行后，对方在合理期限内未恢复履行能力并且未提供适当担保的，中止履行的一方可以解除合同并可以请求对方承担违约责任。

债权人分立、合并或者变更住所没有通知债务人，致使履行债务发生困难的，债务人可以中止履行或者将标的物提存。

6. 提前履行

债权人可以拒绝债务人提前履行债务，但提前履行不损害债权人利益的除外。债务人提前履行债务给债权人增加的费用，由债务人负担。

7. 部分履行

债权人可以拒绝债务人部分履行债务，但部分履行不损害债权人利益的除外。债务人部分履行债务给债权人增加的费用，由债务人负担。

8. 相关事项变更后的处置

合同生效后，当事人不得因姓名、名称的变更或者法定代表人、负责人、承办人的变动而不履行合同义务。

合同成立后，合同的基础条件发生了当事人在订立合同时无法预见的、不属于商业风险的重大变化，继续履行合同对于当事人一方明显不公平的，受不利影响的当事人可以与对方重新协商；在合理期限内协商不成的，当事人可以请求人民法院或者仲裁机构变更或者解除合同。

人民法院或者仲裁机构应当结合案件的实际情况，根据公平原则变更或者解除合同。

四、合同保全

（一）代位权

因债务人怠于行使其到期债权，对债权人造成损害的，债权人可以向人民法院请求以自己的名义代位行使债务人的债权，但该债权专属于债务人自身的除外。代位权的行使范围以债权人的债权为限。债权人行使代位权的必要费用，由债务人负担。

（二）撤销权

因债务人放弃其到期债权或者无偿转让财产，对债权人造成损害的，债权人可以请求人民法院撤销债务人的行为。债务人以明显不合理的低价转让财产，对债权人造成损害，并且受让人知道该情形，债权人也可以请求人民法院撤销债务人的行为。

撤销权的行使范围以债权人的债权为限。债权人行使撤销权的必要费用，由债务人负担。撤销权自债权人知道或者应当知道撤销事由之日起 1 年内行使，自债务人的行为发生之日起 5 年内没有行使撤销权的，该撤销权消灭。

学习笔记

五、合同变更和转让

(一)合同变更

当事人协商一致,可以变更合同。当事人对合同变更的内容约定不明确的,推定为未变更。

(二)合同转让

合同转让是合同变更的一种特殊形式,合同转让不是变更合同中规定的权利义务内容,而是变更合同主体。

(1)债权转让。债权人可以将合同的权利全部或者部分转让给第三人,但下列情形除外:①根据合同性质不得转让;②按照当事人约定不得转让;③依照法律规定不得转让。

债权人转让权利的,应当通知债务人。未经通知,该转让对债务人不发生效力。除非经受让人同意,债权人转让权利的通知不得撤销。

(2)债务转让。债务人将合同的义务全部或者部分转移给第三人的,应当经债权人同意。债务人转移义务的,原债务人享有的对债权人的抗辩权也随债务转移而由新债务人享有,新债务人可以主张原债务人对债权人的抗辩权。债务人转移义务的,新债务人应当承担与主债务有关的从债务,但该从债务专属于原债务人自身的除外。

(3)债权债务一并转让。当事人一方经对方同意,可以将自己在合同中的权利和义务一并转让给第三人。权利和义务一并转让的处理,适用上述有关债权人和债务人转让的有关规定。

当事人订立合同后合并的,由合并后的法人或其他组织行使合同权利,履行合同义务。当事人订立合同后分立的,除债权人和债务人另有约定外,由分立的法人或其他组织对合同的权利和义务享有连带债权,承担连带债务。

六、合同终止

(一)合同终止的条件

合同终止的情形包括:①债务已经按照约定履行;②合同解除;③债务相互抵销;④债务人依法将标的物提存;⑤债权人免除债务;⑥债权债务同归于

学习笔记

一人;⑦法律规定或者当事人约定终止的其他情形。

债权人免除债务人部分或者全部债务的,合同的权利义务部分或者全部终止;债权和债务同归于一人的,合同的权利义务终止,但涉及第三人利益的除外。

合同权利义务的终止,不影响合同中结算和清理条款的效力,以及通知、协助、保密等义务的履行。

(二)合同解除

当事人协商一致,可以解除合同。当事人可以约定一方解除合同的条件。解除合同的条件成立时,解除权人可以解除合同。

(1)合同解除的法定条件。有下列情形之一的,当事人可以解除合同:①因不可抗力致使不能实现合同目的;②在履行期限届满之前,当事人一方明确表示或者以自己的行为表明不履行主要债务;③当事人一方迟延履行主要债务,经催告后在合理期限内仍未履行;④当事人一方迟延履行债务或者有其他违约行为致使不能实现合同目的;⑤法律规定的其他情形。

(2)合同解除权的行使。法律规定或者当事人约定解除权行使期限,期限届满当事人不行使的,该权利消灭。法律没有规定或者当事人没有约定解除权行使期限,经对方催告后在合理期限内不行使的,该权利消灭。

当事人依法主张解除合同的,应当通知对方。合同自通知到达对方时合同解除。对方有异议的,可以请求人民法院或者仲裁机构确认解除合同的效力。

(三)合同债务抵销

除依照法律规定或者按照合同性质不得抵销的外,当事人互负到期债务,该债务的标的物种类、品质相同的,任何一方可以将自己的债务与对方的债务抵销。当事人主张抵销的,应当通知对方。通知自到达对方时生效。抵销不得附条件或者附期限。

当事人互负债务,标的物种类、品质不相同的,经双方协商一致,也可以抵销。

(四)标的物提存

有下列情形之一,难以履行债务的,债务人可以将标的物提存:①债权人无正当理由拒绝受领;②债权人下落不明;③债权人死亡未确定继承人或者丧失民事行为能力未确定监护人;④法律规定的其他情形。标的物不适于提存或

学习笔记

者提存费用过高的，债务人可以依法拍卖或者变卖标的物，提存所得的价款。

标的物提存后，除债权人下落不明的外，债务人应当及时通知债权人或债权人的继承人、监护人。标的物提存后，毁损、灭失的风险由债权人承担。提存期间，标的物的孳息归债权人所有，提存费用由债权人负担。

债权人可以随时领取提存物，但债权人对债务人负有到期债务的，在债权人未履行债务或提供担保之前，提存部门根据债务人的要求应当拒绝其领取提存物。债权人领取提存物的权利，自提存之日起 5 年内不行使而消灭，提存物扣除提存费用后归国家所有。

七、违约责任

当事人一方不履行合同义务或者履行合同义务不符合约定的，应当承担继续履行、采取补救措施或者赔偿损失等违约责任。

（一）继续履行

当事人一方未支付价款或者报酬的，对方可以要求其支付价款或者报酬。当事人一方不履行非金钱债务或者履行非金钱债务不符合约定的，对方可以要求履行，但有下列情形之一的除外：①法律上或者事实上不能履行；②债务的标的不适于强制履行或者履行费用过高；③债权人在合理期限内未要求履行。

（二）采取补救措施

质量不符合约定的，应当按照当事人的约定承担违约责任。对违约责任没有约定或者约定不明确，依照《民法典》第三编合同关于合同履行的规定仍不能确定的，受损害方根据标的的性质以及损失的大小，可以合理选择要求对方承担修理、更换、重作、退货、减少价款或者报酬等违约责任。

（三）赔偿损失

当事人一方不履行合同义务或者履行合同义务不符合约定的，在履行义务或者采取补救措施后，对方还有其他损失的，应当赔偿损失。损失赔偿额应相当于因违约所造成的损失，包括合同履行后可以获得的利益，但不得超过违反合同一方订立合同时预见到或者应当预见到的因违反合同可能造成的损失。

当事人一方违约后，对方应当采取适当措施防止损失的扩大；没有采取适

学习笔记

当措施致使损失扩大的，不得就扩大的损失要求赔偿。当事人因防止损失扩大而支出的合理费用，由违约方承担。

（四）支付违约金

当事人可以约定一方违约时应当根据违约情况向对方支付一定数额的违约金，也可以约定因违约产生的损失赔偿额的计算方法。约定的违约金低于造成的损失的，当事人可以请求人民法院或者仲裁机构予以增加；约定的违约金过分高于造成的损失的，当事人可以请求人民法院或者仲裁机构予以适当减少。

当事人就迟延履行约定违约金的，违约方支付违约金后，还应当履行债务。

（五）定金

定金的数额由当事人约定，但不得超过主合同标的额的20%，超过部分不产生定金的效力。实际交付的定金数额多于或者少于约定数额的，视为变更约定的定金数额。债务人履行债务后，定金应当抵作价款或者收回。给付定金的一方不履行约定的债务的，无权要求返还定金；收受定金的一方不履行约定的债务的，应当双倍返还定金。

当事人既约定违约金，又约定定金的，一方违约时，对方可以选择使用违约金或者定金条款。

【思政园地】

契约精神

法律是对人们日常工作生活指导意义最高的学科之一，不仅反映出社会变迁，还将现实中的矛盾冲突整理出来提供解决方案，指导人们提升交流合作的效率，大大减少合作中的误解和“扯皮”现象，长远看有利于降低成本。

民法通则统领下的合同法，是私法的核心，诠释了契约精神，不仅体现着公平，更能帮助人们为他人着想，提前规划，从而实现双赢的可持续发展局面。

合同是市场经济分配任务的有效手段，既表现了当事人的自主意愿，又是法律的载体及信用的凭证。合同的订立和履行需要参与者具有技术、经济、管理、法律等方面的知识和经验，要求合同管理行为法治化、规范化和科学化，并与国际惯例逐步接轨。合同管理是项目管理的核心。监理工程师必须熟悉合同，掌握合同管理的手段，依据合同的约定进行质量控制、进度控制、投资控制。

学习笔记

任务二 施工准备阶段的合同管理

一、发包人的义务

为了保障承包人按约定的时间顺利开工，发包人应按合同约定的责任完成满足开工的准备工作。

（一）提供施工场地

1. 施工现场

发包人应及时完成施工场地的征用、移民、拆迁工作，按专用合同条款约定的时间和范围向承包人提供施工场地。施工场地包括永久工程用地和施工的临时占地，施工场地的移交可以一次完成，也可以分次移交，以不影响单位工程的开工为原则。

2. 地下管线和地下设施的相关资料

发包人应按专用条款约定及时向承包人提供施工场地范围内地下管线和地下设施等有关资料。地下管线包括供水、排水、供电、供气、供热、通信、广播电视等的埋设位置，以及地下水文、地质等资料。发包人应保证资料的真实、准确、完整，但不对承包人据此判断、推论错误导致编制施工方案的后果承担责任。

3. 现场外的道路通行权

发包人应根据合同工程的施工需要，负责办理取得出入施工场地的专用和临时道路的通行权，以取得为工程建设所需修建场外设施的权利，并承担有关费用。

（二）组织设计交底

发包人应根据合同进度计划，组织设计单位向承包人和监理人对提供的施工图纸和设计文件进行交底，以便承包人制订施工方案和编制施工组织设计。

（三）约定开工时间

考虑到不同行业和项目的差异，标准施工合同的通用条款中没有将开工

学习笔记

时间作为合同条款，具体工程项目可根据实际情况在合同协议书或专用条款中约定。

二、承包人的义务

（一）现场查勘

承包人在投标阶段仅依据招标文件中提供的资料和较概略的图纸编制了供评标的施工组织设计或施工方案。签订合同协议书后，承包人应对施工场地和周围环境进行查勘，核对发包人提供的有关资料，并进一步收集相关的地质、水文、气象条件，交通条件，风俗习惯以及其他与为完成合同工作有关的当地资料，以便编制施工组织设计和专项施工方案。在全部合同施工过程中，应视为承包人已充分估计了应承担的责任和风险，不得再以不了解现场情况为理由而推脱合同责任。

对现场查勘中发现的实际情况与发包人所提供资料有重大差异之处，应及时通知监理人，由其做出相应的指示或说明，以便明确合同责任。

（二）编制施工实施计划

1. 施工组织设计

承包人应按合同约定的工作内容和施工进度要求，编制施工组织设计和施工进度计划，并对所有施工作业和施工方法的完备性、安全性、可靠性负责。按照《建设工程安全生产管理条例》规定，在施工组织设计中应针对深基坑工程、地下暗挖工程、高大模板工程、高空作业工程、深水作业工程、大爆破工程的施工编制专项施工方案。对于前3项危险性较大的分部分项工程的专项施工，还需经5人以上专家论证方案的安全性和可靠性。

施工组织设计完成后，按专用条款的约定，将施工进度计划和施工方案说明报送监理人审批。

2. 质量管理体系

承包人应在施工场地设置专门的质量检查机构，配备专职质量检查人员，建立完善的质量检查制度。在合同约定的期限内，提交工程质量保证措施文件，包括质量检查机构的组织和岗位责任、质检人员的组成、质量检查程序和实施细则等，报送监理人审批。

3. 环境保护措施计划

承包人在施工过程中，应遵守有关环境保护的法律法规，履行合同约定的环境保护义务，按合同约定的环保工作内容，编制施工环保措施计划，报送监理人审批。

学习笔记

（三）施工现场内的交通道路和临时工程

承包人应负责修建、维修、养护和管理施工所需的临时道路，以及为开始施工所需的临时工程和必要的设施，满足开工的要求。

（四）施工控制网

承包人依据监理人提供的测量基准点、基准线和水准点及其书面资料，根据国家测绘基准、测绘系统和工程测量技术规范以及合同中对工程精度的要求，测设施工控制网，并将施工控制网点的资料报送监理人审批。

承包人在施工过程中负责管理施工控制网点，对丢失或损坏的施工控制网点应及时修复，并在工程竣工后将施工控制网点移交发包人。

（五）提出开工申请

承包人的施工前期准备工作满足开工条件后，向监理人提交工程开工报审表。开工报审表应详细说明按合同进度计划正常施工所需的施工道路、临时设施、材料设备、施工人员等施工组织措施的落实情况以及工程的进度安排。

三、监理人的职责

（一）审查承包人的实施方案

1. 审查的内容

监理人对承包人报送的施工组织设计、质量管理体系、环境保护措施进行认真的审查，批准或要求承包人对不满足合同要求的部分进行修改。

2. 审查进度计划

监理人对承包人的施工组织设计中的进度计划审查，不仅要看施工阶段的时间安排是否满足合同要求，更应评审拟采用的施工组织、技术措施能否保证计划的实现。监理人审查后，应在专用条款约定的期限内，批复或提出修改意见，否则该进度计划视为已得到批准。经监理人批准的施工进度计划称为合同进度计划。

监理人为了便于工程进度管理，可以要求承包人在合同进度计划的基础

学习笔记

上编制并提交分阶段和分项的进度计划，特别是合同进度计划关键线路上的单位工程或分部工程的详细施工计划。

3. 合同进度计划

合同进度计划是控制合同工程进度的依据，对承包人、发包人和监理人均有约束力，不仅要求承包人按计划施工，还要求发包人的材料供应、图纸发放等不应造成施工延误，以及监理人应按照计划进行协调管理。合同进度计划的另一重要作用是，施工进度受到非承包人责任原因的干扰后，作为判定是否应给承包人顺延合同工期的主要依据。

（二）开工通知

1. 发出开工通知的条件

当发包人的开工前期工作已完成且临近约定的开工日期时，应委托监理人按专用条款约定的时间向承包人发出开工通知。如果约定的开工日期已届至但发包人应完成的开工配合义务尚未完成（如现场移交延误），由于监理人不能按时发出开工通知，则要顺延合同工期并赔偿承包人的相应损失。

如果发包人开工前的配合工作已完成且约定的开工日期已届至，但承包人的开工准备还不满足开工条件，监理人仍应按时发出开工的指示，合同工期不予顺延。

2. 发出开工通知的时间

监理人征得发包人同意后，应在开工日期 7 d 前向承包人发出开工通知，合同工期自开工通知中载明的开工日起计算。

【思政园地】

野蛮施工挖断管道

2021 年 8 月 17 日 12 时，在对管道数量规模、位置信息、安全状况未掌握的情况下，河北省保定市高阳县某有限公司高阳分公司在顶管贸然进行扩孔施工，将该路段埋设的燃气管道损坏，造成燃气大量泄漏引发爆燃，导致 3 人死亡、2 人受伤。

7 月 4 日，国务院安全委员会办公室在京召开全国燃气安全防范专题视频会议。国务院安全生产委员会办公室、应急管理部、住房和城乡建设部、市场监管总局决定即日起至 10 月底开展燃气安全“百日行动”。其中，明确“紧盯突出问题，严厉查处燃气新建、改造等工程违规转包、违法分包和从业人员无证上岗、违规违章作业，燃气管网外部野蛮施工等问题”。

学习笔记

任务三　施工阶段的合同管理

一、合同履行涉及的几个时间期限

（一）合同工期

合同工期指承包人在投标函内承诺完成合同工程的时间期限，以及按照合同条款通过变更和索赔程序应给予顺延工期的时间之和。合同工期的作用是用于判定承包人是否按期竣工的标准。

（二）施工期

施工期从监理人发出的开工通知中写明的开工日起算，至工程接收证书中写明的实际竣工日止。以此期限与合同工期比较，判定是提前竣工还是延误竣工。延误竣工承包人承担拖期赔偿责任，提前竣工是否应获得奖励需视专用条款中是否有约定。

（三）缺陷责任期

缺陷责任期从工程接收证书中写明的竣工日开始起算，期限视具体工程的性质和使用条件的不同在专用条款内约定（一般为 1 年）。对于合同内约定有分部移交的单位工程，以提前验收的该单位工程接收证书中确定的竣工日为准，起算时间相应提前。

由于承包人拥有施工技术、设备和施工经验，缺陷责任期内工程运行期间出现的工程缺陷，承包人应负责修复，直到检验合格。修复费用以缺陷原因的责任划分，经查验属于发包人原因造成的缺陷，承包人修复后可获得查验、修复的费用及合理利润。如果承包人不能在合理时间内修复缺陷，发包人可以自行修复或委托其他人修复，修复费用由缺陷原因的责任方承担。

承包人责任原因产生的较大缺陷或损坏，致使工程不能按原定目标使用，经修复后需要再行检验或试验时，发包人有权要求延长该部分工程或设备的缺陷责任期。影响工程正常运行的有缺陷工程或部位，在修复检验合格日前已经过的时间归于无效，重新计算缺陷、责任期，但包括延长时间在内的缺陷责任期最长不得超过 2 年。

学习笔记

（四）保修期

保修期自实际竣工日起算，发包人和承包人按照有关法律法规的规定，在专用条款内约定工程质量保修范围、期限和责任。对于提前验收的单位工程起算时间相应提前。承包人对保修期内出现的不属于其责任原因的工程缺陷，不承担修复义务。

二、施工进度管理

（一）合同进度计划的动态管理

为了保证实际施工过程中承包人能够按计划施工，监理人通过协调保障承包人的施工不受到外部或其他承包人的干扰，对已确定的施工计划要进行动态管理。标准施工合同的通用条款规定，不论何种原因造成工程的实际进度与合同进度计划不符，包括实际进度超前或滞后于计划进度，均应修订合同进度计划，以使进度计划具有实际的管理和控制作用。

承包人可以主动向监理人提交修订合同进度计划的申请报告，并附有关措施和相关资料，报监理人审批；监理人也可以向承包人发出修订合同进度计划的指示，承包人应按该指示修订合同进度计划后报监理人审批。

监理人应在专用合同条款约定的期限内予以批复。如果修订的合同进度计划对竣工时间有较大影响或需要补偿额超过监理人独立确定的范围，在批复前应取得发包人同意。

（二）可以顺延合同工期的情况

1. 发包人原因延长合同工期

标准施工合同通用条款中明确规定，由于发包人原因导致的延误，承包人有权获得工期顺延和（或）费用加利润补偿的情况包括：

（1）增加合同工作内容。

（2）改变合同中任何一项工作的质量要求或其他特性。

（3）发包人迟延提供材料、工程设备或变更交货地点。

（4）发包人原因导致的暂停施工。

（5）提供图纸延误。

（6）未按合同约定及时支付预付款、进度款。

（7）发包人造成工期延误的其他原因。

2. 异常恶劣的气候条件

按照通用条款的规定，出现专用合同条款约定的异常恶劣气候条件导致工期延误的，承包人有权要求发包人延长工期。监理人处理气候条件对施工进度造成不利影响的事件时，应注意以下两条基本原则：

（1）正确区分气候条件对施工进度影响的责任。

判明气候条件对施工进度产生影响的持续时间内，属于异常恶劣气候条件的有多少天。如土方填筑工程的施工中，因连续降雨导致停工 15 d，其中 6 d 的降雨强度超过专用条款约定的标准构成延长合同工期的条件，而其余 9 d 的停工或施工效率降低的损失，属于承包人应承担的不利气候条件风险。

（2）异常恶劣气候条件的停工是否影响总工期。

异常恶劣气候条件导致的停工是进度计划中的关键工作，则承包人有权获得合同工期的顺延。如果被迫暂停施工的工作不在关键线路上且总时差多于停工天数，仍然不必顺延合同工期，但对施工成本的增加可以获得补偿。

（三）承包人原因的延误

未能按合同进度计划完成工作时，承包人应采取措施加快进度，并承担加快进度所增加的费用。承包人原因造成工期延误的，承包人应支付逾期竣工违约金。

订立合同时，应在专用条款内约定逾期竣工违约金的计算方法和逾期违约金的最高限额。专用条款说明中建议，违约金计算方法约定的日拖期赔偿额，可采用每天为多少钱或每天为签约合同价的千分之几；最高赔偿限额为签约合同价的 3%。

（四）暂停施工

1. 暂停施工的责任

施工过程中发生被迫暂停施工的原因，可能源于发包人的责任，也可能属于承包人的责任。通用条款规定，承包人责任引起的暂停施工，增加的费用和工期由承包人承担；发包人暂停施工的责任，承包人有权要求发包人延长工期和（或）增加费用，并支付合理利润。

1）承包人责任的暂停施工

（1）承包人违约引起的暂停施工。

（2）承包人原因为工程合理施工和安全保障所必需的暂停施工。

（3）承包人擅自暂停施工。

学习笔记

(4) 承包人其他原因引起的暂停施工。

(5) 专用合同条款约定由承包人承担的其他暂停施工。

2) 发包人责任的暂停施工

发包人承担合同履行的风险较大,造成暂停施工的原因可能来自于未能履行合同的行为责任,也可能源于自身无法控制但应承担风险的责任。大体可以分为以下几类原因致使施工暂停:

(1) 发包人未履行合同规定的义务。此类原因较为复杂,包括自身未能尽到管理责任,如发包人采购的材料未能按时到货致使停工待料等;也可能源于第三者责任原因,如施工过程中出现设计缺陷导致停工等待变更的图纸等。

(2) 不可抗力。不可抗力的停工损失属于发包人应承担的风险,如施工期间发生地震、泥石流等自然灾害导致暂停施工。

(3) 协调管理原因。同时在现场的两个承包人发生施工干扰,监理人从整体协调考虑,指示某一承包人暂停施工。

(4) 行政管理部门的指令。某些特殊情况下可能执行政府行政管理部门的指示,暂停一段时间的施工。如奥运会和世博会期间,为了环境保护的需要,某些在建工程按照政府文件要求暂停施工。

2. 暂停施工程序

1) 停工

监理人根据施工现场的实际情况,认为必要时可向承包人发出暂停施工的指示,承包人应按监理人指示暂停施工。

不论何种原因引起的暂停施工,监理人应与发包人和承包人协商,采取有效措施积极消除暂停施工的影响。暂停施工期间由承包人负责妥善保护工程并提供安全保障。

2) 复工

当工程具备复工条件时,监理人应立即向承包人发出复工通知,承包人收到复工通知后,应在指示的期限内复工。承包人无故拖延或拒绝复工,由此增加的费用和工期延误由承包人承担。

因发包人原因无法按时复工时,承包人有权要求延长工期和(或)增加费用及合理利润。

3. 紧急情况下的暂停施工

由于发包人的原因发生暂停施工的紧急情况,且监理人未及时下达暂停施工指示,承包人可先暂停施工并及时向监理人提出暂停施工的书面请求。监理人应在接到书面请求后的 24 h 内予以答复,逾期未答复视为同意承包人的暂停施工请求。

学习笔记

（五）发包人要求提前竣工

如果发包人根据实际情况向承包人提出提前竣工要求，由于涉及合同约定的变更，应与承包人通过协商达成提前竣工协议作为合同文件的组成部分。协议的内容应包括：承包人修订进度计划及为保证工程质量和安全采取的赶工措施；发包人应提供的条件；所需追加的合同价款；提前竣工给发包人带来效益应给承包人的奖励等。专用条款使用说明中建议，奖励金额可为发包人实际效益的20%。

三、施工质量管理

（一）质量责任

（1）承包人原因造成工程质量达不到合同约定验收标准，监理人有权要求承包人返工直至符合合同要求，由此造成的费用增加和（或）工期延误由承包人承担。

（2）发包人原因造成工程质量达不到合同约定验收标准，发包人应承担由于承包人返工造成的费用增加和（或）工期延误，并支付承包人合理利润。

（二）承包人的管理

1. 项目部的人员管理

（1）质量检查制度。

承包人应在施工场地设置专门的质量检查机构，配备专职质量检查人员，建立完善的质量检查制度。

（2）规范施工作业的操作程序。

承包人应加强对施工人员的质量教育和技术培训，定期考核施工人员的劳动技能，严格执行相关规范和操作规程。

（3）撤换不称职的人员。

当监理人要求撤换不能胜任本职工作、行为不端或玩忽职守的承包人项目经理和其他人员时，承包人应予以撤换。

2. 质量检查

（1）材料和设备的检验。

承包人应对使用的材料和设备进行进场检验和使用前的检验，不允许使用不合格的材料和有缺陷的设备。

学习笔记

承包人应按合同约定进行材料、工程设备和工程的试验和检验，并为监理人对材料、工程设备和工程的质量检查提供必要的试验资料和原始记录。按合同约定由监理人与承包人共同进行试验和检验的，承包人负责提供必要的试验资料和原始记录。

(2)施工部位的检查。

承包人应对施工工艺进行全过程的质量检查和检验，认真执行自检、互检和工序交叉检验制度，尤其要做好工程隐蔽前的质量检查。

承包人自检确认的工程隐蔽部位具备覆盖条件后，通知监理人在约定的期限内检查，承包人的通知应附有自检记录和必要的检查资料。经监理人检查确认质量符合隐蔽要求，并在检查记录上签字后，承包人才能进行覆盖。监理人检查确认质量不合格的，承包人应在监理人指示的时间内修整或返工后，由监理人重新检查。

承包人未通知监理人到场检查，私自将工程隐蔽部位覆盖，监理人有权指示承包人钻孔探测或揭开检查，由此增加的费用和(或)工期延误由承包人承担。

(3)现场工艺试验。

承包人应按合同约定或监理人指示进行现场工艺试验。对大型的现场工艺试验，监理人认为必要时，应由承包人根据监理人提出的工艺试验要求，编制工艺试验措施计划，报送监理人审批。

(三)监理人的质量检查和试验

1. 与承包人的共同检验和试验

监理人应与承包人共同进行材料、设备的试验和工程隐蔽前的检验。收到承包人共同检验的通知后，监理人既未发出变更检验时间的通知，又未按时参加，承包人为了不延误施工可以单独进行检查和试验，将记录送交监理人后可继续施工。此次检查或试验视为监理人在场情况下进行，监理人应签字确认。

2. 监理人指示的检验和试验

1)材料、设备和工程的重新检验和试验

当监理人对承包人的试验和检验结果有疑问，或为查清承包人试验和检验结果的可靠性要求承包人重新试验和检验时，由监理人与承包人共同进行。重新试验和检验的结果证明该项材料、工程设备或工程的质量不符合合同要求，由此增加的费用和(或)工期延误由承包人承担；重新试验和检验结果证明符合合同要求，由发包人承担由此增加的费用和(或)工期延误，并支付承

包人合理利润。

2) 隐蔽工程的重新检验

监理人对已覆盖的隐蔽工程部位质量有疑问时，可要求承包人对已覆盖的部位进行钻孔探测或揭开重新检验，承包人应遵照执行，并在检验后重新覆盖恢复原状。经检验证明工程质量符合合同要求的，由发包人承担由此增加的费用和（或）工期延误，并支付承包人合理利润；经检验证明工程质量不符合合同要求的，由此增加的费用和（或）工期延误由承包人承担。

（四）对发包人提供的材料和工程设备管理

承包人应根据合同进度计划的安排，向监理人报送要求发包人交货的日期计划。发包人应按照监理人与合同双方当事人商定的交货日期，向承包人提交材料和工程设备，并在到货 7 d 前通知承包人。承包人会同监理人在约定的时间内，在交货地点共同进行验收。发包人提供的材料和工程设备验收后，由承包人负责接收、保管和施工现场内的二次搬运所发生的费用。

发包人要求向承包人提前接货的物资，承包人不得拒绝，但发包人应承担承包人由此增加的保管费用。发包人提供的材料和工程设备的规格、数量或质量不符合合同要求，或由于发包人原因发生交货日期延误及交货地点变更等情况时，发包人应承担由此增加的费用和（或）工期延误，并向承包人支付合理利润。

（五）对承包人施工设备的控制

承包人使用的施工设备不能满足合同进度计划或质量要求时，监理人有权要求承包人增加或更换施工设备，增加的费用和工期延误由承包人承担。

承包人的施工设备和临时设施应专用于合同工程，未经监理人同意，不得将施工设备和临时设施中的任何部分运出施工场地或挪作他用。对目前闲置的施工设备或后期不再使用的施工设备，经监理人根据合同进度计划审核同意后，承包人方可将其撤离施工现场。

四、工程款支付管理

（一）通用条款中涉及支付管理的几个概念

标准施工合同的通用条款对支付管理的几个涉及价格的用词做出了明确的规定。

学习笔记

学习笔记

1. 合同价格

1）签约合同价

签约合同价指签订合同时合同协议书中写明的，包括了暂列金额、暂估价的合同总金额，即中标价。

2）合同价格

合同价格指承包人按合同约定完成了包括缺陷责任期内的全部承包工作后，发包人应付给承包人的金额。合同价格，即承包人完成施工、竣工、保修全部义务后的工程结算总价，包括履行合同过程中按合同约定进行的变更、价款调整、通过索赔应予补偿的金额。

二者的区别表现为，签约合同价是写在协议书和中标通知书内的固定数额，作为结算价款的基数；而合同价格是承包人最终完成全部施工和保修义务后应得的全部合同价款，包括施工过程中按照合同相关条款的约定，在签约合同价的基础上应给承包人补偿或扣减的费用之和。因此，只有在最终结算时，合同价格的具体金额才可以确定。

2. 签订合同时签约合同价内尚不确定的款项

1）暂估价

暂估价指发包人在工程量清单中给出的，用于支付必然发生但暂时不能确定价格的材料、设备以及专业工程的金额。该笔款项属于签约合同价的组成部分，合同履行阶段一定发生，但招标阶段由于局部设计深度不够、质量标准尚未最终确定、投标时市场价格差异较大等因素，要求承包人按暂估价格报价部分，合同履行阶段再最终确定该部分的合同价格金额。

暂估价内的工程材料、设备或专业工程施工，属于依法必须招标的项目，施工过程中由发包人和承包人以招标的方式选择供应商或分包人，按招标的中标价确定。未达到必须招标的规模或标准时，材料和设备由承包人负责提供，经监理人确认相应的金额；专业工程施工的价格由监理人进行估价确定。与工程量清单中所列暂估价的金额差以及相应的税金等其他费用列入合同价格。

2）暂列金额

暂列金额指已标价工程量清单中所列的一笔款项，用于在签订协议书时尚未确定或不可预见变更的施工及其所需材料、工程设备、服务等的金额，包括以计日工方式支付的款项。

上述两笔款项均属于包括在签约合同价内的金额，二者的区别表现为：暂估价是在招标投标阶段暂时不能合理确定价格，但合同履行阶段必然发生，发包人一定予以支付的款项；暂列金额则指招标投标阶段已经确定价格，监理人在合同履行阶段根据工程实际情况指示承包人完成相关工作后给予支付的款项。签约合同价内约定的暂列金额可能全部使用或部分使用，因此承包人不一定能够全部获得支付。

学习笔记

3. 费用和利润

标准施工合同通用条款内对费用的定义为，履行合同所发生的或将要发生的不计利润的所有合理开支，包括管理费和应分摊的其他费用。

合同条款中费用涉及两个方面：一是施工阶段处理变更或索赔时，确定应给承包人补偿的款额；二是按照合同责任应由承包人承担的开支。通用条款中很多涉及应给予承包人补偿的事件，分别明确调整价款的内容为“增加的费用”或“增加的费用及合理利润”。导致承包人增加开支的事件如果属于发包人也无法合理预见和克服的情况，应补偿费用但不计利润；若属于发包人应予控制而未做好的情况，如因图纸资料错误导致的施工放线返工，则应补偿费用和合理利润。

利润可以通过工程量清单单价分析表中相关子项标明的利润或拆分报价单费用组成确定，也可以在标准施工合同专用条款内具体约定利润占费用的百分比。

4. 质量保证金

质量保证金（保留金）是将承包人的部分应得款扣留在发包人手中，用于因施工原因修复缺陷工程的开支项目。发包人和承包人需在专用条款内约定两个值：一是每次支付工程进度款时应扣质量保证金的比例（例如 10%）；二是质量保证金总额，可以采用某一金额或签约合同价的某一百分比（通常为 5%）。

质量保证金从第一次支付工程进度款时开始起扣，从承包人本期应获得的工程进度付款中，扣除预付款的支付、扣回以及因物价浮动对合同价格的调整三项金额后的款额为基数，按专用条款约定的比例扣留本期的质量保证金，累计扣留达到约定的总额为止。

质量保证金用于约束承包人在施工阶段、竣工阶段和缺陷责任期内，均必须按照合同要求对施工的质量和数量承担约定的责任。如果对施工期内承包人修复工程缺陷的费用从工程进度款内扣除，可能影响承包人后期施工的资金周转，因此规定质量保证金从第一次支付工程进度款时起扣。

监理人在缺陷责任期满颁发缺陷责任终止证书后，承包人向发包人申请到期应返还承包人质量保证金的金额，发包人应在 14 d 内会同承包人按照合同约定的内容核实承包人是否完成缺陷修复责任。如无异议，发包人应当在核实后将剩余质量保证金返还承包人。如果约定的缺陷责任期满，承包人还

学习笔记

没有完成全部缺陷修复或部分单位工程延长的缺陷责任期尚未到期,发包人有权扣留与未履行缺陷责任剩余工作所需金额相应的质量保证金。

(二)外部原因引起的合同价格调整

1. 物价浮动

施工工期 12 个月以上的工程,应考虑市场价格浮动对合同价格的影响,由发包人和承包人分担市场价格变化的风险。通用条款规定用公式法调价,但仅适用于工程量清单中单价支付部分。在调价公式的应用中,有以下几个基本原则:

(1) 在每次支付工程进度款计算调整差额时,如果得不到现行价格指数,可暂用上一次价格指数计算,并在以后的付款中再按实际价格指数进行调整。

(2) 由于变更导致合同中调价公式约定的权重变得不合理时,由监理人与承包人和发包人协商后进行调整。

(3) 非承包人原因导致工期顺延,原定竣工日后的支付过程中,调价公式继续有效。

(4) 承包人原因未在约定的工期内竣工,后续支付时应采用原约定竣工日与实际支付日的两个价格指数中较低的一个作为支付计算的价格指数。

(5) 人工、机械使用费按照国家或省、自治区、直辖市建设行政管理部门、行业建设管理部门或其授权的工程造价管理机构发布的人工成本信息、机械台班单价或机械使用费系数进行调整;需要调整价格的材料,以监理人复核后确认的材料单价及数量,作为调整工程合同价格差额的依据。

2. 法律法规的变化

基准日后,因法律法规变化导致承包人的施工费用发生增减变化时,监理人根据法律及国家或省、自治区、直辖市有关部门的规定,监理人采用商定或确定的方式对合同价款进行调整。

(三)工程量计量

已完成合格工程量计量的数据,是工程进度款支付的依据。工程量清单或报价单内承包工作的内容,既包括单价支付的项目,也可能有总价支付部分,如设备安装工程的施工。单价支付与总价支付的项目在计量和付款中有较大区别。单价子目已完成工程量按月计量;总价子目的计量周期按批准承包人的支付分解报告确定。

1. 单价子目的计量

对已完成的工程进行计量后,承包人向监理人提交进度付款申请单、已完

Study 学习笔记

成工程量报表和有关计量资料。监理人应在收到承包人提交的工程量报表后的 7 d 内进行复核，监理人未在约定时间内复核，承包人提交的工程量报表中的工程量视为承包人实际完成的工程量，据此计算工程价款。

监理人对数量有异议或监理人认为有必要时，可要求承包人进行共同复核和抽样复测。承包人应协助监理人进行复核，并按监理人要求提供补充计量资料。承包人未按监理人要求参加复核，监理人单方复核或修正的工程量作为承包人实际完成的工程量。

2. 总价子目的计量

总价子目的计量和支付应以总价为基础，不考虑市场价格浮动的调整。承包人实际完成的工程量，是进行工程目标管理和控制进度支付的依据。

承包人在合同约定的每个计量周期内，对已完成的工程进行计量，并向监理人提交进度付款申请单、专用条款约定的合同总价支付分解表所表示的阶段性或分项计量的支持性资料，以及所达到工程形象进度或分阶段完成的工程量和有关计量资料。监理人对承包人提交的资料进行复核，有异议时可要求承包人进行共同复核和抽样复测。除变更外，总价子目表中标明的工程量是用于结算的工程量，通常不进行现场计量，只进行图纸计量。

（四）工程进度款的支付

1. 进度付款申请单

承包人应在每个付款周期末，按监理人批准的格式和专用条款约定的份数，向监理人提交进度付款申请单，并附相应的支持性证明文件。通用条款中要求进度付款申请单的内容包括：

(1) 截至本次付款周期末已实施工程的价款；

(2) 变更金额；

(3) 索赔金额；

(4) 本次应支付的预付款和扣减的返还预付款；

(5) 本次扣减的质量保证金；

(6) 根据合同应增加和扣减的其他金额。

2. 进度款支付证书

监理人在收到承包人进度付款申请单以及相应的支持性证明文件后的 14 d 内完成核查，提出发包人到期应支付给承包人的金额以及相应的支持性材料。经发包人审查同意后，由监理人向承包人出具经发包人签认的进度付款证书。

监理人有权扣发承包人未能按照合同要求履行任何工作或义务的相应金

学习笔记

额,如扣除质量不合格部分的工程款等。

通用条款规定,监理人出具的进度付款证书,不应视为监理人已同意、批准或接受了承包人完成的该部分工作,在对以往历次已签发的进度付款证书进行汇总和复核中发现错、漏或重复的,监理人有权予以修正,承包人也有权提出修正申请。经双方复核同意的修正,应在本次进度付款中支付或扣除。

3. 进度款的支付

发包人应在监理人收到进度付款申请单后的 28 d 内,将进度应付款支付给承包人。发包人不按期支付,按专用合同条款的约定支付逾期付款违约金。

五、施工安全管理

(一)发包人的施工安全责任

发包人应按合同约定履行安全管理职责,授权监理人按合同约定的安全工作内容监督、检查承包人安全工作的实施,组织承包人和有关单位进行安全检查。发包人应对其现场机构全部人员的工伤事故承担责任,但承包人原因造成发包人人员工伤的,应由承包人承担责任。

发包人应负责赔偿工程或工程的任何部分对土地的占用所造成的第三者财产损失,以及发包人原因在施工场地及其毗邻地带造成的第三者人身伤亡和财产损失负责赔偿。

(二)承包人的施工安全责任

承包人应按合同约定的安全工作内容,编制施工安全措施计划报送监理人审批,按监理人的指示制定应对灾害的紧急预案,报送监理人审批。承包人还应按预案做好安全检查,配置必要的救助物资和器材,切实保护好有关人员的人身和财产安全。

施工过程中负责施工作业安全管理,特别应加强易燃易爆材料、火工器材、有毒与腐蚀性材料和其他危险品的管理,加强爆破作业和地下工程施工等危险作业的管理。严格按照国家安全标准制定施工安全操作规程,配备必要的安全生产和劳动保护设施,加强对承包人人员的安全教育,并发放安全工作手册和劳动保护用具。合同约定的安全作业环境及安全施工措施所需费用已包括在相关工作的合同价格中;因采取合同未约定的安全作业环境及安全施工措施增加的费用,由监理人按商定或确定方式予以补偿。

承包人对其履行合同所雇用的全部人员,包括分包人人员的工伤事故承担责任，但发包人原因造成承包人人员的工伤事故的，应由发包人承担责任。承包人原因在施工场地内及其毗邻地带造成的第三者人员伤亡和财产损失，由承包人负责赔偿。

（三）安全事故处理程序

1. 通知

施工过程中发生安全事故时，承包人应立即通知监理人，监理人应立即通知发包人。

2. 及时采取减损措施

工程事故发生后，发包人和承包人应立即组织人员和设备进行紧急抢救和抢修，减少人员伤亡和财产损失，防止事故扩大，并保护事故现场。需要移动现场物品时，应做出标记和书面记录，妥善保管有关证据。

3. 报告

工程事故发生后，发包人和承包人应按国家有关规定，及时如实地向有关部门报告事故发生的情况，以及正在采取的紧急措施。

六、变更管理

变更与索赔管理

施工过程中出现的变更包括监理人指示的变更和承包人申请的变更两类。监理人可按通用条款约定的变更程序向承包人做出变更指示，承包人应遵照执行。没有监理人的变更指示，承包人不得擅自变更。

（一）变更的范围和内容

标准施工合同通用条款规定的变更范围包括：

(1) 取消合同中任何一项工作，但被取消的工作不能转由发包人或其他人实施。

(2) 改变合同中任何一项工作的质量或其他特性。

(3) 改变合同工程的基线、标高、位置或尺寸。

(4) 改变合同中任何一项工作的施工时间或改变已批准的施工工艺或顺序。

(5) 为完成工程需要追加的额外工作。

（二）监理人指示变更

监理人根据工程施工的实际需要或发包人要求实施的变更，可以进一步划分为直接指示的变更和通过与承包人协商后确定的变更两种情况。

学习笔记

1. 直接指示的变更

直接指示的变更属于必须实施的变更，如按照发包人的要求提高质量标准、设计错误需要进行的设计修改、协调施工中的交叉干扰等情况。此时不需征求承包人意见，监理人经过发包人同意后发出变更指示要求承包人完成变更工作。

2. 与承包人协商后确定的变更

此类情况属于可能发生的变更，与承包人协商后再确定是否实施变更，如增加承包范围以外的某项新增工作或改变合同文件中的要求等。

(1)监理人首先向承包人发出变更意向书，说明变更的具体内容、完成变更的时间要求等，并附必要的图纸和相关资料。

(2)承包人收到监理人的变更意向书后，如果同意实施变更，则向监理人提出书面变更建议。建议书的内容包括提交包括拟实施变更工作的计划、措施、竣工时间等内容的实施方案以及费用和(或)工期要求。若承包人收到监理人的变更意向书后，认为难以实施此项变更，也应立即通知监理人，说明原因并附详细依据。如不具备实施变更项目的施工资质、无相应的施工机具等原因或其他理由。

(3)监理人审查承包人的建议书。承包人根据变更意向书要求提交的变更实施方案可行并经发包人同意后，发出变更指示。如果承包人不同意变更，监理人与承包人和发包人协商后确定撤销、改变或不改变变更意向书。

(三)承包人申请变更

承包人提出的变更可能涉及建议变更和要求变更两类。

1. 承包人建议的变更

承包人对发包人提供的图纸、技术要求以及其他方面，提出了可能降低合同价格、缩短工期或者提高工程经济效益的合理化建议，均应以书面形式提交监理人。合理化建议书的内容应包括建议工作的详细说明、进度计划和效益以及与其他工作的协调等，并附必要的设计文件。

监理人与发包人协商是否采纳承包人提出的建议。建议被采纳并构成变更的，监理人向承包人发出变更指示。

承包人提出的合理化建议使发包人获得了降低工程造价、缩短工期、提高工程运行效益等实际利益，应按专用合同条款中的约定给予奖励。

2. 承包人要求的变更

承包人收到监理人按合同约定发出的图纸和文件，经检查认为其中存在属于变更范围的情形，如提高了工程质量标准、增加工作内容、工程的位置或尺寸发生变化等，可向监理人提出书面变更建议。变更建议应阐明要求变更的依据，并附必要的图纸和说明。

监理人收到承包人的书面建议后，应与发包人共同研究，确认存在变更的，应在收到承包人书面建议后的 14 d 内做出变更指示。经研究后不同意作为变更的，由监理人书面答复承包人。

（四）变更估价

1. 变更估价的程序

承包人应在收到变更指示或变更意向书后的 14 d 内，向监理人提交变更报价书，详细开列变更工作的价格组成及其依据，并附必要的施工方法说明和有关图纸。变更工作如果影响工期，承包人应提出调整工期的具体细节。

监理人收到承包人变更报价书后的 14 d 内，根据合同约定的估价原则，商定或确定变更价格。

2. 变更的估价原则

（1）已标价工程量清单中有适用于变更工作的子目，采用该子目的单价计算变更费用。

（2）已标价工程量清单中无适用于变更工作的子目，但有类似子目，可在合理范围内参照类似子目的单价，由监理人商定或确定变更工作的单价。

（3）已标价工程量清单中无适用或类似子目的单价，可按照成本加利润的原则，由监理人商定或确定变更工作的单价。

（五）不利物质条件的影响

不利物质条件属于发包人应承担的风险，指承包人在施工场地遇到的不可预见的自然物质条件、非自然的物质障碍和污染物，包括地下和水文条件，但不包括气候条件。

承包人遇到不利物质条件时，应采取适应不利物质条件的合理措施继续施工，并通知监理人。监理人应当及时发出指示，构成变更的，按变更对待。监理人没有发出指示，承包人因采取合理措施而增加的费用和工期延误，由发包人承担。

七、不可抗力

（一）不可抗力事件

不可抗力是指承包人和发包人在订立合同时不可预见，在工程施工过程

学习笔记

中不可避免发生并不能克服的自然灾害和社会性突发事件，如地震、海啸、瘟疫、水灾、骚乱、暴动、战争和专用合同条款约定的其他情形。

（二）不可抗力发生后的管理

1. 通知并采取措施

合同一方当事人遇到不可抗力事件，使其履行合同义务受到阻碍时，应立即通知合同另一方当事人和监理人，书面说明不可抗力和受阻碍的详细情况，并提供必要的证明。不可抗力发生后，发包人和承包人均应采取措施尽量避免和减少损失的扩大，任何一方没有采取有效措施导致损失扩大的，应对扩大的损失承担责任。

如果不可抗力的影响持续时间较长，合同一方当事人应及时向合同另一方当事人和监理人提交中间报告，说明不可抗力和履行合同受阻的情况，并于不可抗力事件结束后 28 d 内提交最终报告及有关资料。

2. 不可抗力造成的损失

通用条款规定，不可抗力造成的损失由发包人和承包人分别承担：

⑴永久工程，包括已运至施工场地的材料和工程设备的损害，以及因工程损害造成的第三者人员伤亡和财产损失由发包人承担。

⑵承包人设备的损坏由承包人承担。

⑶发包人和承包人各自承担其人员伤亡和其他财产损失及其相关费用。

⑷停工损失由承包人承担，但停工期间应监理人要求照管工程和清理、修复工程的金额由发包人承担。

⑸不能按期竣工的，应合理延长工期，承包人不需支付逾期竣工违约金。发包人要求赶工的，承包人应采取赶工措施，赶工费用由发包人承担。

（三）因不可抗力解除合同

合同一方当事人因不可抗力导致不能继续履行合同义务时，应当及时通知对方解除合同。合同解除后，承包人应撤离施工场地。

合同解除后，已经订货的材料、设备由订货方负责退货或解除订货合同，不能退还的货款和因退货、解除订货合同发生的费用，由发包人承担，因未及时退货造成的损失由责任方承担。合同解除后的付款，监理人与当事人双方协商后确定。

学习笔记

八、索赔管理

(一)承包人的索赔

1. 承包人提出索赔要求

承包人根据合同认为有权得到追加付款和(或)延长工期时,应按规定程序向发包人提出索赔。

承包人应在引起索赔事件发生后的 28 d 内,向监理人递交索赔意向通知书,并说明发生索赔事件的事由。承包人未在前述 28 d 内发出索赔意向通知书,丧失要求追加付款和(或)延长工期的权利。

承包人应在发出索赔意向通知书后 28 d 内,向监理人递交正式的索赔通知书,详细说明索赔理由以及要求追加的付款金额和(或)延长的工期,并附必要的记录和证明材料。

对于具有持续影响的索赔事件,承包人应按合理时间间隔陆续递交延续的索赔通知,说明连续影响的实际情况和记录,列出累计的追加付款金额和(或)工期延长天数。在索赔事件影响结束后的 28 d 内,承包人应向监理人递交最终索赔通知书,说明最终要求索赔的追加付款金额和延长的工期,并附必要的记录和证明材料。

2. 监理人处理索赔

监理人收到承包人提交的索赔通知书后,应及时审查索赔通知书的内容、查验承包人的记录和证明材料,必要时监理人可要求承包人提交全部原始记录副本。

监理人首先应争取通过与发包人和承包人协商达成索赔处理的一致意见,如果分歧较大,再单独确定追加的付款和(或)延长的工期。监理人应在收到索赔通知书或有关索赔的进一步证明材料后的 42 d 内,将索赔处理结果答复承包人。

承包人接受索赔处理结果的,发包人应在做出索赔处理结果答复后 28 d 内完成赔付。承包人不接受索赔处理结果的,按合同争议解决。

3. 承包人提出索赔的期限

竣工阶段发包人接受了承包人提交并经监理人签认的竣工付款证书后,承包人不能再对施工阶段、竣工阶段的事项提出索赔要求。

标准施工合同中应给承包人补偿的条款见表 8-1。

表 8-1　标准施工合同中应给承包人补偿的条款

序号	款号	主要内容	可补偿内容		
			工期	费用	利润
1	1.10.1	文物、化石	√	√	
2	3.4.5	监理人的指示延误或错误指示	√	√	√
3	4.11.2	不利的物质条件	√	√	
4	5.2.4	发包人提供的材料和工程设备提前交货		√	
5	5.4.3	发包人提供的材料和工程设备不符合合同要求	√	√	√
6	8.3	基准资料的错误	√	√	√
7	11.3(1)	增加合同工作内容	√	√	√
8	(2)	改变合同中任何一项工作的质量要求或其他特性	√	√	√
9	(3)	发包人迟延提供材料、工程设备或变更交货地点的	√	√	√
10	(4)	发包人原因导致的暂停施工	√	√	√
11	(5)	提供图纸延误	√	√	√
12	(6)	未按合同约定及时支付预付款、进度款	√	√	√
13	11.4	异常恶劣的气候条件	√		
14	12.2	发包人原因的暂停施工	√	√	√
15	12.4.2	发包人原因无法按时复工	√	√	√
16	13.1.3	发包人原因导致工程质量缺陷	√	√	√
17	13.5.3	隐蔽工程重新检验质量合格	√	√	√
18	13.6.2	发包人提供的材料和设备不合格，承包人采取补救	√	√	√
19	14.1.3	对材料或设备的重新试验或检验证明质量合格	√	√	√
20	16.1	附加浮动引起的价格调整		√	
21	16.2	法规变化引起的价格调整		√	
22	18.4.2	发包人提前占用工程导致的承包人费用增加	√	√	√
23	18.6.2	发包人原因试运行失败，承包人修复		√	√
24	22.2.2	因发包人违约，承包人暂停施工	√	√	√
25	21.3(4)	不可抗力停工期间的照管和后续清理		√	
26	(5)	不可抗力不能按期竣工	√		

（二）发包人的索赔

1. 发包人提出索赔

发包人的索赔包括承包人应承担责任的赔偿扣款和缺陷责任期的延长。发生索赔事件后，监理人应及时书面通知承包人，详细说明发包人有权得到的

学习笔记

索赔金额和(或)延长缺陷责任期的细节和依据。发包人提出索赔的期限对承包人的要求相同,即颁发工程接收证书后,不能再对施工期间的事件索赔;最终结清证书生效后,不能再就缺陷责任期内的事件索赔,因此延长缺陷责任期的通知应在缺陷责任期届满前提出。

2. 监理人处理索赔

监理人应首先通过与当事人双方协商争取达成一致,分歧较大时在协商的基础上确定索赔的金额和缺陷责任期延长的时间。承包人应付给发包人的赔偿款从应支付给承包人的合同价款或质量保证金内扣除,也可以由承包人以其他方式支付。

九、违约责任

违约管理

通用条款对发包人和承包人违约的情况及处理分别做了明确的规定。

(一)承包人的违约

1. 违约情况

(1)私自将合同的全部或部分权利转让给其他人,将合同的全部或部分义务转移给其他人。

(2)未经监理人批准,私自将已按合同约定进入施工场地的施工设备、临时设施或材料撤离施工场地。

(3)使用不合格材料或工程设备,工程质量达不到标准要求,又拒绝清除不合格工程。

(4)未能按合同进度计划及时完成合同约定的工作,已造成或预期造成工期延误。

(5)缺陷责任期内未对工程接收证书所列缺陷清单的内容或缺陷责任期内发生的缺陷进行修复,又拒绝按监理人指示再进行修补。

(6)承包人无法继续履行或明确表示不履行或实质上已停止履行合同。

(7)承包人不按合同约定履行义务的其他情况。

2. 承包人违约的处理

发生承包人不履行或无力履行合同义务的情况时,发包人可通知承包人立即解除合同。

对于承包人违反合同规定的情况,监理人应向承包人发出整改通知,要求其在指定的期限内改正。承包人应承担其违约所引起的费用增加和(或)工期

学习笔记

延误。监理人发出整改通知28 d后，承包人仍不纠正违约行为，发包人可向承包人发出解除合同通知。

3. 因承包人违约解除合同

1）发包人进驻施工现场

合同解除后，发包人可派员进驻施工场地，另行组织人员或委托其他承包人施工。发包人因继续完成该工程的需要，有权扣留使用承包人在现场的材料、设备和临时设施。这种扣留不是没收，只是为了后续工程能够尽快顺利开始。发包人的扣留行为不免除承包人应承担的违约责任，也不影响发包人根据合同约定享有的索赔权利。

2）合同解除后的结算

（1）监理人与当事人双方协商承包人实际完成工作的价值，以及承包人已提供的材料、施工设备、工程设备和临时工程等的价值。若达不成一致，由监理人单独确定。

（2）合同解除后，发包人应暂停对承包人的一切付款，查清各项付款和已扣款金额，包括承包人应支付的违约金。

（3）发包人应按合同的约定向承包人索赔由于解除合同给发包人造成的损失。

（4）合同双方确认上述往来款项后，发包人出具最终结清付款证书，结清全部合同款项。

（5）发包人和承包人未能就解除合同后的结清达成一致，按合同约定解决争议的方法处理。

3）承包人已签订其他合同的转让

因承包人违约解除合同，发包人有权要求承包人将其为实施合同而签订的材料和设备的订货合同或任何服务协议转让给发包人，并在解除合同后的14 d内，依法办理转让手续。

（二）发包人的违约

1. 违约情况

（1）发包人未能按合同约定支付预付款或合同价款，或拖延、拒绝批准付款申请和支付凭证，导致付款延误。

（2）发包人原因造成停工的持续时间超过56 d以上。

（3）监理人无正当理由没有在约定期限内发出复工指示，导致承包人无法复工。

（4）发包人无法继续履行或明确表示不履行或实质上已停止履行合同。

(5)发包人不履行合同约定的其他义务。

学习笔记

2. 发包人违约的处理

1)承包人有权暂停施工

除发包人不履行合同义务或无力履行合同义务的情况外，承包人向发包人发出通知，要求发包人采取有效措施纠正违约行为。发包人收到承包人通知后的 28 d 内仍不履行合同义务，承包人有权暂停施工，并通知监理人，发包人应承担由此增加的费用和(或)工期延误，并支付承包人合理利润。

承包人暂停施工 28 d 后，发包人仍不纠正违约行为，承包人可向发包人发出解除合同通知。但承包人的这一行为不免除发包人承担的违约责任，也不影响承包人根据合同约定享有的索赔权利。

2)违约解除合同

属于发包人不履行或无力履行义务的情况，承包人可书面通知发包人解除合同。

3. 因发包人违约解除合同

1)解除合同后的结算

发包人应在解除合同后的 28 d 内向承包人支付下列金额：

(1)合同解除日以前所完成工作的价款。

(2)承包人为该工程施工订购并已付款的材料、工程设备和其他物品的金额。发包人付款后，该材料、工程设备和其他物品归发包人所有。

(3)承包人为完成工程所发生的，而发包人未支付的金额。

(4)承包人撤离施工场地以及遣散承包人人员的赔偿金额。

(5)由于解除合同应赔偿的承包人损失。

(6)按合同约定在合同解除日前应支付给承包人的其他金额。

发包人应按本项约定支付上述金额并退还质量保证金和履约担保，但有权要求承包人支付应偿还给发包人的各项金额。

2)承包人撤离施工现场

因发包人违约而解除合同后，承包人尽快完成施工现场的清理工作，妥善做好已竣工工程和已购材料、设备的保护和移交工作，按发包人要求将承包人设备和人员撤出施工场地。

【思政园地】

项目按下“暂停键”，施工队化身“防疫突击队”

“为了确保 24 h 待命，我已经在这间办公室里睡了将近一周了。”4 月 22 日，记者走进核工业金华建设集团金义新区孝顺低田片区综合提档工程项目

学习笔记

部，施工单位核工业金华建设集团的项目经理黄晨正在部署当晚的疫情防控相关工作。他口中的“办公室”，实际上是项目现场的一间钢板房，房间内简单摆放着办公桌和折叠床。连日的劳累，使得黄晨脸上带着些许疲惫，“能够为疫情防控做些力所能及的事情，累点也值得。”他说。

疫情发生以来，核工业金华建设集团金义新区孝顺低田片区综合提档工程项目按下“暂停键”，项目虽停滞下来，但施工人员却并没有休息。“停工后，在孝顺镇政府和集团总公司的部署下，工地里的19名项目管理人员和4个班组快速转变角色，成立共70人的‘孝顺疫情防控突击队’，并清点出8辆应急车辆、2台铲车、2台挖机、100套防护栏及百余件安装配件，24 h关注疫情动向，随时待命。”黄晨说。“孝顺疫情防控突击队”主要负责隔离护栏安装、防疫物资运送、核酸采样点秩序维护等工作。

任务四　竣工和缺陷责任期阶段的合同管理

一、竣工验收管理

（一）单位工程验收

1. 单位工程验收的情况

合同工程全部完工前进行单位工程验收和移交，可能涉及以下三种情况：一是专用条款内约定了某些单位工程分部移交；二是发包人在全部工程竣工前希望使用已经竣工的单位工程，提出单位工程提前移交的要求，以便获得部分工程的运行收益；三是承包人从后续施工管理的角度出发而提出单位工程提前验收的建议，并经发包人同意。

2. 单位工程验收后的管理

验收合格后，由监理人向承包人出具经发包人签认的单位工程验收证书。单位工程的验收成果和结论作为全部工程竣工验收申请报告的附件。移交后的单位工程由发包人负责照管。

除合同约定的单位工程分部移交的情况外，如果发包人在全部工程竣工前，使用已接收的单位工程运行影响了承包人的后续施工，发包人应承担由此增加的费用和（或）工期延误，并支付承包人的合理利润。

学习笔记

（二）施工期运行

施工期运行是指合同工程尚未全部竣工，其中某项或某几项单位工程已竣工或工程设备安装完毕，需要投入施工期的运行时，须经检验合格能确保安全后，才能在施工期投入运行。

除专用条款约定由发包人负责试运行的情况外，承包人应负责提供试运行所需的人员、器材和必要的条件，并承担全部试运行费用。施工期运行中发现工程或工程设备损坏或存在缺陷时，由承包人进行修复，并按照缺陷原因由责任方承担相应的费用。

（三）合同工程的竣工验收

1. 承包人提交竣工验收申请报告

当工程具备以下条件时，承包人可向监理人报送竣工验收申请报告：

(1) 除监理人同意列入缺陷责任期内完成的尾工（甩项）工程和缺陷修补工作外，承包人的施工已完成合同范围内的全部单位工程以及有关工作，包括合同要求的试验、试运行以及检验和验收均已完成，并符合合同要求。

(2) 已按合同约定的内容和份数备齐了符合要求的竣工资料。

(3) 已按监理人的要求编制了在缺陷责任期内完成的尾工（甩项）工程和缺陷修补工作清单以及相应施工计划。

(4) 监理人要求在竣工验收前应完成的其他工作。

(5) 监理人要求提交的竣工验收资料清单。

2. 监理人审查竣工验收报告

监理人审查申请报告的各项内容，认为工程尚不具备竣工验收条件时，应在收到竣工验收申请报告后的 28 d 内通知承包人，指出在颁发接收证书前承包人还需进行的工作内容。承包人完成监理人通知的全部工作内容后，应再次提交竣工验收申请报告，直至监理人同意。

监理人审查后认为已具备竣工验收条件，应在收到竣工验收申请报告后的 28 d 内提请发包人进行工程验收。

3. 竣工验收

(1) 竣工验收合格，监理人应在收到竣工验收申请报告后的 56 d 内，向承包人出具经发包人签认的工程接收证书。以承包人提交竣工验收申请报告的日期为实际竣工日期，并在工程接收证书中写明。实际竣工日用以计算施工期限，与合同工期对照判定承包人是提前竣工还是延误竣工。

(2) 竣工验收基本合格但提出了需要整修和完善要求时，监理人应指示承

学习笔记

包人限期修好，并缓发工程接收证书。经监理人复查整修和完善工作达到了要求，再签发工程接收证书，竣工日仍为承包人提交竣工验收申请报告的日期。

(3)竣工验收不合格，监理人应按照验收意见发出指示，要求承包人对不合格工程认真返工重做或进行补救处理，并承担由此产生的费用。承包人在完成不合格工程的返工重做或补救工作后，应重新提交竣工验收申请报告。重新验收如果合格，则工程接收证书中注明的实际竣工日，应为承包人重新提交竣工验收报告的日期。

4. 延误进行竣工验收

发包人在收到承包人竣工验收申请报告 56 d 后未进行验收，视为验收合格。实际竣工日期以提交竣工验收申请报告的日期为准，但发包人由于不可抗力不能进行验收的情况除外。

（四）竣工结算

1. 承包人提交竣工付款申请单

工程进度款的分期支付是阶段性的临时支付，因此在工程接收证书颁发后，承包人应按专用合同条款约定的份数和期限向监理人提交竣工付款申请单，并提供相关证明材料。付款申请单应说明竣工结算的合同总价、发包人已支付承包人的工程价款、应扣留的质量保证金、应支付的竣工付款金额。

2. 监理人审查

竣工结算的合同价格，应为通过单价乘以实际完成工程量的单价子目款、采用固定价格的各子项目包干价、依据合同条款进行调整（变更、索赔、物价浮动调整等）构成的最终合同结算价。

监理人对竣工付款申请单如果有异议，有权要求承包人进行修正和提供补充资料。监理人和承包人协商后，由承包人向监理人提交修正后的竣工付款申请单。

3. 签发竣工付款证书

监理人在收到承包人提交的竣工付款申请单后的 14 d 内完成核查，将核定的合同价格和结算尾款金额提交发包人审核并抄送承包人。发包人应在收到核定的合同价格和结算尾款金额后 14 d 内审核完毕，由监理人向承包人出具经发包人签认的竣工付款证书。

监理人未在约定时间内核查，又未提出具体意见的，视为承包人提交的竣工付款申请单已经监理人核查同意。

发包人未在约定时间内审核又未提出具体意见的，监理人提出发包人到期应支付给承包人的结算尾款视为已经发包人同意。

4. 支付

发包人应在监理人出具竣工付款证书后的 14 d 内，将应支付款支付给承包人。发包人不按期支付，还应加付逾期付款的违约金。如果承包人对发包人签认的竣工付款证书有异议，发包人可出具竣工付款申请单中承包人已同意部分的临时付款证书，存在争议的部分，按合同约定的争议条款处理。

（五）竣工清场

清场与撤离

1. 承包人的清场义务

工程接收证书颁发后，承包人应对施工场地进行清理，直至监理人检验合格。

（1）施工场地内残留的垃圾已全部清除出场。

（2）临时工程已拆除，场地已按合同要求进行清理、平整或复原。

（3）按合同约定应撤离的承包人设备和剩余的材料，包括废弃的施工设备和材料，已按计划撤离施工场地。

（4）工程建筑物周边及其附近道路、河道的施工堆积物，已按监理人指示全部清理。

（5）监理人指示的其他场地清理工作已全部完成。

2. 承包人未按规定完成的责任

承包人未按监理人的要求恢复临时占地，或者场地清理未达到合同约定，发包人有权委托其他人恢复或清理，所发生的金额从拟支付给承包人的款项中扣除。

二、缺陷责任期管理

（一）缺陷责任

缺陷责任期自实际竣工日期起计算。在全部工程竣工验收前，已经发包人提前验收的单位工程，其缺陷责任期的起算日期相应提前。

工程移交发包人运行后，缺陷责任期内出现的工程质量缺陷可能是承包人的施工质量原因，也可能属于非承包人应负责的原因，应由监理人与发包人和承包人共同查明原因，分清责任。对于工程主要部位承包人责任的缺陷工程修复后，缺陷责任期相应延长。

任何一项缺陷或损坏修复后，经检查证明其影响了工程或工程设备的使用性能，承包人应重新进行合同约定的试验和试运行，试验和试运行的全部费

学习笔记

用应由责任方承担。

（二）监理人颁发缺陷责任终止证书

缺陷责任期满，包括延长的期限终止后14 d内，由监理人向承包人出具经发包人签认的缺陷责任期终止证书，并退还剩余的质量保证金。颁发缺陷责任期终止证书，意味着承包人已按合同约定完成了施工、竣工和缺陷修复责任的义务。

（三）最终结清

缺陷责任期终止证书签发后，发包人与承包人进行合同付款的最终结清。结清的内容涉及质量保证金的返还、缺陷责任期内修复非承包人缺陷责任的工作、缺陷责任期内涉及的索赔等。

1. 承包人提交最终结清申请单

承包人按专用合同条款约定的份数和期限向监理人提交最终结清申请单，并提供缺陷责任期内的索赔、质量保证金应返还的余额等的相关证明材料。如果质量保证金不足以抵减发包人损失，承包人还应承担不足部分的赔偿责任。

发包人对最终结清申请单内容有异议时，有权要求承包人进行修正和提供补充资料。承包人再向监理人提交修正后的最终结清申请单。

2. 签发最终结清证书

监理人收到承包人提交的最终结清申请单后的14 d内，提出发包人应支付给承包人的价款送发包人审核并抄送承包人。发包人应在收到后14 d内审核完毕，由监理人向承包人出具经发包人签认的最终结清证书。

监理人未在约定时间内核查，又未提出具体意见，视为承包人提交的最终结清申请已经监理人核查同意。发包人未在约定时间内审核又未提出具体意见，监理人提出应支付给承包人的价款视为已经发包人同意。

3. 最终支付

发包人应在监理人出具最终结清证书后的14 d内，将应支付款支付给承包人。发包人不按期支付，还需将逾期付款违约金支付给承包人。承包人对最终结清证书有异议时，按合同争议处理。

4. 结清单生效

承包人收到发包人最终支付款后结清单生效。结清单生效即表明合同终止，承包人不再拥有索赔的权利。如果发包人未按时支付结清款，承包人仍可就此事项进行索赔。

学习笔记

【思政园地】

对施工单位随意倾倒、堆放建筑垃圾的，
或在工程竣工后未及时作清场处理的处罚

《九江市城市市容管理条例》第六十二条第一款规定：违反本条例第三十七条第一款规定，对施工单位随意倾倒、堆放建筑垃圾的，或者违反本条例第三十八条规定，在工程竣工后未及时作清场处理的，由城市管理执法部门责令限期改正，处五千元以上五万元以下罚款。《九江市城市市容管理条例》第三十七条第一款规定：施工产生的建筑垃圾应当定点堆放，及时清运并按照规定地点倾倒，运输车辆应当符合环保要求。《九江市城市市容管理条例》第三十八条规定：建设工程竣工后，应当及时拆除工地围挡等临时设施，清运建筑垃圾、剩料，清理、平整场地，修复施工中损坏的城市道路等公共设施。

任务五　施工分包合同管理

一、施工分包合同概述

工程分包管理

工程项目建设过程中，承包人会将承包范围内的部分工作采用分包形式交由其他企业完成，如设计分包、施工分包、材料设备供应的供货分包等。分包工程的施工，既是承包范围内必须完成的工作，又是分包合同约定的工作内容，涉及两个同时实施的合同，履行的管理更为复杂。

（一）施工的专业分包与劳务分包

1. 施工分包合同示范文本

承包人与发包人订立承包合同后，基于某些专业性强的工程施工，承包人自己的施工能力受到限制进行施工专业分包，或考虑减少本项目投入的人力资源以节省施工成本而进行施工劳务分包。建设部和国家工商行政管理总局联合颁布了《建设工程施工专业分包合同（示范文本）》（GF—2003—0213）和《建设工程施工劳务分包合同（示范文本）》（GF—2003—0214）。

施工专业分包合同由协议书、通用条款和专用条款三部分组成。由于施工劳务分包合同相对简单，仅为一个标准化的合同文件，对具体工程的分包约定采用填空的方式明确即可。

学习笔记

2. 施工专业分包与劳务分包的主要区别

施工专业分包由分包人独立承担分包工程的实施风险，用自己的技术、设备、人力资源完成承包的工作；施工劳务分包的分包人主要提供劳动力资源，使用常用（或简单）的自有施工机具完成承包人委托的简单施工任务。主要差异表现为以下几个方面条款的规定。

1）分包人的收入

施工专业分包规定为分包合同价格，即分包人独立完成约定的施工任务后，有权获得的包括施工成本、管理成本、利润等全部收入；而施工劳务分包规定为劳务报酬，即配合承包人完成全部施工任务后应获得的劳务酬金。劳务报酬的约定可以采用以下三种方式之一：

⑴固定劳务报酬（含管理费）。

⑵不同工种劳务的计时单价（含管理费），按确认的工时计算。

⑶约定不同工作成果的计件单价（含管理费），按确认的工程量计算。

通常情况下，不管约定为何种形式的劳务报酬，均为固定价格，施工过程中不再调整。

2）保险责任

施工专业分包合同规定，分包人必须为从事危险作业的职工办理意外伤害保险，并为施工场地内自有人员生命财产和施工机械设备办理保险，支付保险费用；而施工劳务分包合同则规定，劳务分包人不需单独办理保险，其保险应获得的权益包括在发包人或承包人投保的工程险和第三者责任险中，分包人也不需支付保险费用。

3）施工组织

施工专业分包合同规定，分包人应编制专业工程的施工组织设计和进度计划，报承包人批准后执行。承包人负责整个施工场地的管理工作，协调分包人与施工现场承包人的人员和其他分包人施工的交叉配合，确保分包人按照经批准的施工组织设计进行施工。

施工劳务分包合同规定，分包人不需编制单独的施工组织设计，而是根据承包人制定的施工组织设计和总进度计划的要求施工。劳务分包人在每月底提交下月施工计划和劳动力安排计划，经承包人批准后严格实施。

4）分包人对施工质量承担责任的期限

施工专业分包工程通过竣工验收后，分包人对分包工程仍需承担质量缺陷的修复责任，缺陷责任期和保修期的期限按照施工总承包合同的约定执行。

劳务分包合同规定，全部工程竣工验收合格后，劳务分包人对其施工的工程质量不再承担责任，承包人承担缺陷责任期和保修期内的修复缺陷责任。

学习笔记

由于施工劳务分包的分包人不独立承担风险，施工纳入承包人的组织管理之中，合同履行管理相对简单，因此以下仅针对施工专业分包加以讨论。

（二）分包工程施工的管理职责

1. 发包人对施工专业分包的管理

发包人不是分包合同的当事人，对分包合同权利义务如何约定也不参与意见，与分包人没有任何合同关系。但作为工程项目的投资方和施工合同的当事人，他对分包合同的管理主要表现为对分包工程的批准。接受承包人投标书内说明的某工程部分准备分包，即同意此部分工程由分包人完成。如果承包人在施工过程中欲将某部分的施工任务分包，仍须经过发包人的同意。

2. 监理人对施工专业分包的管理

监理人接受发包人委托，仅对发包人与第三者订立合同的履行负责监督、协调和管理，因此对分包人在现场的施工不承担协调管理义务。然而分包工程仍属于施工总承包合同的一部分，仍需履行监督义务，包括对分包人的资质进行审查；对分包人使用的材料、施工工艺、工程质量进行监督；确认完成的工程量等。

3. 承包人对施工专业分包的管理

承包人作为两个合同的当事人，不仅对发包人承担整个合同工程按预期目标实现的义务，而且对分包工程的实施负有全面管理责任。承包人派驻施工现场的项目经理对分包人的施工进行监督、管理和协调，承担如同主合同履行过程中监理人的职责，包括审查分包工程进度计划、分包人的质量保证体系、对分包人的施工工艺和工程质量进行监督等。

二、施工分包合同的订立

按照《建设工程施工专业分包合同（示范文本）》（GF—2003—0213）专用条款的规定，订立分包合同时需要明确的内容主要包括以下内容：

（一）分包工程的范围和时间要求

通过招标选择的分包人，工作内容、范围和工期要求已在招标投标过程中确定，若是直接选择的分包人，以上内容则需明确写明。对于分包工程拖期违约应承担赔偿责任的计算方式和最高限额，也应在专用条款中约定。

（二）分包工程施工应满足施工总承包合同的要求

为了能让分包人合理预见分包工程施工中应承担的风险，以及保证分包

学习笔记

工程的施工能够满足总承包合同的要求，承包人应让分包人充分了解总承包合同中除了合同价格外的各项规定，使分包人履行并承担与分包工程有关的承包人的所有义务与责任。当分包人提出要求时，承包人应向分包人提供一份总承包合同（有关承包工程的价格内容除外）的副本或复印件。

无论是承包人通过招标选择的分包人，还是直接选定分包人签订的合同均属于当事人之间的市场行为，因此分包合同的承包价款不是简单地从总承包合同中切割。施工专业分包合同中明确规定，分包合同价款与总承包合同相应部分价款无任何连带关系，因此总承包合同中涉及分包工程的价款无须让分包人了解。

（三）承包人为分包工程施工提供的协助条件

1. 提供施工图纸

分包工程的图纸来源于发包人委托的设计单位，可以一次性发放或分阶段发放，因此承包人应依据主合同的约定，在分包合同专用条款内列明向分包人提供的图纸日期和套数，以及分包人参加发包人组织图纸会审的时间。

专业工程施工经常涉及使用新工艺、新设备、新材料、新技术，可能出现分包工程的图纸不能完全满足施工需要的情况。如果承包人按照总承包合同的要求，委托分包人在其设计资质等级和业务允许的范围内，在原工程图纸的基础上进行施工图深化设计，设计的范围及发生的费用，应在专用条款中约定。

2. 施工现场的移交

在专用条款内约定，承包人向分包人提供施工场地应具备的条件、施工场地的范围和提供时间。

3. 提供分包人使用的临时设施和施工机械

为了节省施工总成本，允许分包人使用承包人为本工程实施而建立的临时设施和某些施工机械设备，如混凝土拌和站、提升装置或重型机械等。分包人使用这些临时设施和工程机械，有些是免费使用，有些是需要付费使用，因此在专用条款内需约定承包人为分包工程的实施提供的机械设备和设施，以及费用的承担。

三、施工分包合同履行管理

（一）承包人协调管理的指令

承包人负责整个施工场地的管理工作，协调分包人与同一施工场地的其他分包人及自己施工可能产生的交叉干扰,确保分包人按照批准的施工组织设计进行施工。

1. 承包人的指令

由于承包人与分包人同时在施工现场进行施工,因此承包人的协调管理工作主要通过发布一系列指示来实现。承包人随时可以向分包人发出分包工程范围内的有关工作指令。

2. 发包人或监理人的指令

发包人或监理人就分包工程施工的有关指令和决定应发送给承包人。承包人接到监理人就分包工程发布的指示后,将其要求列入自己的管理工作范围,并及时以书面确认的形式转发给分包人令他遵照执行。

为了准确地区分合同责任,分包合同通用条款内明确规定,分包人应执行经承包人确认和转发的发包人和监理人就分包范围内有关工作的所有指令,但不得直接接受发包人和监理人的指令。当分包人接到监理人的指示后不能立即执行,须得到承包人同意才可实施。合同内做出此项规定的目的:一是分包工程现场施工的协调管理由承包人负责,如果同一时间分包人分别接到监理人和承包人发出的两个有冲突的施工指令,则会造成现场管理的混乱;二是监理人的指令可能需要承包人对总包工程的施工与分包工程的施工进行协调后才能有序进行;三是分包人只与承包人存在合同关系,执行未经承包人确认的指令而导致施工成本增加和工期延误情况时,无权向承包人提出补偿要求。

(二)计量与支付

1. 工程量计量

无论监理人参与或不参与分包工程的工程量计量,承包人均需在每一计量周期通知分包人共同对分包工程量进行计量。分包人收到通知后不参加计量,承包人的计量结果有效,作为分包工程价款支付的依据;承包人不按约定时间通知分包人,致使分包人未能参加计量,计量结果无效,分包人提交的工程量报告中开列的工程量应作为分包人获得工程进度款的依据。

2. 分包合同工程进度款的支付

承包人依据计量确认的分包工程量,乘以总承包合同相应的单价计算的金额,纳入支付申请书内。获得发包人支付的工程进度款后,再按分包合同约定单价计算的款额支付给分包人。

(三)变更管理

分包工程的变更可能来源于监理人通知并经承包人确认的指令,也可能

学习笔记

承包人根据施工现场实际情况自主发出的指令。变更的范围和确定变更价款的原则与总承包合同规定相同。

分包人应在工程变更确定后 11 d 内向承包人提出变更分包工程价款的报告,经承包人确认后调整合同价款;若分包人在双方确定变更后 11 d 内未向承包人提出变更分包工程价款的报告,视为该项变更不涉及合同价款的调整。

（四）分包工程的竣工管理

1. 竣工验收

1）发包人组织验收

分包工程具备竣工验收条件后,分包人向承包人提供完整的竣工资料及竣工验收报告。双方约定由分包人提供竣工图的,应在专用条款内约定提交日期和份数。

承包人应在收到分包人提供的竣工验收报告之日起 3 日内通知发包人进行验收,分包人应配合承包人进行验收。发包人未能按照总承包合同及时组织验收时,承包人应按照总承包合同规定的发包人验收的期限及程序自行组织验收,并视为分包工程竣工验收通过。

2）承包人验收

根据总承包合同无须由发包人验收的部分,承包人应按照总承包合同约定的程序自行验收。

3）分包工程竣工日期的确定

分包工程竣工日期为分包人提供竣工验收报告之日;需要修复的,为提供修复后竣工报告之日。

2. 分包工程的移交

1）分包工程的竣工结算

分包工程竣工验收报告经承包人认可后的 14 d 内,分包人向承包人递交分包工程竣工结算报告及完整的结算资料。承包人收到分包人递交的分包工程竣工结算报告及结算资料后 28 d 内进行核实,给予确认或者提出明确的修改意见。承包人确认竣工结算报告后 7 d 内向分包人支付分包工程竣工结算价款。

2）分包工程的移交

分包人收到竣工结算价款之日起 7 d 内,将竣工工程交付承包人。总体工程竣工验收后,再由承包人移交给发包人。

（五）索赔管理

分包合同履行过程中,当分包人认为自己的合法权益受到损害时,不论事件起因于发包人或监理人的责任，还是承包人应承担的义务，他都只能向承包人提出索赔要求，并保持影响事件发生后的现场同期记录。

1. 应由发包人承担责任的索赔事件

分包人遇到不利外部条件等根据总包合同可以索赔的情况，分包人可按照总包合同约定的索赔程序通过承包人提出索赔要求。承包人分析事件的起因和影响，并依据两个合同判明责任后，在收到分包人索赔报告后 21 d 内给予分包人明确的答复，或要求进一步补充索赔理由和证据。如果认为分包人的索赔要求合理，应及时按照主合同规定的索赔程序，以承包人的名义就该事件向监理人递交索赔报告。

承包人依据总包合同向监理人递交任何索赔意向通知和索赔报告要求分包人协助时，分包人应提供书面形式的相应资料，以便承包人能遵守总承包合同有关索赔的约定。如果分包人未予积极配合，使得承包人涉及分包工程的索赔未获成功，则承包人可在应支付给分包人的工程款中，扣除本应获得的索赔款项中适当比例的部分，即承包人受到的损失向分包人索赔。

2. 应由承包人承担责任的事件

索赔原因是承包人的违约行为或分包人执行承包人指令。分包人按规定程序提出索赔后，承包人与分包人依据分包合同的约定通过协商解决。

四、监理人对施工专业分包合同履行的管理

鉴于分包工程的施工涉及两个合同，监理人只需依据总承包合同的约定进行监督和管理。

（一）对分包工程施工的确认

监理人在复核分包工程已取得发包人同意的基础上，负责对分包人承担相应工程施工要求的资质、经验和能力进行审查，确认是否批准承包人选择的分包人。为了整体工程的施工协调，指示分包人进场开始分包工程施工的时间。

（二）施工工艺和质量

由于专业工程施工往往对施工技术有专门的要求，监理人审查承包人的施工组织设计时，应特别关注分包人拟采用的施工工艺和保障措施是否切实可行。涉及危险性较大工程部位的施工方法更应进行严格审查，以保证专业工程的施工达到合同规定的质量要求。

监理人在对分包工程进行旁站、巡视过程中，发现分包人忽视质量的行为

学习笔记

和存在安全隐患的情况，应及时书面通知承包人，要求其监督分包人纠正。

总承包合同规定为分部移交的专业工程施工完毕，监理人应会同承包人和分包人进行工程预验收，并参加发包人组织的工程验收。

（三）进度管理

虽然由承包人负责分包工程施工的协调管理，对分包工程施工进度进行监督，但如果分包工程的施工影响到发包人订立的其他合同的履行，监理人需对承包人发出相关指令进行相应的协调。例如，分包工程施工与合同进度计划偏离较大而干扰了同时在现场其他承包人的施工，分包工程施工进度过慢影响到后续设备安装工程按计划实施等情况。

（四）支付管理

监理人按照总承包合同的规定对分包工程计量时，应要求承包人通知分包人进行共同计量。审查承包人的工程进度款时，要核对分包工程的合格工程量与计量结果是否一致。

对于分包人按照监理人的指示在分包工程使用计日工时，也应依据总包合同对计日工的规定，每天检查设备、人员的投入和产出情况。

（五）变更管理

监理人对分包工程的变更指示应发给承包人，由其协调和监督分包人执行。分包工程施工的变更完成后，按照总承包合同的规定对变更进行估价。

（六）索赔管理

监理人不应受理分包人直接提交的索赔报告，分包人的索赔应通过承包人的索赔来完成。

监理人审查承包人提交的分包工程索赔报告时，按照总承包合同的约定区分合同责任。有些情况下，分包人受到的损失既有发包人应承担的风险或责任，也有承包人协调管理不利的影响，监理人应合理区分责任的比例，以便确定工期顺延的天数和补偿金额。对于分包人因非自身原因受到损失时，可能对承包人的施工也产生了不利影响的情况，监理人同样应在合理判定责任归属的基础上，按照实际情况做出索赔处理的决定。

学习笔记

【思政园地】

深圳市南山某项目主体工程违法分包案

一、基本案情

深圳市南山某项目主体工程，建设单位为某科技（深圳）有限公司，施工单位为上海某集团有限公司。

主要违法事实：该项目的施工总承包单位上海某集团有限公司，将该项目的科苑北区1号楼、2号楼、3号楼基础工程，地下室主体建筑工程、结构工程、人防工程土建劳务分包给深圳市某建设工程有限公司，该劳务分包单位除计取劳务作业费用外，还计取主要建筑材料款和大中型施工机械设备、主要周转材料费用，该情形属于违法分包中“专业作业承包人除计取劳务作业费用外，还计取主要建筑材料款和大中型施工机械设备、主要周转材料费用”。

二、查处过程简介

2019年8月，深圳市住房和城乡建设局发现该项目总承包单位涉嫌将专业工程违法分包给未取得专业资质的企业。

深圳市住房和城乡建设局依法对上海某集团有限公司违法分包行为受理立案。经询问及调查取证，查实深圳市某建设工程有限公司作为劳务分包单位，除计取劳务作业费用外，还计取主要建筑材料款和大中型施工机械设备、主要周转材料费用。

三、处罚情况

依据《建设工程质量管理条例》第六十二条第一款规定“违反本条例规定，承包单位将承包的工程转包或者违法分包的，责令改正，没收违法所得，对勘察单位、设计单位处合同约定的勘察费、设计费百分之二十五以上百分之五十以下的罚款；对施工单位处工程合同价款百分之零点五以上百分之一以下的罚款；可以责令停业整顿，降低资质等级；情节严重的，吊销资质证书”以及《广东省住房和城乡建设系统行政处罚自由裁量权基准（工程建设与建筑业类）》B301.62.1的规定，决定对上海某集团有限公司处罚款人民币二十四万七千九百零二元整。

考证知识训练

模块八考证
知识训练

学习笔记

模块九　建设工程信息、安全生产与资料管理

【任务导入】 本模块主要学习建设工程信息和资料管理，建设工程监理实施过程中会涉及大量文件资料，这些文件资料有的是实施建设工程监理的重要依据，更多的是建设工程监理的成果资料。《建设工程监理规范》(GB/T 50319—2013)明确了建设工程监理基本表式，也列明了建设工程监理主要文件资料。项目监理机构应明确监理文件资料管理人员的职责，按照相关要求规范化地管理建设工程监理文件资料。

任务一　建设工程信息管理与安全生产管理

一、信息管理

信息管理

建设工程信息管理是指对建设工程信息的收集、加工、整理、存储、传递、应用等一系列工作的总称。信息管理是建设工程监理的重要手段之一，及时掌握准确、完整的信息，可以使监理工程师耳聪目明，更加卓有成效地完成建设工程监理与相关服务工作。信息管理工作的好坏将直接影响建设工程监理与相关服务工作的成败。

（一）信息管理的基本环节

建设工程信息管理贯穿工程建设全过程，其基本环节包括信息的收集、传递、加工、整理、分发、检索和存储。

1. 建设工程信息的收集

在建设工程的不同进展阶段，会产生大量的信息。工程监理单位的介入阶段不同，决定了信息收集的内容不同。如果工程监理单位接受委托在建设

学习笔记

工程决策阶段提供咨询服务，则需要收集与建设工程相关的市场、资源、自然环境、社会环境等方面的信息；如果是在建设工程设计阶段提供项目管理服务，则需要收集的信息有：工程项目可行性研究报告及前期相关文件资料，同类工程相关资料，拟建工程所在地信息，勘察、测量、设计单位相关信息，拟建工程所在地政府部门相关规定，拟建工程设计质量保证体系及进度计划等。如果是在建设工程施工招标阶段提供相关服务，则需要收集的信息有：工程立项审批文件，工程地质、水文地质勘察报告，工程设计及概算文件，施工图设计审批文件，工程所在地工程材料、构配件、设备、劳动力市场价格及变化规律，工程所在地工程建设标准及招标投标的相关规定等。

在建设工程施工阶段，项目监理机构应从以下方面收集信息：

(1) 建设工程施工现场的地质、水文、测量、气象等数据；地上、地下管线，地下洞室，地上既有建筑物、构筑物及树木、道路，建筑红线，水、电、气管道的引入标志；地质勘察报告、地形测量图及标桩等环境信息。

(2)施工机构组成及进场人员资格，施工现场质量及安全生产保证体系，施工组织设计及(专项)施工方案、施工进度计划，分包单位资格等信息。

(3) 进场设备的规格型号、保修记录，工程材料、构配件、设备的进场、保管、使用等信息。

(4) 施工项目管理机构管理程序，施工单位内部工程质量、成本、进度控制及安全生产管理的措施及实施效果，工序交接制度，事故处理程序，应急预案等信息。

(5)施工中需要执行的国家、行业或地方工程建设标准，施工合同履行情况。

(6)施工过程中发生的工程数据，如地基验槽及处理记录，工序交接检查记录，隐蔽工程检查验收记录，分部分项工程检查验收记录等。

(7) 工程材料、构配件、设备质量证明资料及现场测试报告。

(8) 设备安装试运行及测试信息，如电气接地电阻、绝缘电阻测试，管道通水、通气、通风试验，电梯施工试验，消防报警、自动喷淋系统联动试验等信息。

(9) 工程索赔相关信息，如索赔处理程序、索赔处理依据、索赔证据等。

2. 建设工程信息的加工、整理、分发、检索和存储

1) 信息的加工和整理

信息的加工和整理主要是指将所获得的数据和信息通过鉴别、选择、核对、合并、排序、更新、计算、汇总等，生成不同形式的数据和信息，目的是提供给各类管理人员使用。加工、整理数据和信息，往往需要按照不同的需求分层进行。

工程监理人员对于数据和信息的加工要从鉴别开始。一般而言，工程监

理人员自己收集的数据和信息的可靠度较高；而对于施工单位报送的数据，就需要进行鉴别、选择、核对，对于动态数据需要及时更新。为了便于应用，还需要对收集来的数据和信息按照工程项目组成（单位工程、分部工程、分项工程等）、工程项目目标（质量、造价、成本）等进行汇总和组织。

科学的信息加工和整理，需要基于业务流程图和数据流程图，结合建设工程监理与相关服务业务工作绘制业务流程图和数据流程图，不仅是建设工程信息加工和整理的重要基础，而且是优化建设工程监理与相关服务业务处理过程、规范建设工程监理与相关服务行为的重要手段。

(1)业务流程图。是以图示形式表示业务处理过程。通过绘制业务流程图，可以发现业务流程的问题或不完善之处，进而可以优化业务处理过程。某项目监理机构的工程量处理业务流程图如图 9-1 所示。

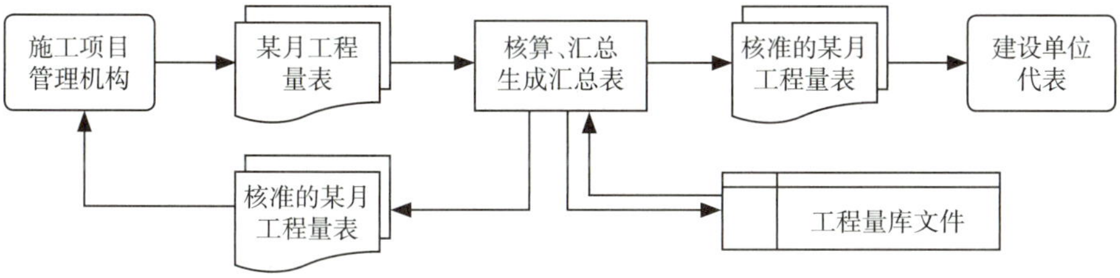

图 9-1　工程量处理业务流程图

(2)数据流程图。数据流程图是根据业务流程图，将数据流程以图示形式表示出来。数据流程图的绘制应自上而下地层层细化。根据图 9-1 绘制的工程量处理数据流程图如图 9-2 所示。

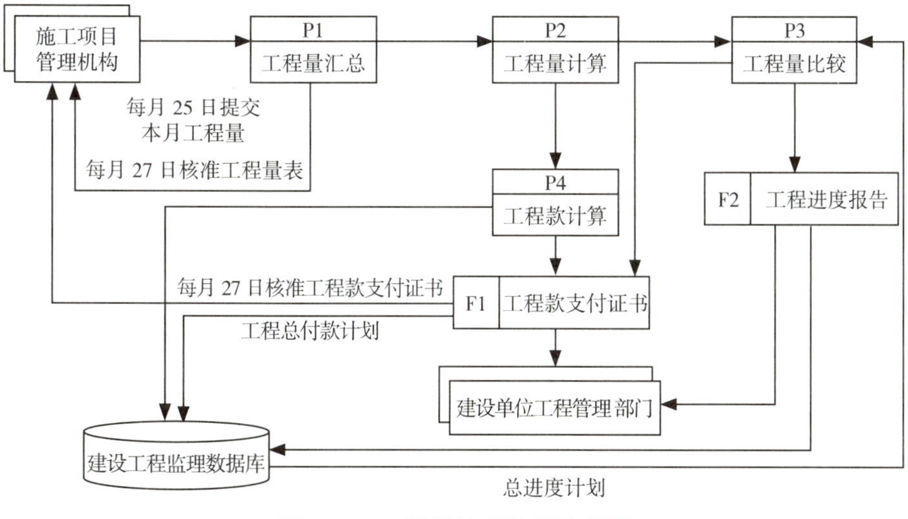

图 9-2　工程量处理数据流程图

学习笔记

2)信息的分发和检索

加工整理后的信息要及时提供给需要使用信息的部门和人员,信息的分发要根据需要来进行,信息的检索需要建立在一定的分级管理制度上。信息分发和检索的基本原则是:需要信息的部门和人员,有权在需要的第一时间,方便地得到所需要的信息。

设计信息分发制度时需要考虑:

(1)了解信息使用部门和人员的使用目的、使用周期、使用频率、获得时间及信息的安全要求。

(2)决定信息分发的内容、数量、范围、数据来源。

(3)决定分发信息的数据结构、类型、精度和格式。

(4)决定提供信息的介质。

设计信息检索时需要考虑:

(1)允许检索的范围、检索的密级划分、密码管理等。

(2)检索的信息能否及时、快速地提供,实现的手段。

(3)所检索信息的输出形式,能否根据关键词实现智能检索等。

3)信息的存储

存储信息需要建立统一数据库。需要根据建设工程实际,规范地组织数据文件。

(1)按照工程进行组织,同一工程按照质量、造价、进度、合同等类别组织,各类信息再进一步根据具体情况进行细化。

(2)工程参建各方要协调统一数据存储方式,数据文件名要规范化,要建立统一的编码体系。

(3)尽可能以网络数据库形式存储数据,减少数据冗余,保证数据的唯一性,并实现数据共享。

(二)信息管理系统

随着工程建设规模的不断扩大,信息量的增加是非常惊人的。依靠传统的手工处理方式已难以适应工程建设管理需求。建设工程信息管理系统已成为建设工程管理的基本手段。

1. 信息管理系统的主要作用

建设工程信息管理系统作为处理工程项目信息的人-机系统,其主要作用体现在以下几个方面:

(1)利用计算机数据存储技术,存储和管理与工程项目有关的信息,并随时进行查询和更新。

Study 学习笔记

(2) 利用计算机数据处理功能，快速、准确地处理工程项目管理所需要的信息，如工程造价的估算与控制，工程进度计划的编制和优化等。

(3) 利用计算机分析运算功能，快速提供高质量的决策支持信息和备选方案。

(4) 利用计算机网络技术，实现工程参建各方、各部门之间的信息共享和协同工作。

(5) 利用计算机虚拟现实技术，直观展示工程项目大量数据和信息。

2. 信息管理系统的基本功能

建设工程信息管理系统的目标是实现信息的系统管理和提供必要的决策支持。建设工程信息管理系统可以为监理工程师提供标准化、结构化的数据，提供预测、决策所需要的信息及分析模型，提供建设工程目标动态控制的分析报告，提供解决建设工程监理问题的多个备选方案。工程实践中，建设工程信息管理系统的名称有多种，如 PMIS(project management information system)、PIMS(project information management system)、CMIS(construction management information system)、PCIS(project controlling information system)、PIMIS(project integration management information system) 等。不论名称如何，建设工程信息管理系统的基本功能应至少包括工程质量控制、工程造价控制、工程进度控制、工程合同管理四个子系统。

随着信息化技术的快速发展，信息管理平台得到越来越广泛的应用。基于建设工程信息管理平台，工程参建各方可以实现信息共享和协同工作。特别是近年来建筑信息建模 (building information modeling, BIM) 技术的应用，为建设工程信息管理提供了可视化手段。

（三）建筑信息建模 (BIM)

BIM 是利用数字模型对工程进行设计、施工和运营的过程。BIM 以多种数字技术为依托，可以实现建设工程全寿命期集成管理。在建设工程实施阶段，借助于 BIM 技术，可以进行设计方案比选，实际施工模拟，在施工之前就能发现施工阶段会出现的各种问题，以便能提前处理，从而可提供合理的施工方案，合理配置人员、材料和设备，在最大范围内实现资源的合理运用。

1.BIM 的特点

BIM 具有可视化、协调性、模拟性、优化性、可出图性等特点。

1) 可视化

可视化即“所见即所得”。对于建筑业而言，可视化的作用非常大。目前，在工程建设中所用的施工图纸只是将各个构件信息用线条来表达，其真正的

学习笔记

构造形式需要工程建设参与人员去自行想象。但对于现代建筑而言,形式各异、造型复杂,光凭人脑去想象,不太现实。BIM 技术可将以往的线条式构件形成一种三维(3D)的立体实物图形展示在人们面前,如图 9-3 所示。

图 9-3　3D 结构模型

应用 BIM 技术,不仅可以用来展示效果,还可以生成所需要的各种报表。更重要的是,在工程设计、建造、运营过程中的沟通、讨论、决策都能在可视化状态下进行。

2) 协调性

协调是工程建设实施过程中的重要工作。在通常情况下,工程实施过程中一旦遇到问题,就需将各有关人员组织起来召开协调会,找出问题发生的原因及解决办法,然后采取相应补救措施。应用 BIM 技术,可以将事后协调转变为事先协调。如在工程设计阶段,可应用 BIM 技术协调解决施工过程中建筑物内设施的碰撞问题。在工程施工阶段,可以通过模拟施工,事先发现施工过程中存在的问题。此外,还可对空间布置、防火分区、管道布置等问题进行协调处理。

3) 模拟性

应用 BIM 技术,在工程设计阶段可对节能、紧急疏散、日照、热能传导等进行模拟;在工程施工阶段可根据施工组织设计将 3D 模型加上施工进度(4D)模拟实际施工,从而通过确定合理的施工方案指导实际施工,还可进行 5D 模拟(基于 3D 模型的造价控制),实现造价控制(通常被称为"虚拟施工");在运营阶段,可对日常紧急情况的处理进行模拟,如地震人员逃生模拟及消防人员疏散模拟等。

4) 优化性

应用 BIM 技术,可提供建筑物实际存在的信息,包括几何信息、物理信息、规则信息等,并能在建筑物变化后自动修改和调整这些信息。现代建筑物越来越复杂,在优化过程中需处理的信息量已远远超出人脑的能力极限,需借助其他手段和工具来完成，BIM 技术与其配套的各种优化工具为复杂工程项目进行优化提供了可能。目前，基于 BIM 技术的优化可完成以下工作：

(1)设计方案优化。将工程设计与投资回报分析结合起来，可以实时计算设计变化对投资回报的影响。这样，建设单位对设计方案的选择就不会仅仅停留在对形状的评价上，可以知道哪种设计方案更适合自身需求。

(2)特殊项目的设计优化。有些工程部位往往存在不规则设计，如裙楼、幕墙、屋顶、大空间等处。这些工程部位通常也是施工难度较大、施工问题比较多的地方，对这些部位的设计和施工方案进行优化，可以缩短施工工期、降低工程造价。

5)可出图性

应用 BIM 技术对建筑物进行可视化展示、协调、模拟、优化后，还可输出有关图纸或报告：

(1)综合管线图(经过碰撞检查和设计修改，消除了相应错误)。

(2)综合结构留洞图(预埋套管图)。

(3)碰撞检查侦错报告和建议改进方案。

2.BIM 在工程项目管理中的应用

1)应用目标

工程监理单位应用 BIM 的主要任务是通过借助 BIM 理念及其相关技术搭建统一的数字化工程信息平台，实现工程建设过程中各阶段数据信息的整合及其应用，进而更好地为建设单位创造价值，提高工程建设效率和质量。目前，建设工程监理过程中应用 BIM 技术期望实现如下目标：

(1)可视化展示。应用 BIM 技术可实现建设工程完工前的可视化展示，与传统单一的设计效果图等表现方式相比，由于数字化工程信息平台包含了工程建设各阶段所有的数据信息，基于这些数据信息制作的各种可视化展示将更准确、更灵活地表现工程项目，并辅助各专业、各行业之间的沟通交流。

(2)提高工程设计和项目管理质量。BIM 技术可帮助工程项目各参建方在工程建设全过程中更好地沟通协调，为做好设计管理工作，进行工程项目技术、经济可行性论证，提供了更为先进的手段和方法，从而可提升工程项目管理的质量和效率。

(3)控制工程造价。通过数字化工程信息模型，确保工程项目各阶段数据信息的准确性和唯一性，进而在工程建设早期发现问题并予以解决，减少施工过程中的工程变更，大大提高对工程造价的控制力。

(4)缩短工程施工周期。借助 BIM 技术，实现对各重要施工工序的可视化整合，协助建设单位、设计单位、施工单位更好地沟通协调与论证，合理优化施

学习笔记

工工序。

2)应用范围

现阶段,工程监理单位运用BIM技术提升服务价值,仍处于初级阶段,其应用范围主要包括以下几个方面:

(1)可视化模型建立。可视化模型的建立是应用BIM的基础,包括建筑、结构、设备等各专业工种。BIM模型在工程建设中的衍生路线就像一棵大树,其源头是设计单位在设计阶段培育的种子模型;其生长过程伴随着工程进展,由施工单位进行二次设计和重塑,以及建设单位、工程监理单位等多方审核。后端衍生的各层级应用如同果实一样。他们之间相互维系,而维系的血脉就是带有种子模型基因的数据信息,数据信息如同新陈代谢随着工程进展不断进行更新维护。

(2)管线综合。随着建筑业的快速发展,对协同设计与管线综合的要求愈加强烈。但是,由于缺乏有效的技术手段,不少设计单位都没有能够很好地解决管线综合问题,各专业设计之间的冲突严重地影响了工程质量、造价、进度等。BIM技术的出现,可以很好地实现碰撞检查,尤其对于建筑形体复杂或管线约束多的情况是一种很好的解决方案。此类服务可使建设工程监理服务价值得到进一步提升。

(3)4D虚拟施工。当前,绝大部分工程项目仍采用横道图进度计划,用直方图表示资源计划,无法清晰描述施工进度以及各种复杂关系,难以准确表达工程施工的动态变化过程,更不能动态地优化分配所需要的各种资源和施工场地。将BIM技术与进度计划软件(如MSProject、P6等)数据进行集成,可以按月、按周、按天看到工程施工进度,并根据现场情况进行实时调整,分析不同施工方案的优劣,从而得到最佳施工方案。此外,还可对工程项目的重点或难点部分进行可施工性模拟。通过对施工进度和资源的动态管理及优化控制,以及施工过程的模拟,可以更好地提高工程项目的资源利用率。

(4)成本核算。对于工程项目而言,预算超支现象是极其普遍的。而缺乏可靠的成本数据是造成工程造价超支的重要原因。BIM是一个包含丰富数据、面向对象、具有智能和参数特点的建筑数字化标识。借助这些信息,计算机可以快速对各种构配件进行统计分析,完成成本核算。通过将工程设计和投资回报分析相结合,实时计算设计变更对投资回报的影响,合理控制工程总造价。

由于工程项目本身的特殊性,工程建设过程中随时都可能出现无法预计的各类问题,而BIM技术的数字化手段本身也是一项全新技术。因此,在建设工程监理与项目管理服务过程中,使用BIM技术具有开拓性意义,同时,也对建设工程监理与项目管理团队带来极大的挑战,不仅要求建设工程监理与项目管理团队具备优秀的技术和服务能力，还需要强大的资源整合能力。

学习笔记

二、安全生产管理

项目监理机构应根据法律法规、工程建设强制性标准，履行建设工程安全生产管理的监理职责，并应将安全生产管理的监理工作内容、方法和措施纳入监理规划及监理实施细则。

安全生产管理体系

（一）施工单位安全生产管理体系的审查

1. 审查施工单位的管理制度、人员资格及验收手续

项目监理机构应审查施工单位现场安全生产规章制度的建立和实施情况；审查施工单位安全生产许可证的符合性和有效性；审查施工单位项目经理、专职安全生产管理人员和特种作业人员的资格；核查施工机械和设施的安全许可验收手续。

施工单位在使用施工起重机械和整体提升脚手架、模板等自升式架设设施前，应当组织有关单位进行验收，也可以委托具有相应资质的检验检测机构进行验收；使用承租的机械设备和施工机具及配件的，由施工总承包单位、分包单位、出租单位和安装单位共同进行验收，验收合格的方可使用。

2. 审查专项施工方案

项目监理机构应审查施工单位报审的专项施工方案，符合要求的，应由总监理工程师签认后报建设单位。超过一定规模的危险性较大的分部分项工程的专项施工方案，应检查施工单位组织专家进行论证、审查的情况，以及是否附具安全验算结果。

专项施工方案审查的基本内容包括：

(1) 编审程序应符合相关规定。专项施工方案由施工项目经理组织编制，经施工单位技术负责人签字后，才能报送项目监理机构审查。

(2) 安全技术措施应符合工程建设强制性标准。

（二）专项施工方案的监督实施及安全事故隐患的处理

1. 专项施工方案的监督实施

项目监理机构应要求施工单位按已批准的专项施工方案组织施工。专项施工方案需要调整时，施工单位应按程序重新提交项目监理机构审查。

安全事故隐患的处理

项目监理机构应巡视检查危险性较大的分部分项工程专

学习笔记

项施工方案实施情况。发现未按专项施工方案实施时，应签发监理通知单，要求施工单位按专项施工方案实施。

2. 安全事故隐患的处理

项目监理机构在实施监理过程中，发现工程存在安全事故隐患时，应签发监理通知单，要求施工单位整改；情况严重时，应签发工程暂停令，并应及时报告建设单位。施工单位拒不整改或不停止施工时，项目监理机构应及时向有关主管部门报送监理报告。

紧急情况下，项目监理机构可通过电话、传真或者电子邮件向有关主管部门报告，事后应形成监理报告。

【思政园地】

BIM 大赛

每年3月开始，各类BIM大赛报奖也陆陆续续拉开序幕，相比其他行业大赛，BIM大赛颁奖机构是最多的，专业也是最齐全的，据不完全统计，整个国内外BIM大赛不少于40类，有协会的，有省级的，有市级的，有各地住房和城乡建设厅支持的。

为了能拿到BIM大赛证书和奖杯，很多应用BIM技术项目所在单位每年都会花费一定的人力和时间制作BIM模型、汇报PPT、汇报视频，大部分报奖作品来源无非两种情况：①正在实施的项目(分两种：在使用BIM技术；压根没使用BIM技术，只为报奖)；②已经竣工完成的项目。

参加BIM大赛拿奖的原因是：一是体现企业在新技术领域发展的实力；二是企业可以在大项目中投标加分；三是体现企业管理水平；四是更好地促进企业科技创新与工程创优；五是对个人工作能力和技术水准的认可。

进行BIM报奖要清晰地认识到，初衷是鼓励创新实践，弘扬创新文化，推动建筑行业信息化建设，推进BIM普及应用，加速人才培养，而不是为了拿奖去做BIM。

(以上评价转载于网上)

学习笔记

任务二　建设工程资料管理

一、建设工程监理基本表式及其应用说明

资料管理

(一)基本表式

根据《建设工程监理规范》(GB/T 50319—2013),建设工程监理基本表式分为三大类,即A类表——工程监理单位用表(共8个表);B类表——施工单位报审、报验用表(共14个表);C类表——通用表(3个表)。

1. 工程监理单位用表(A类表)

(1)总监理工程师任命书(表A.0.1)。建设工程监理合同签订后,工程监理单位法定代表人要通过总监理工程师任命书委派类似建设工程监理经验的注册监理工程师担任总监理工程师。总监理工程师任命书需要由工程监理单位法定代表人签字,并加盖单位公章。

(2)工程开工令(表A.0.2)。建设单位代表在施工单位报送的工程开工报审表(表B.0.2)上签字同意开工后,总监理工程师可签发工程开工令,指令施工单位开工。工程开工令需要由总监理工程师签字,并加盖执业印章。

工程开工令中应明确具体开工日期,并作为施工单位计算工期的起始日期。

(3)监理通知单(表A.0.3)。监理通知单是项目监理机构在日常监理工作中常用的指令性文件。项目监理机构在建设工程监理合同约定的权限范围内,针对施工单位出现的各种问题所发出的指令、提出的要求等,除另有规定外,均应采用监理通知单。监理工程师现场发出的口头指令及要求,也应采用监理通知单予以确认。

施工单位发生下列情况时,项目监理机构应发出监理通知:

①在施工过程中出现不符合设计要求、工程建设标准、合同约定;

②使用不合格的工程材料、构配件和设备;

③在工程质量、造价、进度等方面存在违规等行为。

监理通知单可由总监理工程师或专业监理工程师签发,对于一般问题可由专业监理工程师签发,对于重大问题应由总监理工程师或经其同意后签发。

(4) 监理报告(表 A.0.4)。当项目监理机构对工程存在安全事故隐患发出监理通知单、工程暂停令而施工单位拒不整改或不停止施工时,项目监理机构应及时向有关主管部门报送监理报告。项目监理机构报送监理报告时,应附相应监理通知单或工程暂停令等证明监理人员履行安全生产管理职责的相关文件资料。

(5)工程暂停令(表 A.0.5)。建设工程施工过程中出现《建设工程监理规范》(GB/T 50319—2013)规定的停工情形时,总监理工程师应签发工程暂停令。工程暂停令中应注明工程暂停的原因、部位和范围,停工期间应进行的工作等。工程暂停令需要由总监理工程师签字,并加盖执业印章。

(6) 旁站记录(表 A.0.6)。项目监理机构监理人员对关键部位、关键工序的施工质量进行现场跟踪监督时,需要填写旁站记录。"旁站的关键部位、关键工序施工情况"应记录所旁站部位(工序)的施工作业内容、主要施工机械、材料、人员和完成的工程数量等内容及监理人员检查旁站部位施工质量的情况;"发现的问题及处理情况"应说明旁站所发现的问题及其采取的处置措施。

(7) 工程复工令(表 A.0.7)。当导致工程暂停施工的原因消失、具备复工条件时,建设单位代表在工程复工报审表(表 B.0.3)上签字同意复工后,总监理工程师应签发工程复工令指令施工单位复工;或者工程具备复工条件而施工单位未提出复工申请的,总监理工程师应根据工程实际情况直接签发工程复工令指令施工单位复工。工程复工令需要由总监理工程师签字,并加盖执业印章。

(8) 工程款支付证书(表 A.0.8)。项目监理机构收到经建设单位签署审批意见的工程款支付报审表(表 B.0.11)后,总监理工程师应向施工单位签发工程款支付证书,同时抄报建设单位。工程款支付证书需要由总监理工程师签字,并加盖执业印章。

2. 施工单位报审、报验用表(B 类表)

(1) 施工组织设计或(专项)施工方案报审表(表 B.0.1)。施工单位编制的施工组织设计、施工方案、专项施工方案经其技术负责人审查后,需要连同施工组织设计或(专项)施工方案报审表一起报送项目监理机构。先由专业监理工程师审查后,再由总监理工程师审核签署意见。施工组织设计或(专项)施工方案报审表需要由总监理工程师签字,并加盖执业印章。对于超过一定规模的危险性较大的分部分项工程专项施工方案,还需要报送建设单位审批。

(2) 工程开工报审表(表 B.0.2)。单位工程具备开工条件时,施工单位需要向项目监理机构报送工程开工报审表。同时具备下列条件时,由总监理工程师签署审查意见,并报建设单位批准后,总监理工程师方可签发工程开工令:

①设计交底和图纸会审已完成；

②施工组织设计已由总监理工程师签认；

③施工单位现场质量、安全生产管理体系已建立，管理及施工人员已到位，施工机械具备使用条件，主要工程材料已落实；

④进场道路及水、电、通信等已满足开工要求。

工程开工报审表需要由总监理工程师签字，并加盖执业印章。

(3)工程复工报审表(表B.0.3)。当导致工程暂停施工的原因消失、具备复工条件时，施工单位需要向项目监理机构报送工程复工报审表。总监理工程师签署审查意见，并报建设单位批准后，总监理工程师方可签发工程复工令。

(4)分包单位资格报审表(表B.0.4)。施工单位按施工合同约定选择分包单位时，需要向项目监理机构报送分包单位资格报审表及相关证明材料。分包单位资格报审表由专业监理工程师提出审查意见后，由总监理工程师审核签认。

(5)施工控制测量成果报验表(表B.0.5)。施工单位完成施工控制测量并自检合格后，需要向项目监理机构报送施工控制测量成果报验表及施工控制测量依据和成果表。专业监理工程师审查合格后予以签认。

(6)工程材料、构配件、设备报审表(表B.0.6)。施工单位在对工程材料、构配件、设备自检合格后，应向项目监理机构报送工程材料、构配件、设备报审表及相关质量证明材料和自检报告。专业监理工程师审查合格后予以签认。

(7)__________报审、报验表(表B.0.7)。该表主要用于隐蔽工程、检验批、分项工程的报验，也可用于为施工单位提供服务的试验室的报审。专业监理工程师审查合格后予以签认。

(8)分部工程报验表(表B.0.8)。分部工程所包含的分项工程全部自检合格后，施工单位应向项目监理机构报送分部工程报验表及分部工程质量控制资料。在专业监理工程师验收的基础上，由总监理工程师签署验收意见。

(9)监理通知回复单(表B.0.9)。施工单位在收到监理通知单(表A.0.3)后，按要求进行整改、自查合格后，应向项目监理机构报送监理通知回复单。项目监理机构收到施工单位报送的监理通知回复单后，一般可由原发出监理通知单的专业监理工程师进行核查，认可整改结果后予以签认。重大问题可由总监理工程师进行核查签认。

(10)单位工程竣工验收报审表(表B.0.10)。单位(子单位)工程完成后，施工单位自检符合竣工验收条件后，应向项目监理机构报送单位工程竣工验收报审表及相关附件，申请竣工验收。总监理工程师在收到单位工程竣工验收报审表及相关附件后，应组织专业监理工程师进行审查并进行预验收，合格后签署预验收意见。单位工程竣工验收报审表需要由总监理工程师签字,并加盖执业印章。

(11) 工程款支付报审表(表 B.0.11)。该表适用于施工单位工程预付款、工程进度款、竣工结算款等的支付申请。项目监理机构对施工单位的申请事项进行审核并签署意见,经建设单位批准后方可作为总监理工程师签发工程款支付证书(表 A.0.8)的依据。

(12) 施工进度计划报审表(表 B.0.12)。该表适用于施工总进度计划、阶段性施工进度计划的报审。施工进度计划在专业监理工程师审查的基础上,由总监理工程师审核签认。

(13) 费用索赔报审表(表 B.0.13)。施工单位索赔工程费用时,需要向项目监理机构报送费用索赔报审表。项目监理机构对施工单位的申请事项进行审核并签署意见,经建设单位批准后方可作为支付索赔费用的依据。费用索赔报审表需要由总监理工程师签字,并加盖执业印章。

(14) 工程临时或最终延期报审表(表 B.0.14)。施工单位申请工程延期时,需要向项目监理机构报送工程临时或最终延期报审表。项目监理机构对施工单位的申请事项进行审核并签署意见,经建设单位批准后方可延长合同工期。工程临时或最终延期报审表需要由总监理工程师签字,并加盖执业印章。

3. 通用表(C 类表)

(1) 工作联系单(表 C.0.1)。该表用于项目监理机构与工程建设有关方(包括建设、施工、监理、勘察、设计等单位和上级主管部门)之间的日常工作联系。有权签发工作联系单的负责人有建设单位现场代表、施工单位项目经理、工程监理单位项目总监理工程师、设计单位本工程设计负责人及工程项目其他参建单位的相关负责人等。

(2) 工程变更单 (表 C.0.2)。施工单位、建设单位、工程监理单位提出工程变更时,应填写工程变更单,由建设单位、设计单位、监理单位和施工单位共同签认。

(3) 索赔意向通知书 (表 C.0.3)。施工过程中发生索赔事件后,受影响的单位依据法律法规和合同约定,向对方单位声明或告知索赔意向时,需要在合同约定的时间内报送索赔意向通知书。

(二)基本表式应用说明

1. 基本要求

(1) 应依照合同文件、法律法规及标准等规定的程序和时限签发、报送、回复各类表。

(2) 应按有关规定,采用碳素墨水、蓝黑墨水书写或黑色碳素印墨打印各类表，不得使用易褪色的书写材料。

(3) 应使用规范语言，法定计量单位，公历年、月、日填写各类表。各类表中相关人员的签字栏均须由本人签署。由施工单位提供附件的，应在附件上加盖骑缝章。

(4) 各类表在实际使用中，应分类建立统一编码体系。各类表式应连续编号，不得重号、跳号。

(5) 各类表中施工项目经理部用章的样章应在项目监理机构和建设单位备案，项目监理机构用章的样章应在建设单位和施工单位备案。

2. 由总监理工程师签字并加盖执业印章的表式

下列表式应由总监理工程师签字并加盖执业印章：

(1) 表 A.0.2 工程开工令；

(2) 表 A.0.5 工程暂停令；

(3) 表 A.0.7 工程复工令；

(4) 表 A.0.8 工程款支付证书；

(5) 表 B.0.1 施工组织设计或（专项）施工方案报审表；

(6) 表 B.0.2 工程开工报审表；

(7) 表 B.0.10 单位工程竣工验收报审表；

(8) 表 B.0.11 工程款支付报审表；

(9) 表 B.0.13 费用索赔报审表；

(10) 表 B.0.14 工程临时或最终延期报审表。

3. 需要建设单位审批同意的表式

下列表式需要建设单位审批同意：

(1) 表 B.0.1 施工组织设计或（专项）施工方案报审表（仅对超过一定规模的危险性较大的分部分项工程专项施工方案）；

(2) 表 B.0.2 工程开工报审表；

(3) 表 B.0.3 工程复工报审表；

(4) 表 B.0.12 施工进度计划报审表；

(5) 表 B.0.13 费用索赔报审表；

(6) 表 B.0.14 工程临时或最终延期报审表。

4. 需要工程监理单位法定代表人签字并加盖工程监理单位公章的表式

只有“表 A.0.1 总监理工程师任命书”需要由工程监理单位法定代表人签字，并加盖工程监理单位公章。

5. 需要由施工项目经理签字并加盖施工单位公章的表式

“表 B.0.2 工程开工报审表”“表 B.0.10 单位工程竣工验收报审表”必须由

学习笔记

Study 学习笔记

项目经理签字并加盖施工单位公章。

6. 其他说明

对于涉及工程质量方面的基本表式，由于各行业、各部门的专业要求不同，各类工程的质量验收应按相关专业验收规范及相关表式要求办理。如没有相应表式，工程开工前，项目监理机构应根据工程特点、质量要求、竣工及归档组卷要求，与建设单位、施工单位进行协商，制定工程质量验收相应表式。项目监理机构应事前使施工单位、建设单位明确定制各类表式的使用要求。

二、建设工程监理主要文件资料分类及编制要求

（一）建设工程监理主要文件资料分类

建设工程监理主要文件资料包括：

(1) 勘察设计文件、建设工程监理合同及其他合同文件。

(2) 监理规划、监理实施细则。

(3) 设计交底和图纸会审会议纪要。

(4) 施工组织设计、(专项) 施工方案、施工进度计划报审文件资料。

(5) 分包单位资格报审会议纪要。

(6) 施工控制测量成果报验文件资料。

(7) 总监理工程师任命书，工程开工令、暂停令、复工令，开工或复工报审文件资料。

(8) 工程材料、构配件、设备报验文件资料。

(9) 见证取样和平行检验文件资料。

(10) 工程质量检验报验资料及工程有关验收资料。

(11) 工程变更、费用索赔及工程延期文件资料。

(12) 工程计量、工程款支付文件资料。

(13) 监理通知单、工程联系单与监理报告。

(14) 第一次工地会议、监理例会、专题会议等会议纪要。

(15) 监理月报、监理日志、旁站记录。

(16) 工程质量或安全生产事故处理文件资料。

(17) 工程质量评估报告及竣工验收监理文件资料。

(18) 监理工作总结。

除上述监理文件资料外，在设备采购和设备监造中还会形成监理文件资料，内容详见《建设工程监理规范》(GB/T 50319—2013) 第 8.2.3 条和第 8.3.14

条规定。

学习笔记

(二)建设工程监理文件资料编制要求

《建设工程监理规范》(GB/T 50319—2013)明确规定了监理规划、监理实施细则、监理月报、监理日志和监理工作总结及工程质量评估报告等的编制内容和要求,其中监理规划与监理实施细则的编制在模块十详细阐述,故此处不再赘述。

1. 监理日志

监理日志是项目监理机构在实施建设工程监理过程中,每日对建设工程监理工作及施工进展情况所做的记录,由总监理工程师根据工程实际情况指定专业监理工程师负责记录。每天填写的监理日志内容必须真实、力求详细,主要反映监理工作情况。如涉及具体文件资料,应注明相应文件资料的出处和编号。

监理日志的主要内容包括:天气和施工环境情况;当日施工进展情况,包括工程进度情况、工程质量情况、安全生产情况等;当日监理工作情况,包括旁站、巡视、见证取样、平行检验等情况;当日存在的问题及协调解决情况;其他有关事项。

2. 监理例会会议纪要

监理例会是履约各方沟通情况、交流信息、研究解决合同履行中存在的各方面问题的主要协调方式。会议纪要由项目监理机构根据会议记录整理,主要内容包括:

(1)会议地点及时间。

(2)会议主持人。

(3)与会人员姓名、单位、职务。

(4)会议主要内容、决议事项及其负责落实单位、负责人和时限要求。

(5)其他事项。

对于监理例会上意见不一致的重大问题,应将各方的主要观点,特别是相互对立的意见记入“其他事项”中。会议纪要的内容应真实准确、简明扼要,经总监理工程师审阅,与会各方代表会签,发至有关各方并应有签收手续。

3. 监理月报

监理月报是项目监理机构每月向建设单位和本监理单位提交的建设工程监理工作及建设工程实施情况等分析总结报告。监理月报既要反映建设工程监理工作及建设工程实施情况,也能确保建设工程监理工作可追溯。监理月报由总监理工程师组织编写、签认后报送建设单位和本监理单位。报送时间由监理单位与建设单位协商确定,一般在收到施工单位报送的工程进度,汇总

学习笔记

本月已完工程量和本月计划完成工程量的工程量表、工程款支付申请表等相关资料后，在协商确定的时间内提交。

监理月报应包括以下主要内容：

(1)本月工程实施情况。

①工程进展情况。实际进度与计划进度的比较，施工单位人、机、料进场及使用情况，本期在施部位的工程照片等。

②工程质量情况。分部分项工程验收情况，工程材料、设备、构配件进场检验情况，主要施工、试验情况，本月工程质量分析。

③施工单位安全生产管理工作评述。

④已完工程量与已付工程款的统计及说明。

(2)本月监理工作情况。

①工程进度控制方面的工作情况。

②工程质量控制方面的工作情况。

③安全生产管理方面的工作情况。

④工程计量与工程款支付方面的工作情况。

⑤合同及其他事项管理工作情况。

⑥监理工作统计及工作照片。

(3)本月工程实施的主要问题分析及处理情况。

①工程进度控制方面的主要问题分析及处理情况。

②工程质量控制方面的主要问题分析及处理情况。

③施工单位安全生产管理方面的主要问题分析及处理情况。

④工程计量与工程款支付方面的主要问题分析及处理情况。

⑤合同及其他事项管理方面的主要问题分析及处理情况。

(4)下月监理工作重点：

①工程管理方面的监理工作重点。

②项目监理机构内部管理方面的工作重点。

4. 工程质量评估报告

(1)工程质量评估报告编制的基本要求：

①工程质量评估报告的编制应文字简练、准确、重点突出、内容完整。

②工程竣工预验收合格后，由总监理工程师组织专业监理工程师编制工程质量评估报告，编制完成后，由项目总监理工程师及监理单位技术负责人审核签认并加盖监理单位公章后报建设单位。工程质量评估报告应在正式竣工验收前提交给建设单位。

(2)工程质量评估报告的主要内容：

学习笔记

①工程概况；

②工程参建单位；

③工程质量验收情况；

④工程质量事故及其处理情况；

⑤竣工资料审查情况；

⑥工程质量评估结论。

5. 监理工作总结

当监理工作结束时，项目监理机构应向建设单位和工程监理单位提交监理工作总结。监理工作总结由总监理工程师组织项目监理机构监理人员编写，由总监理工程师审核签字，并加盖工程监理单位公章后报建设单位。

监理工作总结应包括以下内容：

(1)工程概况。

①工程名称、等级、建设地址、建设规模、结构形式以及主要设计参数；

②工程建设单位、设计单位、勘察单位、施工单位(包括重点的专业分包单位)、检测单位等；

③工程项目主要的分部、分项工程施工进度和质量情况；

④监理工作的难点和特点。

(2)项目监理机构。监理过程中如有变动情况，应予以说明。

(3)建设工程监理合同履行情况。包括：监理合同目标控制情况，监理合同履行情况，监理合同纠纷的处理情况等。

(4)监理工作成效。项目监理机构提出的合理化建议并被建设、设计、施工等单位采纳；发现施工中的差错，通过监理工作避免了工程质量事故、生产安全事故、累计核减工程款以及为建设单位节约工程建设投资等事项的数据(可举典型事例和提供相关资料)。

(5)监理工作中发现的问题及其处理情况。监理过程中产生的监理通知单、监理报告、工作联系单及会议纪要等所提出问题的简要统计；由工程质量、安全生产等问题所引起的今后工程合理、有效使用的建议等。

(6)说明与建议。

三、建设工程监理文件资料管理职责和要求

(一)管理职责

建设工程监理文件资料应以施工及验收规范、工程合同、设计文件、工程

学习笔记

施工质量验收标准、建设工程监理规范等为依据填写，并随工程进度及时收集、整理，认真书写，项目齐全、准确、真实，无未了事项。表格应采用统一格式，特殊要求需增加的表格应统一归类，按要求归档。

根据《建设工程监理规范》(GB/T 50319—2013)，项目监理机构文件资料管理的基本职责如下：

(1)应建立和完善监理文件资料管理制度，宜设专人管理监理文件资料。

(2)应及时、准确、完整地收集、整理、编制、传递监理文件资料，宜采用信息技术进行监理文件资料管理。

(3)应及时整理、分类汇总监理文件资料，并按规定组卷，形成监理档案。

(4)应根据工程特点和有关规定，保存监理档案，并应向有关单位、部门移交需要存档的监理文件资料。

(二)管理要求

建设工程监理文件资料的管理要求体现在建设工程监理文件资料管理全过程，包括监理文件资料收发文与登记、传阅、分类存放、组卷归档、验收与移交等。

1. 建设工程监理文件资料收文与登记

项目监理机构所有收文应在收文登记表上按监理信息分类分别进行登记，应记录文件名称、文件摘要信息、文件发放单位(部门)、文件编号以及收文日期，必要时应注明接收文件的具体时间，最后由项目监理机构负责收文人员签字。

在监理文件资料有追溯性要求的情况下，应注意核查所填内容是否可追溯。如工程材料报审表中是否明确注明使用该工程材料的具体工程部位，以及该工程材料质量证明原件的保存处等。

当不同类型的监理文件资料之间存在相互对照或追溯关系(如监理通知与监理通知回复单)时，在分类存放的情况下，应在文件和记录上注明相关文件资料的编号和存放处。

项目监理机构文件资料管理人员应检查监理文件资料的各项内容填写和记录是否真实完整，签字认可人员应为符合相关规定的责任人员，并且不得以盖章和打印代替手写签认。建设工程监理文件资料以及存储介质的质量应符合要求，所有文件资料必须符合文件资料归档要求，如用碳素墨水填写或打印生成，以满足长期保存的要求。

对于工程照片及声像资料等，应注明拍摄日期及所反映的工程部位等摘要信息。收文登记后应交给项目总监理工程师或由其授权的监理工程师进行处理，重要文件内容应记录在监理日志中。

涉及建设单位的指令、设计单位的技术核定单及其他重要文件等，应将其复印件公布在项目监理机构专栏中。

2. 建设工程监理文件资料传阅与登记

建设工程监理文件资料需要由总监理工程师或其授权的监理工程师确定是否需要传阅。对于需要传阅的，应确定传阅人员名单和范围，并在文件传阅纸（见图 9–4）上注明，将文件传阅纸随同文件资料一起进行传阅。也按文件传阅纸样式刻制方形图章，盖在文件资料空白处，代替文件传阅纸。

文件名称			
收 / 发文日期			
责任人		传阅期限	
传阅人员	（ ）		
	（ ）		
	（ ）		
	（ ）		
	（ ）		

图 9–4　文件传阅纸样式

每一位传阅人员阅后应在文件传阅纸上签名，并注明日期。文件资料传阅期限不应超过该文件资料的处理期限。传阅完毕后，文件资料原件应交还信息管理人员存档。

3. 建设工程监理文件资料发文与登记

建设工程监理文件资料发文应由总监理工程师或其授权的监理工程师签名，并加盖项目监理机构图章。若为紧急处理的文件，应在文件资料首页标注“急件”字样。

所有建设工程监理文件资料应要求进行分类编码，并在发文登记表上进行登记。登记内容包括：文件资料的分类编码、文件名称、摘要信息、接收文件的单位（部门）名称、发文日期（强调时效性的文件应注明发文的具体日期）。收件人收到文件后应签名。

发文应留有底稿，并附一份文件传阅纸，信息管理人员根据文件签发人指示确定文件责任人和相关传阅人员。文件传阅过程中，每位传阅人员阅后应签名并注明日期。发文的传阅期限不应超过其处理期限。重要文件的发文内

学习笔记

容应记录在监理日志中。

项目监理机构的信息管理人员应及时将发文原件归入相应的资料柜(夹)中,并在文件资料目录中予以记录。

4. 建设工程监理文件资料分类存放

建设工程监理文件资料经收/发文、登记和传阅工作程序后,必须进行科学的分类后进行存放。这样既可以满足工程项目实施过程中查阅、求证的需要,又便于工程竣工后文件资料的归档和移交。

项目监理机构应备有存放监理文件资料的专用柜和用于监理文件资料分类存放的专用资料夹。大中型工程项目监理信息应采用计算机进行辅助管理。

建设工程监理文件资料的分类原则应根据工程特点及监理与相关服务内容确定,工程监理单位的技术管理部门应明确本单位文件档案资料管理的基本原则,以便统一管理并体现建设工程监理企业的特色。建设工程监理文件资料应保持清晰,不得随意涂改记录,保存过程中应保持记录介质的清洁和不破损。

建设工程监理文件资料的分类应根据工程项目的施工顺序、施工承包体系、单位工程的划分及工程质量验收程序等,并结合项目监理机构自身的业务工作开展情况进行,原则上可按施工单位、专业施工部位、单位工程等进行分类,以保证建设工程监理文件资料检索和归档工作的顺利进行。

项目监理机构信息管理部门应注意建立适宜的文件资料存放地点,防止文件资料受潮霉变或虫害侵蚀。

资料夹装满或工程项目某一分部工程或单位工程结束时,相应的文件资料应转存至档案袋,袋面应以相同编号予以标识。

5. 建设工程监理文件资料立卷归档

对与工程建设有关的重要活动、记载工程建设主要过程和现状、具有保存价值的各种载体的文件,均应收集齐全、整理立卷后归档。工程文件的具体归档范围应符合《建设工程文件归档规范》(GB/T 50328—2019)附录A和附录B的要求。

1)立卷流程、原则和方法

立卷应按下列流程进行:

(1)对属于归档范围的工程文件进行分类,确定归入案卷的文件材料。

(2)对卷内文件材料进行排列、编目、装订(或装盒)。

(3)排列所有案卷,形成案卷目录。

立卷应遵循下列原则:

(1)立卷应遵循工程文件的自然形成规律和工程专业的特点,保持卷内文件的有机联系，便于档案的保管和利用。

(2)工程文件应按不同的形成、整理单位及建设程序，按工程准备阶段文件、监理文件、施工文件、竣工图、竣工验收文件分别进行立卷，并可根据数量多少组成一卷或多卷。

(3)一项建设工程由多个单位工程组成时，工程文件应按单位工程立卷。

(4)不同载体的文件应分别立卷。

立卷应采用下列方法：

(1)工程准备阶段文件应按建设程序、形成单位等进行立卷。

(2)监理文件应按单位工程、分部工程或专业、阶段等进行立卷。

(3)施工文件应按单位工程、分部(分项)工程进行立卷。

(4)竣工图应按单位工程分专业进行立卷。

(5)竣工验收文件应按单位工程分专业进行立卷。

(6)电子文件立卷时，每个工程(项目)应建立多级文件夹，应与纸质文件在案卷设置上一致，并应建立相应的标识关系。

(7)声像资料应按建设工程各阶段立卷，重大事件及重要活动的声像资料应按专题立卷，声像档案与纸质档案应建立相应的标识关系。

2)工程文件归档

归档应符合下列规定：

(1)归档文件范围和质量应符合《建设工程文件归档规范》(GB/T 50328—2019)第4章的规定。

(2)归档的文件必须经过分类整理，并应符合《建设工程文件归档规范》(GB/T 50328—2019)第5章的规定。

电子文件归档应包括在线式归档和离线式归档两种方式。可根据实际情况选择其中一种或两种方式进行归档。

归档时间应符合下列规定：

(1)根据建设程序和工程特点，归档可分阶段分期进行，也可在单位工程或分部工程通过竣工验收后进行。

(2)勘察、设计等单位应在任务完成后，施工、监理等单位应在工程竣工验收前，将各自形成的有关工程档案向建设单位归档。

勘察、设计、施工等单位在收齐工程文件并整理立卷后，建设单位、监理单位应根据城建档案管理机构的要求，对归档文件完整、准确、系统情况和案卷质量进行审查。审查合格后方可向建设单位移交。

工程档案的编制不得少于两套，一套应由建设单位保管，一套(原件)应移交当地城建档案管理机构保存。

勘察、设计、施工、监理等单位向建设单位移交档案时，应编制移交清单，双方签字、盖章后方可交接。

6. 建设工程监理文件资料验收与移交

建设工程档案验收时，应查验下列主要内容：

(1) 工程档案齐全、系统、完整，全面反映工程建设活动和工程实际状况。

(2) 工程档案已整理立卷，立卷符合《建设工程文件归档规范》(GB/T 50328—2019) 的规定。

(3) 竣工图的绘制方法、图式及规格等符合专业技术要求，图面整洁，盖有竣工图章。

(4) 文件的形成、来源符合实际，要求单位或个人签章的文件，其签章手续完备。

(5) 文件的材质、幅面、书写、绘图、用墨、托裱等符合要求。

(6) 电子档案格式、载体等符合要求。

(7) 声像档案内容、质量、格式符合要求。

列入城建档案管理机构接收范围的工程，建设单位在工程竣工验收备案前，必须向城建档案管理机构移交一套符合规定的工程档案。

停建、缓建建设工程的档案，可暂由建设单位保管。

对改建、扩建和维修工程，建设单位应组织设计、施工单位对改变部位据实编制新的工程档案，并应在工程竣工验收备案前向城建档案管理机构移交。

当建设单位向城建档案管理机构移交工程档案时，应提交移交案卷目录，办理移交手续，双方签字、盖章后方可交接。

【思政园地】

工程项目资料管理混乱之弊及破解建议

建设工程项目资料是工程建设过程中形成的各种工程信息资料，它贯穿工程建设的全过程，并按一定原则分类、组卷，最后移交建设主管部门归档的整个工程的历史记录，它包括工程基建过程中形成的资料、工程监理过程中形成的资料、工程施工过程中形成的资料和工程竣工图等构成了整个工程的完整历史的信息。收集、积累和管理完整的工程资料是工程实体最终成果的重要组成部分，具有真实性、及时性、同步性，同时也对工程结(决)算起到重要作用。近年来，我局在开展投资审计项目中发现，项目参建各单位在工程资料管理中不同程度地存在收集不规范、资料缺失及后补资料等情况，亟待引起重视。

一、主要原因

(一) 项目负责人员变动频繁，导致资料交接不到位，影响工程资料的连续

学习笔记

性。部分工程建设项目因建设周期长、时间跨度大,建设单位的主要领导、分管领导、项目负责人、重要岗位人员流动性较大,又没有严格执行工作交接制度,极易导致工程资料保管不当而丢失和毁损。

(二)工程资料归档意识欠缺,基础工作不扎实,影响工程资料的完整性。部分建设单位对工程资料归档重视程度不够,将工程档案管理工作"转嫁"给参建的各单位。而作为应承担主体责任的建设单位,在合同订立时既没有重视对各参建单位工程资料归档的约束,在项目实施中又疏于组织收集、整理、归档资料,造成工程资料归档严重滞后,甚至有的建设单位在被检查、被审计时,才临时突击找各参建单位收集资料,致使工程资料零散、无法收集齐全。

(三)在项目建设过程中因未按程序办理相关手续,影响工程资料的有效性。建设项目遇到客观因素需要调整时,按照规定应到有关部门办理调整手续,但由于工期要求紧、手续办理复杂等,加上建设单位工程管理及造价控制意识淡薄,有时出现"口头变更"建设内容、范围、造价金额等,相关手续难以落实到位,最终无法形成书面形式的确认资料,往往对概算控制、工程结(决)算确认造成极大困难。

二、相关建议

(一)提高归档意识,加强过程控制。在项目建设过程中,参建各单位应加强对建设工程资料收集整理工作重要性的认识,按照工程技术资料工作"三同步"的原则,即工程立项开始与施工技术资料收集同步;工程施工过程与施工技术资料形成同步;工程完工验收与工程资料验收同步,将资料管理贯穿到工程施工的全过程。

(二)建立健全内控制度,确保工作有序推进。建设单位应加强项目建设管理,建立健全建设项目管理内控制度,规范项目实施行为,对项目的规划、报建和实施、质量与安全、档案管理等各环节进行有效控制。发生重大变更后及时办理相关手续,收集并整理设计变更、现场签证、会议纪要等第一手原始资料,杜绝"口头变更""口头指令"的发生。

(三)加强合同管理,提高档案管理水平。建设单位在招标投标及合同签订过程中,应明确参建各单位的档案整理、归档及移交等工作要求。同时,加强工程资料与工程进度同步管理,做到同部署、同实施、同验收。

(以上内容来源于贵州平塘县审计局官网)

学习笔记

考证知识训练

模块九考证知识训练

学习笔记

模块十　监理规划与监理实施细则

【任务导入】 本模块主要学习两个重要的监理工作指导文件的编写。任务一学习监理规划的编制，监理规划是项目监理机构全面开展建设工程监理工作的指导性文件；任务二学习监理实施细则的编制，监理实施细则是在监理规划的基础上，针对工程项目中某一专业或某一方面监理工作编制的操作性文件。监理规划和监理实施细则的内容全面具体，而且需要按程序报批后才能实施。

任务一　监理规划

监理规划的内容和审核　　编写依据和要求　　工程建设监理文件

一、监理规划编写依据和要求

（一）监理规划编写依据

1. 工程建设法律法规和标准

（1）国家层面工程建设有关法律法规及政策。无论在任何地区或任何部门进行工程建设，都必须遵守国家层面工程建设相关法律法规及政策。

（2）工程所在地或所属部门颁布的工程建设相关法规、规章及政策。建设工程必然是在某一地区实施的，有时也由某一部门归口管理，这就要求工程建设必须遵守工程所在地或所属部门颁布的工程建设相关法规、规章及政策。

（3）工程建设标准。工程建设必须遵守相关标准、规范及规程等工程建设技术标准和管理标准。

学习笔记

2. 建设工程外部环境调查研究资料

(1)自然条件方面的资料。包括建设工程所在地点的地质、水文、气象、地形以及自然灾害发生情况等方面的资料。

(2)社会和经济条件方面的资料。包括建设工程所在地人文环境、社会治安、建筑市场状况、相关单位(政府主管部门、勘察和设计单位、施工单位、材料设备供应单位、工程咨询和工程监理单位)、基础设施(交通设施、通信设施、公用设施、能源设施)、金融市场情况等方面的资料。

3. 政府批准的工程建设文件

(1)政府发展改革部门批准的可行性研究报告、立项批文。

(2)政府规划土地、环保等部门确定的规划条件、土地使用条件、环境保护要求、市政管理规定。

4. 建设工程监理合同文件

建设工程监理合同的相关条款和内容是编写监理规划的重要依据,主要包括监理工作范围和内容,监理与相关服务依据,工程监理单位的义务和责任,建设单位的义务和责任等。

建设工程监理投标书是建设工程监理合同文件的重要组成部分,工程监理单位在监理大纲中明确的内容,主要包括项目监理组织计划,拟投入主要监理人员,工程质量、造价、进度控制方案,安全生产管理的监理工作,信息管理和合同管理方案,与工程建设相关单位之间关系的协调方法等,均是监理规划的编制依据。

5. 建设工程合同

在编写监理规划时,也要考虑建设工程合同(特别是施工合同)中关于建设单位和施工单位义务及责任的内容,以及建设单位对于工程监理单位的授权。

6. 建设单位的合理要求

工程监理单位应竭诚为客户服务,在不超出合同职责范围的前提下,工程监理单位应最大限度地满足建设单位的合理要求。

7. 工程实施过程中输出的有关工程信息

工程实施过程中输出的有关工程信息主要包括方案设计、初步设计、施工图设计、工程实施状况、工程招标投标情况、重大工程变更、外部环境变化等。

(二)监理规划编写要求

1. 监理规划的基本构成内容应当力求统一

监理规划在总体内容组成上应力求做到统一,这是监理工作规范化、制度化、科学化的要求。

监理规划基本构成内容主要取决于工程监理制度对于工程监理单位的基本要求。根据建设工程监理的基本内涵，工程监理单位受建设单位委托，需要控制建设工程质量、造价、进度三大目标，需要进行合同管理和信息管理，协调有关单位间的关系，还需要履行安全生产管理的法定职责。工程监理单位的上述基本工作内容决定监理规划的基本构成内容，而且由于监理规划对于项目监理机构全面开展监理工作的指导性作用，对整个监理工作的组织、控制及相应的方法和措施的规划等也成为监理规划必不可少的内容。为此，监理规划的基本构成内容应包括：项目监理组织及人员岗位职责，监理工作制度，工程质量、造价、进度控制，安全生产管理的监理工作，合同与信息管理，组织协调等。

就某一特定建设工程而言，监理规划应根据建设工程监理合同所确定的监理范围和深度编制，但其主要内容应力求体现上述内容。

2. 监理规划的内容应具有针对性、指导性和可操作性

监理规划作为指导项目监理机构全面开展监理工作的纲领性文件，其内容应具有很强的针对性、指导性和可操作性。每个项目的监理规划既要考虑项目自身特点，又要根据项目监理机构的实际状况，在监理规划中明确规定项目监理机构在工程实施过程中各个阶段的工作内容、工作人员、工作时间和地点、工作的具体方式方法等。只有这样，监理规划才能起到有效的指导作用，真正成为项目监理机构进行各项工作的依据。监理规划只要能够对有效实施建设工程监理做好指导工作，使项目监理机构能圆满完成所承担的建设工程监理任务，就是一个合格的监理规划。

3. 监理规划应由总监理工程师组织编制

《建设工程监理规范》(GB/T 50319—2013)明确规定，总监理工程师应组织编制监理规划。当然，真正要编制一份合格的监理规划，还要充分调动整个项目监理机构中专业监理工程师的积极性，广泛征求各专业监理工程师和其他监理人员的意见，并吸收水平较高的专业监理工程师共同参与编写。

监理规划的编写还应听取建设单位的意见，以便能最大限度地满足其合理要求，使监理工作得到有关各方的理解和支持，为进一步做好监理服务奠定基础。

4. 监理规划应把握工程项目运行的脉搏

监理规划是针对具体工程项目编写的，而工程项目的动态性决定了监理规划的具体可变性。监理规划要把握工程项目运行的脉搏，是指其可能随着工程进展进行不断地补充、修改和完善。在工程项目运行过程中，内外因素和条件不可避免地要发生变化，造成工程实际情况偏离计划，往往需要调整计划

学习笔记

乃至目标，这就可能造成监理规划在内容上也要进行相应调整。

5. 监理规划应有利于建设工程监理合同的履行

监理规划是针对特定的一个工程的监理范围和内容来编写的，而建设工程监理范围和内容是由工程监理合同来明确的。项目监理机构应充分了解工程监理合同中建设单位、工程监理单位的义务和责任，对完成工程监理合同目标控制任务的主要影响因素进行分析，制订具体的措施和方法，确保工程监理合同的履行。

6. 监理规划的表达方式应当标准化、格式化

监理规划的内容需要选择最有效的方式和方法来表示，图、表和简单的文字说明应当是基本方法。规范化、标准化是科学管理的标志之一。所以，编写监理规划应当采用什么表格、图示以及哪些内容需要采用简单的文字说明应当做出统一规定。

7. 监理规划的编制应充分考虑时效性

监理规划应在签订建设工程监理合同及收到工程设计文件后由总监理工程师组织编制，并应在召开第一次工地会议 7 d 前报建设单位。监理规划报送前还应由监理单位技术负责人审核签字。因此，监理规划的编写还要留出必要的审查和修改时间。为此，应当对监理规划的编写时间事先做出明确规定，以免编写时间过长，从而耽误监理规划对监理工作的指导，使监理工作陷于被动和无序。

8. 监理规划经审核批准后方可实施

监理规划在编写完成后须进行审核并经批准。监理单位的技术管理部门是内部审核单位，技术负责人应当签认，同时，还应当按工程监理合同约定提交给建设单位，由建设单位确认。

二、监理规划的主要内容

《建设工程监理规范》(GB/T 50319—2013)明确规定，监理规划的内容包括：工程概况，监理工作的范围、内容和目标，监理工作依据，监理组织形式、人员配备及进退场计划、监理人员岗位职责，监理工作制度，工程质量控制，工程造价控制，工程进度控制，安全生产管理的监理工作，合同管理与信息管理，组织协调，监理工作设施。

（一）工程概况

工程概况包括：

学习笔记

(1) 工程项目名称。

(2) 工程项目建设地点。

(3) 工程项目组成及建设规模(见表 10–1)。

表 10–1　工程项目组成及建设规模

序号	工程名称	承建单位	工程数量

(4) 主要建筑结构类型(见表 10–2)。

表 10–2　主要建筑结构类型

工程名称	基础	主体结构	设备	…	装修

(5) 工程概算投资额或建安工程造价。

(6) 工程项目计划工期,包括开、竣工日期。

(7) 工程质量目标。

(8) 设计单位及施工单位名称、项目负责人(见表 10–3 和表 10–4)。

表 10–3　设计单位情况

设计单位	设计内容	负责人

表 10–4　施工单位情况

施工单位	承包工程内容	负责人

学习笔记

(9)工程项目结构图、组织关系图和合同结构图。

(10)工程项目特点。

(11)其他说明。

(二)监理工作的范围、内容和目标

1. 监理工作范围

工程监理单位所承担的建设工程监理任务，可能是全部工程项目，也可能是某单位工程，或是某专业工程，监理工作范围虽然已在建设工程监理合同中明确，但需要在监理规划中列明并做进一步说明。

2. 监理工作内容

建设工程监理基本工作内容包括：工程质量、造价、进度三大目标控制，合同管理和信息管理，组织协调，以及履行建设工程安全生产管理的法定职责。监理规划中需要根据建设工程监理合同的约定进一步细化监理工作内容。

3. 监理工作目标

监理工作目标是指工程监理单位预期达到的工作目标。通常以建设工程质量、造价、进度三大目标的控制值来表示。

(1)工程质量控制目标：工程质量合格及建设单位的其他要求。

(2)工程造价控制目标：以____年预算为基价，静态投资为____万元(或合同价为____万元)。

(3)工期控制目标：____个月或自____年____月____日至____年____月____日。

在建设工程监理实际工作中，应进行工程质量、造价、进度目标的分解，运用动态控制原理对分解的目标进行跟踪检查，对实际值与计划值进行比较、分析和预测，当发现问题时，及时采取组织、技术、经济和合同等措施进行纠偏和调整，以确保工程质量、造价、进度目标的实现。

(三)监理工作依据

依据《建设工程监理规范》(GB/T 50319—2013)，实施建设工程监理的依据主要包括法律法规及工程建设标准、建设工程勘察设计文件、建设工程监理合同及其他合同文件等。编制特定工程的监理规划，不仅要以上述内容为依据，而且还要收集有关资料作为编制依据，见表10-5。

表 10-5　监理规划的编制依据

编制依据	文件资料名称	
反映工程特征的资料	勘察设计阶段监理相关服务	(1) 可行性研究报告或设计任务书 (2) 项目立项批文 (3) 规划红线范围 (4) 用地许可证 (5) 设计条件通知书 (6) 地形图
	施工阶段监理	(1) 设计图纸和施工说明书 (2) 地形图 (3) 施工合同及其他建设工程合同
反映建设单位对项目监理要求的资料	监理合同：反映监理工作范围和内容、监理大纲、监理投标文件	
反映工程建设条件的资料	(1) 当地气象资料和工程地质及水文资料 (2) 当地建筑材料供应状况的资料 (3) 当地勘察设计和土建安装力量的资料 (4) 当地交通、能源和市政公用设施的资料 (5) 检测、监测、设备租赁等其他工程参建方的资料	
反映当地工程建设法规及政策方面的资料	(1) 工程建设程序 (2) 招标投标和工程监理制度 (3) 工程造价管理制度等 (4) 有关法律法规及政策	
工程建设法律法规及标准	法律法规，部门规章，建设工程监理规范，勘察、设计、施工、质量评定、工程验收等方面的规范、规程、标准等	

(四) 监理组织形式、人员配备及进退场计划、监理人员岗位职责

1. 项目监理机构组织形式

工程监理单位派驻施工现场的项目监理机构的组织形式和规模，应根据建设工程监理合同约定的服务内容、服务期限，以及工程特点、规模、技术复杂程度、环境等因素确定。

项目监理机构组织形式可用项目组织机构图来表示。图 10-1 为某项目监理机构组织示例。在监理规划的组织机构图中可注明各相关部门所任职监理人员的姓名。

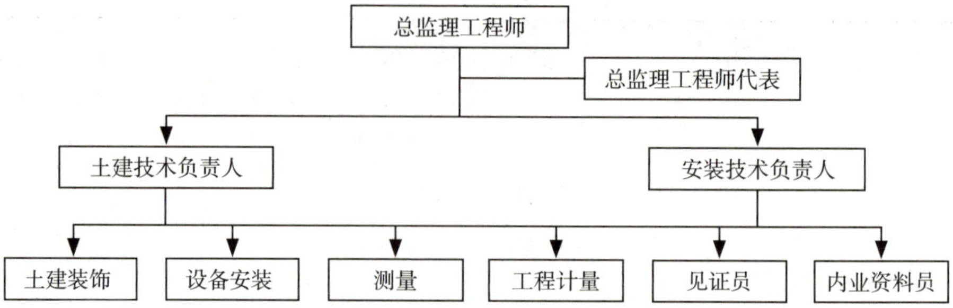

图 10-1　某项目监理机构组织示例

2. 项目监理机构人员配备计划

项目监理机构监理人员应由总监理工程师、专业监理工程师和监理员组成，且专业配套、数量应满足建设工程监理工作的需要，必要时可设总监理工程师代表。

项目监理机构配备的监理人员应与监理投标文件或监理项目建议书的内容一致，并详细注明职称及专业等，可按表 10-6 的格式填报。要求填入真实到位人数。对于某些兼职监理人员，要说明参加本建设工程监理的确切时间，以便核查，以免名单开列数与实际数不相符而发生纠纷，这是监理工作中易出现的问题，必须避免。

表 10-6　项目监理机构人员配备计划

序号	姓名	性别	年龄	职称或职务	本工程拟担任岗位	专业特长	以往承担过的主要工程及岗位	进场时间	退场时间
1									
⋮									

项目监理机构人员配备计划应根据建设工程监理进程合理安排，可用表 10-7 或表 10-8 等形式表示。

表 10-7　项目监理机构人员配备计划

月份	3	4	5	…	12
专业监理工程师	8	9	10	…	6
监理员	24	26	30	…	20
文秘人员	3	4	4	…	4

表 10-8　某工程项目监理机构人员配备计划

月份	3	4	5	6	7	8	9	10	11	12	…	合计
总监理工程师	★	★	★	★	★	★	★	★	★	★		18
总监理工程师代表	★				★	★	★		★			9
土建监理工程师	★	★	★	★	★	★	★					10
机电监理工程师					★	★	★	★	★	★		8
造价监理工程师	★	★	★	★	★	★	★	★	★	★		18
造价监理员	★	★	★	★	★	★	★	★	★			10
土建监理员	★	★	★	★	★	★	★			★		11
机电监理员							★		★	★		9
资料员	★	★	★	★	★	★	★	★	★	★		18
⋮												⋮
合计 / 人	7	6	6	6	8	8	9	5	7	6		101

3. 项目监理人员岗位职责

项目监理机构监理人员分工及岗位职责应根据监理合同约定的监理工作范围和内容以及《建设工程监理规范》(GB/T 50319—2013)的规定，由总监理工程师安排和明确。总监理工程师应督促和考核监理人员职责的履行。必要时，可设总监理工程师代表，行使部分总监理工程师的岗位职责。

总监理工程师应根据项目监理机构监理人员的专业、技术水平、工作能力、实践经验等细化和落实相应的岗位职责。

（五）监理工作制度

为全面履行建设工程监理职责，确保建设工程监理服务质量，监理规划中应根据工程特点和工作重点明确相应的监理工作制度。主要包括项目监理机构现场监理工作制度、项目监理机构内部工作制度及相关服务工作制度（必要时）。

1. 项目监理机构现场监理工作制度

(1)图纸会审及设计交底制度。

(2)施工组织设计审核制度。

(3)工程开工、复工审批制度。

(4)整改制度，包括签发监理通知单和工程暂停令等。

(5)平行检验、见证取样、巡视检查和旁站制度。

(6)工程材料、半成品质量检验制度。

学习笔记

(7)隐蔽工程验收、分项(部)工程质量验收制度。

(8)单位工程验收、单项工程验收制度。

(9)监理工作报告制度。

(10)安全生产监督检查制度。

(11)质量安全事故报告和处理制度。

(12)技术经济签证制度。

(13)工程变更处理制度。

(14)现场协调会及会议纪要签发制度。

(15)施工备忘录签发制度。

(16)工程款支付审核、签认制度。

(17)工程索赔审核、签认制度等。

2. 项目监理机构内部工作制度

(1)项目监理机构工作会议制度,包括监理交底会议,监理例会、监理专题会,监理工作会议等。

(2)项目监理机构人员岗位职责制度。

(3)对外行文审批制度。

(4)监理工作日志制度。

(5)监理周报、月报制度。

(6)技术、经济资料及档案管理制度。

(7)监理人员教育培训制度。

(8)监理人员考勤、业绩考核及奖惩制度。

3. 相关服务工作制度

如果提供相关服务,还需要建立以下制度:

(1)项目立项阶段:包括可行性研究报告评审制度和工程估算审核制度等。

(2)设计阶段:包括设计大纲、设计要求编写及审核制度,设计合同管理制度,设计方案评审办法,工程概算审核制度,施工图纸审核制度,设计费用支付签认制度,设计协调会制度等。

(3)施工招标阶段:包括招标管理制度,标底或招标控制价编制及审核制度,合同条件拟订及审核制度,组织招标实务有关规定等。

(六)工程质量控制

工程质量控制重点在于预防,即在既定目标的前提下,遵循质量控制原则,制定总体质量控制措施、专项工程预控方案,以及质量事故处理方案,具体包括以下内容。

学习笔记

1. 工程质量控制目标描述

(1)施工质量控制目标。

(2)材料质量控制目标。

(3)设备质量控制目标。

(4)设备安装质量控制目标。

(5)质量目标实现的风险分析。项目监理机构宜根据工程特点、施工合同、工程设计文件及经过批准的施工组织设计对工程质量目标控制进行风险分析,并提出防范性对策。

2. 工程质量控制的主要任务

(1)审查施工单位现场的质量保证体系,包括质量管理组织机构、管理制度及专职管理人员和特种作业人员的资格。

(2)审查施工组织设计、(专项)施工方案。

(3)审查工程使用的新材料、新工艺、新技术、新设备的质量认证材料和相关验收标准的适用性。

(4)检查、复核施工控制测量成果及保护措施。

(5)审核分包单位资格,检查施工单位为本工程提供服务的试验室。

(6)审查施工单位用于工程的材料、构配件、设备的质量证明文件,并按要求对用于工程的材料进行见证取样、平行检验,对施工质量进行平行检验。

(7)审查影响工程质量的计量设备的检查和检定报告。

(8)采用旁站、巡视检查、平行检验等方式对施工过程进行检查监督。

(9)对隐蔽工程、检验批、分项工程和分部工程进行验收。

(10)对质量缺陷、质量问题、质量事故及时进行处置和检查验收。

(11)对单位工程进行竣工验收,并组织工程竣工预验收。

(12)参加工程竣工验收,签署建设工程监理意见。

3. 工程质量控制工作流程与措施

(1)工程质量控制工作流程。依据分解的目标编制质量控制工作流程图(略)。

(2)工程质量控制的具体措施。

①组织措施。建立健全项目监理机构,完善职责分工,制定有关质量监督制度,落实质量控制责任。

②技术措施。协助完善质量保证体系,严格事前、事中和事后的质量检查监督。

③经济措施及合同措施。严格质量检查和验收,不符合合同规定质量要求的,拒付工程款;达到建设单位特定质量目标要求的,按合同支付工程质量

学习笔记

补偿金或奖金。

4. 旁站方案

（略）

5. 工程质量目标状况动态分析

（略）

6. 工程质量控制表格

（略）

（七）工程造价控制

项目监理机构应全面了解工程施工合同文件、工程设计文件、施工进度计划等内容，熟悉合同价款的计价方式、施工投标报价及组成、工程预算等情况，明确工程造价控制的目标和要求，制定工程造价控制工作流程、方法和措施，以及针对工程特点确定工程造价控制的重点和目标值，将工程实际造价控制在计划造价范围内。

1. 工程造价控制的目标分解

(1)按建设工程费用组成分解。

(2)按年度、季度分解。

(3)按建设工程实施阶段分解。

2. 工程造价控制的工作内容

(1)熟悉施工合同及约定的计价规则，复核、审查施工图预算。

(2)定期进行工程计量，复核工程进度款申请，签署进度款付款签证。

(3)建立月完成工程量统计表，对实际完成量与计划完成量进行比较分析，发现有偏差的，应提出调整建议，并报告建设单位。

(4)按程序进行竣工结算款审核，签署竣工结算款支付证书。

3. 工程造价控制主要方法

在工程造价目标分解的基础上，依据施工进度计划、施工合同等文件，编制资金使用计划，可列表编制（见表 10-9），并运用动态控制原理，对工程造价进行动态分析、比较和控制。

表 10-9 资金使用计划

工程名称	××××年度				××××年度				××××年度				总额
	一	二	三	四	一	二	三	四	一	二	三	四	

工程造价动态比较的内容包括：

(1)工程造价目标分解值与造价实际值的比较；

(2)工程造价目标值的预测分析。

4. 工程造价目标实现的风险分析

项目监理机构宜根据工程特点、施工合同、工程设计文件及经过批准的施工组织设计对工程造价目标控制进行风险分析，并提出防范性对策。

5. 工程造价控制工作流程与措施

(1)工程造价控制工作流程。依据工程造价目标分解编制工程造价控制工作流程图(略)。

(2)工程造价控制具体措施。

①组织措施。包括建立健全项目监理机构，完善职责分工及有关制度，落实工程造价控制责任。

②技术措施。对材料、设备采购，通过质量价格比选，合理确定生产供应单位；通过审核施工组织设计和施工方案，使施工组织合理化。

③经济措施。包括及时进行计划费用与实际费用的分析比较；对原设计或施工方案提出合理化建议并被采用，由此产生的投资节约按合同规定予以奖励。

④合同措施。按合同条款支付工程款，防止过早、过量地支付。减少施工单位的索赔，正确处理索赔事宜等。

6. 工程造价控制表格

(略)

(八)工程进度控制

项目监理机构应全面了解工程施工合同文件、施工进度计划等内容，明确施工进度控制的目标和要求，制定施工进度控制工作流程、方法和措施，以及针对工程特点确定工程进度控制的重点和目标值，将工程实际进度控制在计划工期范围内。

1. 工程总进度目标分解

(1)年度、季度进度目标。

(2)各阶段的进度目标。

(3)各子项目进度目标。

2. 工程进度控制工作内容

(1)审查施工总进度计划和阶段性施工进度计划。

(2)检查、督促施工进度计划的实施。

学习笔记

(3)进行进度目标实现的风险分析,制订进度控制的方法和措施。

(4)预测实际进度对工程总工期的影响,分析工期延误原因,制订对策和措施,并报告工程实际进展情况。

3. 工程进度控制方法

(1)加强施工进度计划的审查,督促施工单位制订和履行切实可行的施工计划。

(2)运用动态控制原理进行进度控制。施工进度计划在实施过程中受各种因素的影响可能会出现偏差,项目监理机构应对施工进度计划的实施情况进行动态检查,对照施工实际进度和计划进度,判定实际进度是否出现偏差。发现实际进度严重滞后且影响合同工期时,应签发监理通知单,召开专题会议,要求施工单位采取调整措施加快施工进度,并督促施工单位按调整后批准的施工进度计划实施。

工程进度动态比较的内容包括:

①工程进度目标分解值与进度实际值的比较;

②工程进度目标值的预测分析。

4. 工程进度控制工作流程与措施

(1)工程进度控制工作流程图(略)。

(2)工程进度控制的具体措施。

①组织措施。落实进度控制的责任,建立进度控制协调制度。

②技术措施。建立多级网络计划体系,监控施工单位的实施作业计划。

③经济措施。对工期提前者实行奖励;对应急工程实行较高的计件单价;确保资金的及时供应等。

④合同措施。按合同要求及时协调有关各方的进度,以确保建设工程的形象进度。

5. 工程进度控制表格

(略)

(九)安全生产管理的监理工作

项目监理机构应根据法律法规、工程建设强制性标准,履行建设工程安全生产管理的监理职责。项目监理机构应根据工程项目的实际情况,加强对施工组织设计中涉及安全技术措施的审核,加强对专项施工方案的审查和监督,加强对现场安全事故隐患的检查,发现问题及时处理,防止和避免安全事故的发生。

学习笔记

1. 安全生产管理的监理工作目标

履行法律法规赋予工程监理单位的法定职责，尽可能防止和避免施工安全事故的发生。

2. 安全生产管理的监理工作内容

(1) 编制建设工程监理实施细则，落实相关监理人员。

(2) 审查施工单位现场安全生产规章制度的建立和实施情况。

(3) 审查施工单位安全生产许可证及施工单位项目经理、专职安全生产管理人员和特种作业人员的资格，核查施工机械和设施的安全许可验收手续。

(4) 审查施工承包人提交的施工组织设计，重点审查其中的质量安全技术措施、专项施工方案与工程建设强制性标准的符合性。

(5) 审查包括施工起重机械和整体提升脚手架、模板等自升式架设设施等在内的施工机械和设施的安全许可验收手续情况。

(6) 巡视检查危险性较大的分部分项工程专项施工方案实施情况。

(7) 对施工单位拒不整改或不停止施工时，应及时向有关主管部门报送监理报告。

3. 专项施工方案的编制、审查和实施的监理要求

(1) 专项施工方案编制要求。实行施工总承包的，专项施工方案应当由总承包施工单位组织编制，其中起重机械安装拆卸工程、深基坑工程、附着式升降脚手架等专业工程实行分包的，其专项施工方案可由专业分包单位组织编制。实行施工总承包的，专项施工方案应当由总承包施工单位技术负责人及相关专业分包单位技术负责人签字。对于超过一定规模的危险性较大的分部分项工程专项方案应当由施工单位组织召开专家论证会。

(2) 专项施工方案监理审查要求：

①对编制的程序进行符合性审查；

②对实质性内容进行符合性审查。

(3) 专项施工方案实施要求。施工单位应当严格按照专项方案组织施工，安排专职安全管理人员实施管理，不得擅自修改、调整专项施工方案。如因设计、结构、外部环境等因素发生变化确需修改，应及时报告项目监理机构，修改后的专项施工方案应当按相关规定重新审核。

4. 安全生产管理的监理方法和措施

(1) 通过审查施工单位现场安全生产规章制度的建立和实施情况，督促施工单位落实安全技术措施和应急救援预案，加强风险防范意识，预防和避免安全事故发生。

(2)通过项目监理机构安全管理责任风险分析，制定监理实施细则，落实监

学习笔记

理人员，加强日常巡视和安全检查，发现安全事故隐患时，项目监理机构应当履行监理职责，采取会议、告知、通知、停工、报告等措施向施工单位管理人员指出，预防和避免安全事故发生。

5. 安全生产管理监理工作表格

（略）

（十）合同管理与信息管理

1. 合同管理

合同管理主要是对建设单位与施工单位、材料设备供应单位等签订的合同进行管理，从合同执行等各个环节进行管理，督促合同双方履行合同，并维护合同订立双方的正当权益。

⑴合同管理的主要工作内容：

①处理工程暂停工及复工、工程变更、索赔及施工合同争议、解除等事宜；

②处理施工合同终止的有关事宜。

⑵合同结构。结合项目结构图和项目组织结构图，以合同结构图形式表示，并列出项目合同目录一览表(见表10–10)。

表10–10　项目合同目录一览表

序号	合同编号	合同名称	施工单位	合同价	合同工期	质量要求

⑶合同管理工作流程与措施：

①工作流程图（略）；

②合同管理具体措施（略）。

⑷合同执行状况的动态分析（略）。

⑸合同争议调解与索赔处理程序（略）。

⑹合同管理表格（略）。

2. 信息管理

信息管理是建设工程监理的基础性工作，通过对建设工程形成的信息进行收集、整理、处理、存储、传递与运用，保证能够及时、准确地获取所需要的信息。具体工作包括监理文件资料的管理内容，监理文件资料的管理原则和要求，监理文件资料的管理制度和程序，监理文件资料的主要内容，监理文件资料的归档和移交等。

(1)信息分类表,见表 10-11。

表 10-11　信息分类表

序号	信息类别	信息名称	信息管理要求	责任人

(2)项目监理机构内部信息流程图(略)。

(3)信息管理工作流程与措施:

①工作流程图(略);

②信息管理具体措施(略)。

(4)信息管理表格(略)。

(十一)组织协调

组织协调工作是指监理人员通过对项目监理机构内部人与人之间、机构与机构之间,以及监理组织与外部环境组织之间的工作进行协调与沟通,从而使工程参建各方相互理解、步调一致。具体包括编制工程项目组织管理框架、明确组织协调的范围和层次,制定项目监理机构内、外协调的范围、对象和内容,制定监理组织协调的原则、方法和措施,明确处理危机关系的基本要求等。

1. 组织协调的范围和层次

(1)组织协调的范围:项目组织协调的范围包括建设单位、工程建设参与各方(政府管理部门)之间的关系。

(2)组织协调的层次,包括:

①协调工程参与各方之间的关系;

②工程技术协调。

2. 组织协调的主要工作

(1)项目监理机构的内部协调:

①总监理工程师牵头,做好项目监理机构内部人员之间的工作关系协调;

②明确监理人员分工及各自的岗位职责;

③建立信息沟通制度;

④及时交流信息、处理矛盾,建立良好的人际关系。

学习笔记

(2)与工程建设有关单位的外部协调:

①建设工程系统内的单位。进行建设工程系统内的单位协调重点分析，主要包括建设单位、设计单位、施工单位、材料和设备供应单位、资金提供单位等。

②建设工程系统外的单位。进行建设工程系统外的单位协调重点分析，主要包括政府建设行政主管机构、政府其他有关部门、工程毗邻单位、社会团体等。

3. 组织协调方法和措施

(1)组织协调方法:

①会议协调:监理例会、专题会议等方式;

②交谈协调:面谈、电话、网络等方式;

③书面协调:通知书、联系单、月报等方式;

④访问协调:走访或约见等方式。

(2)不同阶段组织协调措施:

①开工前的协调:如第一次工地例会等;

②施工过程中协调;

③竣工验收阶段协调。

4. 协调工作程序

(1)工程质量控制协调程序。

(2)工程造价控制协调程序。

(3)工程进度控制协调程序。

(4)其他方面工作协调程序。

5. 协调工作表格

(略)

(十二)监理工作设施

(1)制定监理设施管理制度。

(2)根据建设工程类别、规模、技术复杂程度、建设工程所在地的环境条件，按建设工程监理合同约定，配备满足监理工作需要的常规检测设备和工具。

(3)落实场地、办公、交通、通信、生活等设施，配备必要的影像设备。

(4)项目监理机构应将拥有的监理设备和工具(如计算机、设备、仪器、工具、照相机、摄像机等)列表(见表10-12)，注明数量、型号和使用时间，并指定专人负责管理。

学习笔记

表 10-12　常规检测设备和工具

序号	仪器设备名称	型号	数量	使用时间	备注
1					
2					
3					
4					
5					
6					
⋮					

三、监理规划报审

（一）监理规划报审程序

依据《建设工程监理规范》(GB/T 50319—2013)，监理规划应在签订建设工程监理合同及收到工程设计文件后编制，在召开第一次工地会议前报送建设单位。监理规划报审程序的时间节点安排、各节点工作内容及负责人见表 10-13。

表 10-13　监理规划报审程序

序号	时间节点安排	工作内容	负责人
1	签订监理合同及收到工程设计文件后	编制监理规划	总监理工程师组织 专业监理工程师参与
2	编制完成、总监理工程师签字后	监理规划审批	监理单位技术负责人审批
3	第一次工地会议前	报送建设单位	总监理工程师报送
4	设计文件、施工组织计划和施工方案等发生重大变化时	调整监理规划	总监理工程师组织 专业监理工程师参与
		重新审批监理规划	监理单位技术负责人重新审批

（二）监理规划的审核内容

监理规划在编写完成后需要进行审核并经批准。监理单位技术管理部门是内部审核单位，其技术负责人应当签认。监理规划审核的内容主要包括以

学习笔记

下几个方面。

1. 监理范围、工作内容及监理目标的审核

依据监理招标文件和建设工程监理合同，审核是否理解建设单位的工程建设意图，监理范围、监理工作内容是否已包括全部委托的工作任务，监理目标是否与建设工程监理合同要求和建设意图相一致。

2. 项目监理机构的审核

(1)组织机构方面。组织形式、管理模式等是否合理，是否已结合工程实施特点，是否能够与建设单位的组织关系和施工单位的组织关系相协调等。

(2)人员配备方面。人员配备方案应从以下几个方面审查：

①派驻监理人员的专业满足程度。应根据工程特点和建设工程监理任务的工作范围，不仅考虑专业监理工程师如土建监理工程师、安装监理工程师等能够满足开展监理工作的需要，而且还要看其专业监理人员是否覆盖了工程实施过程中的各种专业要求，以及高、中级职称和年龄结构的组成。

②人员数量的满足程度。主要审核从事监理工作人员在数量和结构上的合理性。按照我国已完成监理工作的工程资料统计测算，在施工阶段，大中型建设工程每年完成100万元的工程量所需监理人员为0.6～1人，专业监理工程师、一般监理人员和行政文秘人员的结构比例为1：3：1。专业类别较多的工程的监理人员数量应适当增加。

③专业人员不足时采取的措施是否恰当。大中型建设工程由于技术复杂、涉及的专业面宽，当工程监理单位的技术人员不足以满足全部监理工作要求时，对拟临时聘用的监理人员的综合素质应认真审核。

④派驻现场人员计划表。对于大中型建设工程，不同阶段对所需要的监理人员在人数和专业等方面的要求不同，应对各阶段所派驻现场监理人员的专业、数量计划是否与建设工程进度计划相适应进行审核。还应平衡正在其他工程上执行监理业务的人员，是否能按照预定计划进入本工程参加监理工作。

3. 工作计划的审核

在工程进展中各个阶段的工作实施计划是否合理、可行，审查其在每个阶段中如何控制建设工程目标以及组织协调方法。

4. 工程质量、造价、进度控制方法的审核

对三大目标控制方法和措施应重点审查，看其如何应用组织、技术、经济、合同措施保证目标的实现，方法是否科学、合理、有效。

5. 对安全生产管理监理工作内容的审核

对安全生产管理监理工作内容的审核主要是审核安全生产管理的监理工作内容是否明确；是否制定了相应的安全生产管理实施细则；是否建立了对施

工组织设计、专项施工方案的审查制度；是否建立了对现场安全隐患的巡视检查制度；是否建立了安全生产管理状况的监理报告制度；是否制定了安全生产事故的应急预案等。

6. 监理工作制度的审核

监理工作制度的审核主要审查项目监理机构内、外工作制度是否健全、有效。

【思政园地】

“监理规划的编制，很能体现一位总监理工程师的综合能力。抄袭、拷贝别人的规划，不在本文探讨之内，其实，有针对性的规划编制是无法抄袭的。大多数项目不重视监理规划的编制，其实，编制好了监理规划，项目监理机构人员对整个项目会有一个清晰的监管思路。”

“很多监理规划，翻上两页，便没有再看下去的兴趣。没有用心做的事情，肯定吸引不了别人，甚至连自己都不愿再看第二眼。”

《建设工程监理规范》(GB/T 50319—2013)中，明确了监理规划的编制内容，编制纲要。根据其大纲、项目施工图、施工单位上报的施工组织设计及各专项方案、合同、规范等相关资料，结合项目特征及监理人员自身的经验进行详细编制。

“所以，监理规划，每一个工程项目都是不一样的，每一个建筑都是唯一的。”

（摘自网文《在琐碎繁复中见证总监工作》，作者周环宇）

任务二　监理实施细则

一、监理实施细则编写依据和要求

监理实施细则

监理实施细则是在监理规划的基础上，当落实了各专业监理责任和工作内容后，由专业监理工程师针对工程具体情况制定出更具实施性和操作性的业务文件，其作用是具体指导监理业务的实施。

（一）监理实施细则编写依据

《建设工程监理规范》(GB/T 50319—2013)规定了监理实施细则编写的依据：

学习笔记

(1)已批准的建设工程监理规划。

(2)与专业工程相关的标准、设计文件和技术资料。

(3)施工组织设计、(专项)施工方案。

除了《建设工程监理规范》(GB/T 50319—2013)中规定的相关依据,监理实施细则在编制过程中,还可以融入工程监理单位的规章制度和经认证发布的质量体系,以达到监理内容的全面、完整,有效提高建设工程监理自身的工作质量。

(二)监理实施细则编写要求

《建设工程监理规范》(GB/T 50319—2013)规定,采用新材料、新工艺、新技术、新设备的工程,以及专业性较强、危险性较大的分部分项工程,应编制监理实施细则。对于工程规模较小、技术较为简单且有成熟监理经验和施工技术措施落实的情况下,可以不必编制监理实施细则。

监理实施细则应符合监理规划的要求,并应结合工程专业特点,做到详细具体、具有可操作性。监理实施细则可随工程进展编制,但应在相应工程开始前由专业监理工程师编制完成,并经总监理工程师审批后实施。可根据建设工程实际情况及项目监理机构工作需要增加其他内容。当工程发生变化导致监理实施细则所确定的工作流程、方法和措施需要调整时,专业监理工程师应对监理实施细则进行补充、修改。

从监理实施细则目的角度,监理实施细则应满足以下三方面要求。

1. 内容全面

监理工作包括“三控两管一协调”与安全生产管理的监理工作,监理实施细则作为指导监理工作的操作性文件应涵盖这些内容。在编制监理实施细则前,专业监理工程师应依据建设工程监理合同和监理规划确定的监理范围和内容,结合需要编制监理实施细则的专业工程特点,对工程质量、造价、进度主要影响因素以及安全生产管理的监理工作的要求,制定内容细致、翔实的监理实施细则,确保监理目标的实现。

2. 针对性强

独特性是工程项目的本质特征之一,没有两个完全一样的项目。因此,监理实施细则应在相关依据的基础上,结合工程项目实际建设条件、环境、技术、设计、功能等进行编制,确保监理实施细则的针对性。为此,在编制监理实施细则前,各专业监理工程师应组织本专业监理人员熟悉本专业的设计文件、施工图纸和施工方案,应结合工程特点,分析本专业监理工作的难点、重点及其主要影响因素,制定有针对性的组织、技术、经济和合同等措施。同时,在监理工作实施过程中,监理实施细则要根据实际情况进行补充、修改和完善。

学习笔记

3. 可操作性强

监理实施细则应有可行的操作方法、措施,详细、明确的控制目标值和全面的监理工作计划。

二、监理实施细则的主要内容

《建设工程监理规范》(GB/T 50319—2013)明确规定了监理实施细则应包含的内容,即专业工程特点、监理工作流程、监理工作控制要点,以及监理工作方法及措施。

(一)专业工程特点

专业工程特点是指需要编制监理实施细则的工程专业特点,而不是简单的工程概述。专业工程特点应从专业工程施工的重点和难点、施工范围和施工顺序、施工工艺、施工工序等内容进行有针对性的阐述,体现为工程施工的特殊性、技术的复杂性,与其他专业的交叉和衔接以及各种环境约束条件。

除专业工程外,新材料、新工艺、新技术,以及对工程质量、造价、进度应加以重点控制等特殊要求也需要在监理实施细则中体现。

(二)监理工作流程

监理工作流程是结合工程相应专业制定的具有可操作性和可实施性的流程图。不仅涉及最终产品的检查验收,更多地涉及施工中各个环节及中间产品的监督检查与验收。

监理工作涉及的流程包括开工审核工作流程、施工质量控制流程、进度控制流程、造价(工程量计量)控制流程、安全生产和文明施工监理流程、测量监理流程、施工组织设计审核工作流程、分包单位资格审核流程、建筑材料审核流程、技术审核流程、工程质量问题处理审核流程、旁站检查工作流程、隐蔽工程验收流程、工程变更处理流程、信息资料管理流程等。

某建筑工程预制混凝土空心管桩分项工程监理工作流程如图10–2所示。

(三)监理工作控制要点

监理工作控制要点及目标值是对监理工作流程中工作内容的增加和补充,应将流程图设置的相关监理控制点和判断点进行详细而全面的描述。将监理工作目标和检查点的控制指标、数据和频率等阐明清楚。

学习笔记

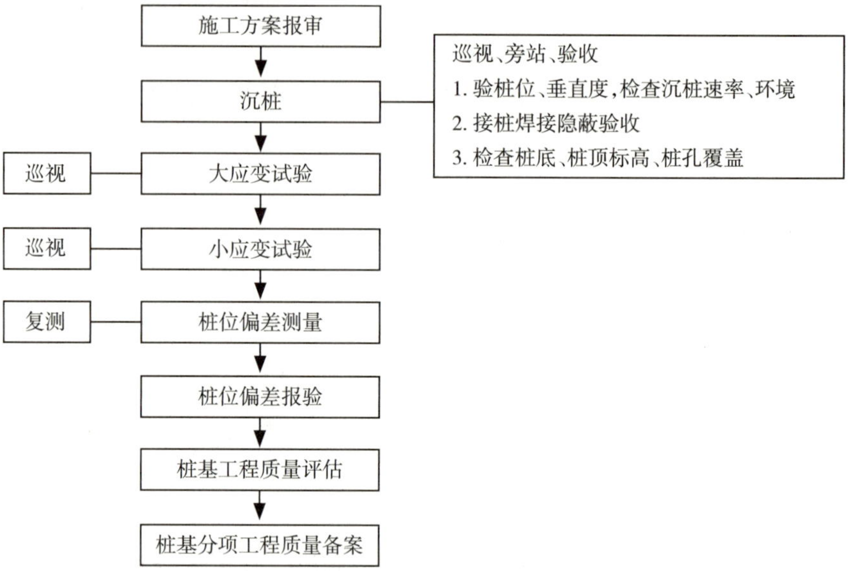

图 10–2　某建筑工程预制混凝土空心管桩分项工程监理工作流程

例如，某建筑工程预制混凝土空心管桩分项工程监理工作要点如下：

(1) 预制桩进场检验。保证资料、外观检查(管桩壁厚，内外平整)。

(2) 压桩顺序。压桩宜按中间向四周，中间向两端，先长后短，先高后低的原则确定压桩顺序。

(3) 桩机就位。桩架龙口必须垂直。确保桩机桩架、桩身在同一轴线上，桩架要坚固、稳定，并有足够刚度。

(4) 桩位。放样后认真复核，控制吊桩就位准确。

(5) 桩垂直度。第一节管桩起吊就位插入地面时的垂直度用长条水准尺或两台经纬仪随时校正，垂直度偏差不得大于桩长的 0.5%，必要时拔出重插，每次接桩应用长条水准尺测垂直度，偏差控制在 0.5% 以内。在静压过程中，桩机桩架、桩身的中心线应重合，当桩身倾斜超过 0.8% 时，应找出原因并设法校正，当桩尖进入硬土层后，严禁用移动桩架等强行回扳的方法纠偏。

(6) 沉桩前，施工单位应提交沉桩先后顺序和每日班沉桩数量。

(7) 管桩接头焊接。管桩入土部分桩头高出地面 0.5 ~ 1.0 m 时接桩。接桩时，上节桩应对直，轴向错位不得大于 2 mm。采用焊接接桩时，上下节桩之间的空隙用铁片填实焊牢，接合面的间隙不得大于 2 mm。焊接坡口表面用铁刷子刷干净，露出金属光泽。焊接时宜先在坡口圆周上对称点焊 6 点，待上下桩节固定后拆除导向箍再分层施焊。施焊宜由 2 ~ 3 名焊工对称进行，焊缝应连续饱满，焊接层数不少于 3 层，内层焊渣必须清理干净以后方能施焊外一层，焊好后的桩必须自然冷却 8 min 方可施打，严禁用水冷却后立即施压。

学习笔记

(8)送桩。当桩顶打至地面需要送桩时,应测出桩垂直度并检查桩顶质量,合格后立即送桩,用送桩器将桩送入设计桩顶位置。送桩时,送桩器应保证与压入的桩垂直一致,送桩器下端与桩顶断面应平整接触,以免桩顶面受力不均匀而发生偏位或桩顶破碎。

(9)截桩头。桩头截除应采用锯桩器截割,严禁用大锤横向敲击或强行扳拉截桩,截桩后桩顶标高偏差不得大于10 cm。

(四)监理工作方法及措施

监理规划中的方法是针对工程总体概括要求的方法和措施,监理实施细则中的监理工作方法和措施是针对专业工程而言,应更具体、更具有可操作性和可实施性。

1. 监理工作方法

监理工程师通过旁站、巡视、见证取样、平行检测等监理方法,对专业工程进行全面监控,对每一个专业工程的监理实施细则而言,其工作方法必须详尽阐明。

除上述4种常规方法外,监理工程师还可采用指令文件、监理通知、支付控制手段等方法实施监理。

2. 监理工作措施

各专业工程的控制目标要有相应的监理措施以保证控制目标的实现。制定监理工作措施通常有以下两种方式。

1)根据措施实施内容不同分类

根据措施实施内容不同,可将监理工作措施分为技术措施、经济措施、组织措施和合同措施。例如,某建筑工程钻孔灌注桩分项工程监理工作组织措施和技术措施如下:

(1)组织措施。根据钻孔桩工艺和施工特点,对项目监理机构人员进行合理分工,现场专业监理人员分两班(08:00~20:00和20:00至次日08:00,每班1人),进行全程巡视、旁站、检查和验收。

(2)技术措施。

①组织所有监理人员全面阅读图纸等技术文件,提出书面意见,参加设计交底,制定详细的监理实施细则。

②详细审核施工单位提交的施工组织设计,严格审查施工单位现场质量管理体系的建立和实施。

③研究分析钻孔桩施工质量风险点,合理确定质量控制关键点,包括:桩位控制、桩长控制、桩径控制、桩身质量控制和桩端施工质量控制。

学习笔记

2）根据措施实施时间不同分类

根据措施实施时间的不同，可将监理工作措施分为事前控制措施、事中控制措施及事后控制措施。

事前控制措施是指为预防发生差错或问题而提前采取的措施；事中控制措施是指监理工作过程中，及时获取工程实际状况信息，以供及时发现问题、解决问题而采取的措施；事后控制措施是指发现工程相关指标与控制目标或标准之间出现差异后而采取的纠偏措施。

例如，某建筑工程预制混凝土空心管桩分项工程监理工作措施包括：

(1)工程质量事前控制。

①认真学习和审查工程地质勘察报告，掌握工程地质情况。

②认真学习和审查桩基设计施工图纸，并进行图纸会审，组织或协助建设单位组织技术交底(技术交底主要内容为地质情况、设计要求、操作规程、安全措施和监理工作程序及要求等)。

③审查施工单位的施工组织设计、技术保障措施、施工机械配置的合理性及完好率、施工人员到位情况、施工前期情况、材料供应情况并提出整改意见。

④审查预制桩生产厂家的资质情况、生产工艺、质量保证体系、生产能力产品合格证、各种原材料的试验报告、企业信誉，并提出审查意见(若条件许可，监理人员应到生产厂家进行实地考察)。

⑤审查桩机备案情况，检查桩机的显著位置标注单位名称、机械备案编号。进入施工现场时机长及操作人员必须备齐基础施工机械备案卡及上岗证，供项目监理机构、安全监管机构、质量监督机构检查。未经备案的桩机不得进入施工现场施工。

⑥要求施工单位在桩基平面布置图上对每根桩进行编号。

⑦要求施工单位设专职测量人员，按桩基平面布置图测放轴线及桩位，其尺寸允许偏差应符合《建筑地基基础工程施工质量验收标准》(GB 50202—2018)的要求。

⑧建筑物四大角轴线必须引测到建筑物外并设置龙门桩或采取其他固定措施，压桩前应复核测量轴线、桩位及水准点，确保无误，且须经签认验收后方可压桩。

⑨要求施工单位提出书面技术交底资料，出具预制桩的配合比、钢筋、水泥出厂合格证及试验报告，提供现场相关人员操作上岗证资料供监理审查，并留复印件备案，各种操作人员均须持证上岗。

⑩检查预制桩的标志、产品合格证书等。

⑪ 施工现场准备情况的检查：施工场地的平整情况；场区测量检查；检查

学习笔记

压桩设备及起重工具;铺设水电管网,进行设备架立组装、调试和试压;在桩架上设置标尺,以便观测桩身入土深度;检查桩质量。

(2)工程质量事中控制。

①确定合理的压桩程序。按尽量避免各工程桩相互挤压而造成桩位偏差的原则,根据地基土质情况、桩基平面布置、桩的尺寸、密集程度、深度、桩机移动方向以及施工现场情况等因素确定合理的压桩程序。定期复查轴线控制桩、水准点是否有变化,应使其不受压桩及运输的影响。复查周期每10 d不少于1次。

②管桩数量及位置应严格按照设计图纸要求确定,施工单位应详细记录试桩施工过程中沉降速度及最后压桩力等重要数据,作为工程桩施工过程中的重要数据,并借此校验压桩设备、施工工艺以及技术措施是否适宜。

③经常检查各工程桩定位是否准确。

④开始沉桩时应注意观察桩身、桩架等是否垂直一致,确认垂直后,方可转入正常压桩。桩插入时的垂直度偏差不得超过0.5%。在施工过程中,应密切注意桩身的垂直度,如发现桩身不垂直要督促施工方设法纠正,但不得采用移动桩架的方法纠正(因为这样做会造成桩身弯曲,继续施压会发生桩身断裂)。

⑤按设计图纸要求,进行工程桩标高和压力桩的控制。

⑥在沉桩过程中,若遇桩身突然下沉且速度较快及桩身回弹,应立即通知设计人员及有关各方人员到场,确定处理方案。

⑦当桩顶标高较低,须送桩入土时应用钢制送桩器放于桩头上,将桩送入土中。

⑧若需接桩,常用接头方式有焊接、法兰盘连接及硫黄胶泥锚接。前两种可用于各类土层,硫黄胶泥锚接适用于软土层。

⑨接桩用焊条或半成品硫黄胶泥应有产品质量合格证书,或送有关部门检验,半成品硫黄胶泥应每100 kg做一组试件(3件);重要工程应对焊接接头做10%的探伤检查。

⑩应经常检查压力、桩垂直度、接桩间歇时间、桩的连接质量及压入深度;检查已施压的工程桩有无异常情况,如桩顶水平位移或桩身上升等,如有异常情况应通知有关各方人员到现场确定处理意见。

⑪工程桩应按设计要求和《建筑地基基础工程施工质量验收标准》(GB 50202—2018)进行承载力和桩身质量检验,检验标准应按《建筑基桩检测技术规范》(JGJ 106—2014)的规定执行。

⑫预制桩的质量检验标准应符合《建筑地基基础工程施工质量验收标准》(GB 50202—2018)的要求。

⑬认真做好压桩记录。

学习笔记

(3)工程质量事后控制(验收)。工程质量验收,均应在施工单位自检合格的基础上进行。施工单位确认自检合格后提出工程验收申请,由项目监理机构进行验收。

三、监理实施细则报审

(一)监理实施细则报审程序

《建设工程监理规范》(GB/T 50319—2013)规定,监理实施细则可随工程进展编制,但必须在相应工程施工前完成,并经总监理工程师审批后实施。监理实施细则报审程序见表 10-14。

表 10-14 监理实施细则报审程序

序号	节点	工作内容	负责人
1	相应工程施工前	编制监理实施细则	专业监理工程师编制
2	相应工程施工前	监理实施细则审批、批准	专业监理工程师送审,总监理工程师批准
3	工程施工过程中	若发生变化,监理实施细则中工作流程与方法措施调整	专业监理工程师调整,总监理工程师批准

(二)监理实施细则的审核内容

监理实施细则由专业监理工程师编制完成后,需要报总监理工程师批准后方能实施。

监理实施细则审核的内容主要包括以下几个方面。

1. 编制依据、内容的审核

监理实施细则的编制是否符合监理规划的要求,是否符合专业工程相关的标准,是否符合设计文件的内容,与提供的技术资料是否相符合,是否与施工组织设计、(专项)施工方案使用的规范、标准、技术要求相一致。监理的目标、范围和内容是否与监理合同和监理规划相一致,编制的内容是否涵盖专业工程的特点、重点和难点,内容是否全面、翔实、可行,是否能确保监理工作质量等。

2. 项目监理人员的审核

(1)组织方面。组织方式、管理模式是否合理,是否结合了专业工程的具体特点,是否便于监理工作的实施,制度、流程上是否能保证监理工作,是否与建设单位和施工单位相协调等。

学习笔记

(2)人员配备方面。人员配备的专业满足程度、数量等是否满足监理工作的需要、专业人员不足时采取的措施是否恰当、是否有操作性较强的现场人员计划安排表等。

3. 监理工作流程、监理工作要点的审核

监理工作流程是否完整、翔实，节点检查验收的内容和要求是否明确，监理工作流程是否与施工流程相衔接，监理工作要点是否明确、清晰，目标值控制点设置是否合理、可控等。

4. 监理工作方法和措施的审核

监理工作方法是否科学、合理、有效，监理工作措施是否具有针对性、可操作性、安全可靠，是否能确保监理目标的实现等。

5. 监理工作制度的审核

针对专业建设工程监理，其内、外监理工作制度是否能有效保证监理工作的实施，监理记录、检查表格是否完备等。

【思政园地】

“监理规划是纲领指导性文件，细化后还应有指导具体实施的细则。政府工作也是上级有纲领性文件，下发后地方均要编制具体实施细则。”

“在多年的监理工作中，发现监理实施细则，杂乱无章、重复现象严重，笔者总结下来，认为一个工程项目大致需要编制如下这些专业监理实施细则，此细则划分没有规范指导，只是经验总结。”

“在编制规划细则过程中，多数喜量大、内容多而广，而忽略其质量、针对性、符合性的特点。一本规划500张，像一本字典，细则也有100多页。翻阅其内容，发现规划中连计划生育的内容都编制进去了，其水平可见一斑。”

“编制的内容，无针对性、无重点、不解决问题，对监理工作毫无指导意义。有失监理的威信，有损声誉。”

（摘自网文《在琐碎繁复中见证总监工作》，作者：周环宇）

考证知识训练

模块十考证知识训练

附　录

附录主要包括《工程监理企业资质标准》,具体内容见下面的二维码。

附录一　2013 版《建设工程监理规范》(含表格)

2013 版《建设工程监理规范》(含表格)

附录二　2022 年新版《工程监理企业资质标准》(征求意见稿)

2022 年新版《工程监理企业资质标准》(征求意见稿)

参考文献

[1] 中国建设监理协会.建设工程监理概论[M].北京：中国建筑工业出版社，2021.

[2] 中国建设监理协会.建设工程合同管理[M].北京：中国建筑工业出版社，2021.

[3] 中国建设监理协会.建设工程质量控制[M].北京：中国建筑工业出版社，2021.

[4] 中国建设监理协会.建设工程投资控制[M].北京：中国建筑工业出版社，2021.

[5] 中国建设监理协会.建设工程进度控制[M].北京：中国建筑工业出版社，2021.

[6] 熊芳金，尤立霞，夏建勇.建设工程监理概论[M].郑州：黄河水利出版社，2020.